在体验中幸福成长

梁秀红◎著

线装书局

图书在版编目（ＣＩＰ）数据

在体验中幸福成长 / 梁秀红著. -- 北京 ：线装书局, 2023.7
    ISBN 978-7-5120-5515-5

    Ⅰ. ①在… Ⅱ. ①梁… Ⅲ. ①幸福－青少年读物 Ⅳ. ①B82-49

中国国家版本馆CIP数据核字(2023)第115265号

在体验中幸福成长

ZAI TIYANZHONG XINGFU CHENGZHANG

作　　者：梁秀红
责任编辑：白　晨
出版发行：线装書局
　　　　　地　　址：北京市丰台区方庄日月天地大厦 B 座 17 层（100078）
　　　　　电　　话：010-58077126（发行部）010-58076938（总编室）
　　　　　网　　址：www.zgxzsj.com
经　　销：新华书店
印　　制：三河市腾飞印务有限公司
开　　本：787mm×1092mm　　　　1/16
印　　张：16
字　　数：375 千字
印　　次：2024 年 7 月第 1 版第 1 次印刷

线装书局官方微信

定　　价：68.00 元

前　言

自"双减"政策以来，学校全面建设适合每个学生发展的优质课程，多措并举提升教学质量，受到了学生和家长们的欢迎。

让青少年学生在教育与生活中获得幸福和提升幸福，是青少年学生教育的重要组成部分。"青少年幸福教育"课程是一门应用性课程，旨在促进学生对幸福拥有正确的认识和态度，培养青少年快乐的心态，提高对生活中各领域体验的满意度。"青少年幸福教育"课程引导学生感知幸福、创造幸福和享用幸福的能力，是构成青少年学生完整、和谐和可持续发展的人生走向基础的一部分。

基于这样的目的，"在体验中幸福成长"的基本内容是从不同的维度培养青少年学生发现幸福、感受幸福和创造幸福的能力。以青少年学生的幸福感结构质性研究为依据，以幸福感理论和课程理论为理论基础，以满足青少年学生的身心需要为基础，以培养青少年学生积极心理品质和幸福感，完善的人格为终极目标，从培养和提升青少年学生的幸福感入手，提升他们积极的情感与对自身目标和意义的认识，增加他们校园生活的快乐感和充实感，使他们投入学习，享受校园生活。本书既可以成为学校心理健康教育课程的一个重要组成部分，也可以独立成为学校幸福力提升的特色课程。

（1）综合性。"在体验中幸福成长"目标体现了认知、情感态度价值观和方法能力的整合；课程内容有机融合了发展心理学、认知心理学和积极心理学等方面内容。教学活动体现了青少年学生心理成长特点、知识方法学习和态度能力之间的相互促进，引导青少年学生认识自我、发展自我，形成积极的心理品质。

（2）阶段性。"在体验中幸福成长"内容根据青少年学生的身心发展特点，从实际的生活需要出发，做到循序渐进，设置分阶段的具体教学内容。

（3）体验性。"在体验中幸福成长"学习是知与行相统一的过程，学习中以体验和活动为主。在体验和探究中，让青少年学生感受美好的情感，感悟冲突解决的方法。

（4）实践性。"在体验中幸福成长"教育的核心目标是引导青少年学生积极的应对学习和生活中遇到的问题，逐步培养青少年学生获得幸福和提升幸福的能力，促进青少年学生身心和谐健康发展。

为了自己的教育理想，在花香弥漫的教育之路上，我们尽心播种，倾心收获，一路创造幸福，追随幸福，享受幸福！我们的教学生涯将因此而变得异常精彩。

由于自己的水平有限，文中的一些做法和感悟一定有诸多不足，期待各位读者和同行批评指正。

目　录

第一章　学生在体验中幸福成长的解读

第一节　青少年幸福教育的背景

一、青少年幸福教育的内涵与发展

(一) 幸福的概念

如果让一千个人来回答什么是幸福，答案就会有一千种，因为每个人的个体体验的差异和感受不同。从古至今，幸福受到了哲学、经济学、社会学和心理学等学科的关注。

古希腊哲人亚里士多德说："善就是幸福。"他认为人类的幸福是贯穿一生的遵循美德的活动。德国古典哲学家康德的幸福是"偏好的满足，也是自我满意的状态"，说明了人不仅追求幸福，同时也有实现幸福的可能。而且在康德看来，真正值得追求的幸福是理智世界中的幸福，它既不是单纯的偏好满足，也不是自我满意的状态，而是基于德行而获得的幸福。对现代社会有较大影响的功利主义幸福观的代表人物密尔认为，幸福不仅在于对金钱、名望、权势的追求，更重要的是崇尚德行、追求健康、热爱音乐以及追求个体的自由发展。

经济学的研究主要关注收入和幸福之间的关系，从"能带来社会进步的富裕才会使人民更加幸福和快乐"到美国经济学家伊斯特林发现著名的"幸福悖论"，即"经济增长和人均收入的提高并不一定会带来相应的国民幸福程度的上升"，现在越来越多的经济学家开始主张"幸福才是经济增长的终极目标"。

在现代社会中，人类追求的终极目标是幸福，它是以与道德一致为原则的。以幸福作为终极目标，德福一致作为原则，就是说人们不仅要生活得更好，而且要社会道德的好。

孙英认为，可以在三个层次上把握幸福概念。首先，幸福是人生重大的快乐；其次，是人生重大需要和欲望得到满足的心理体验，是人生重大目的得到实现的心理体验；最后，是达到生存和发展的某种完满的心理体验。

近十年来，积极心理学的崛起更是推动了幸福的研究。目前对于幸福感的定义大致可分为三种观点：

1.主观幸福感（Subjective well-being，SWB）

这种观点以享乐主义（hedonic）为基础，认为幸福就是对生活的满意度，同时拥有更多的积极情感和更少的消极情感。

2.心理幸福感（Psychology well-being，PWB）

该观点以实现论（eudemonia）为基础，认为幸福是人的潜能得以充分实现的生存状态。

3.综合性幸福感

这种观点认为幸福应该同时包括积极情绪体验和良好的心理机能，应包含多个结构成分。如塞利格曼（Seligman）的幸福PERMA模型认为，幸福是一个多元结构，包含五个可测量的元素：积极情绪、投入、人际、意义和成就；而Diener也在2010年更新了其幸福模型，在其传统主观幸福感的基础上增加了人生目的，良好的人际、投入、能力感、自尊和乐观等维度。

通过上面的综述可以看到，心理学的研究者对幸福的概念界定已逐渐放弃了单一取向（如主观幸福感取向或心理幸福感取向），逐渐采纳多元整合的取向去界定幸福；对幸福的测量也相应地从单纯考察主观幸福感或心理幸福感走向同时考察积极的情绪体验和良好的心理机能。我们的研究认同幸福是多元的，幸福是积极情绪体验和良好的心理机能的综合评估。

（二）青少年的幸福是什么

心理学的研究表明，培养学生获取幸福的能力至少有以下益处：减少并预防学生抑郁和焦虑症状的出现，减少危险行为（如攻击、犯罪）的发生，提高学生生活满意度，且有助于学生更高效的学习，培养学生更具创造性的思维方式。鉴于这样的益处，2009年，塞里格曼等提出了积极教育（positive education）的理念。这一理念明确提出教育不仅要给学生传授传统的知识技能，同时还应该教授学生获得幸福的能力。随着积极教育理念的传播，青少年学生的幸福逐渐成为幸福研究的一个热点问题。与此同时，国内的心理学者也开始介绍、推广积极教育的理念，呼吁关注并促进中国学生的幸福。

幸福是积极情绪体验和良好的心理机能的综合评估。青少年的学生幸福是作为学校生活主体的学生，对以社会关系和学校学习为主要成分的生活的积极情绪体验和良好的心理机能的总体评价。文化心理学的研究表明，不同文化可能会塑造不同的幸福的观念，进而影响人们获取幸福的途径。现有的幸福理论模型大都建立在西方文化背景下。另外，现有的幸福多元理论模型适用对象多以成年人为主，国内、外的研究表明其未必完全适合青少年学生群体。这也从侧面反映了不能直接将现有的幸福多元理论模型套在青少年学生身上。

鉴于此，本研究以学生这一特定群体为研究对象，考查学生幸福感来源的结构成分。本研究认同幸福是一个由多个成分组成的概念，且事先不预设学生幸福这一多元概念的结构成分，而是通过开放式问卷调查，由质性的分析方法构建其结构成分，并以质性研究结果为基础，编制适用于我国学生的幸福感来源结构问卷。

研究中还考虑到不同年龄段学生群体身心发展和需求的差异，把学生群体分为小学生、初中生、高中生和高职生四类。开放式问卷的问题设置借鉴了塞利格曼建立幸福PERMA多元模型所采用的方法。基于这样的方法，开放式问卷设计2个题目：对你而言，生活中哪些方面给你带来了幸福的感觉？如果你的幸福水平还能再增加一些，你希望哪些方面发生积极的改变？

利用QSR Nvivo10.0软件对开放式问卷的回答进行文本资料的归档、整理、分类。文本资料的分析采用解释现象学的方法，通过文本接触、主题确定、主题聚类三个步骤，最终形成一个关于不同学生群体幸福感结构内容的高级主题列表。通过对学生的回答进行主题分析，最终发现小学生、初中生、高中生幸福感来源结构维度，并以此为基础形成了小学生、初中生、高中生幸福感多元结构的预试问卷。对预试问卷进行探索性和验证性因素分析，得到小学生、初中生、高中生幸福感因子结构，从而了解到中国文化背景下学生这一特殊群体的幸福感结构特征。结果表明：

小学生幸福感是一个包括家人情感支持、同伴支持、教师支持、学业成就、生活自主、家人学业支持六因子模型。

初中生幸福感是一个包括家庭温暖、同伴支持、教师支持、学业成就、生活自主五因子模型。

高中生幸福感是一个包括家庭温暖、同伴支持、教师支持、学业成就、生活充实、生活自主六因子模型。

二、青少年的幸福教育

理想的教育是：培养真正的人，让每一个人都能幸福地度过一生，这就是教育应该追求的恒久性、终极性价值。随着积极心理学的兴起，幸福受到了越来越多研究者的关注。而积极教育的兴起，则让青少年学生的幸福受到了越来越多心理学者、教育工作者和家长的关注。塞利格曼等提出了积极教育的理念，这一理念明确提出教育不仅要给学生传授传统的知识技能，同时还应该教授学生获得幸福的能力。学生的幸福成长是学校的教育职责和价值承担，也是人们对学校教育的一种基本的价值期待和价值要求。幸福既是一种教育理想，也是一种教育实践。在这种体验过程与追求过程中，除了需要学生对幸福拥有正确的认识和态度外，还需要他们具有感知幸福和创造幸福的能力以及享用幸福的能力。让青少年学生在学校教育中获得幸福、提升幸福，应该是青少年学生教育的重要部分。在学校中开展幸福教育，促进学生积极乐观、和谐幸福是学校心理健康教育的重要组成部分。在学校中开展幸福教育，就是为学生的人生奠基，为孩子今后人生走向构成完整而和谐、可持续发展的人生基础。

（一）幸福教育课程开发的现状

20世纪70年代开始，美国积极教育研究小组花了近15年的时间，运用严密的研究方法进行了调查，研究幸福是否应该教授给学校的学生。积极心理学家塞里格曼（Seligman）博士与他的研究小组专为小学生和初中生精心设计的小组型干预课程——美国宾夕法尼亚大学的韧性项目（Penn Resilience Program，PRP），主要关注如何引导学生的认知行为，以及如何提高学生社会问题的解决技能。积极心理学核心发起人彼得森和塞林格曼通过调查研究，将人类个人优势归结为智慧、勇气、仁爱、公正、节制、卓越6大类24小类。20世纪末，美国掀起了积极教育运动，强调在教育中要以学生外显和潜在的积极力量为出发点，构造良好的教育环境，以增强学生的积极体验，培养其积极人格。随着积极心理学理论体系的逐渐完善，积极心理学已开始成为许多学校的一门正式课程，如美国哈佛大学很早就把积极心理学作为一门重要的公共选修课程，这门课还曾在2006年被评为哈佛大学最受学生欢迎的课程。英国、澳大利亚等地开展了积极教育研究，其主要的方法就是对中学教师进行培训，提高这些教师识别、发展学生的积极品质及积极力量的技能。

中国香港地区从20世纪90年代开始实施"共创成长路"计划，该计划的根本目标是"让每个孩子幸福、正面地成长"，近年来，该项计划也被教育专家从香港引进内地。如上海50多所学校，在积极心理学理论基础和"共创成长路"实践基础上，以正式课程形式为学生开课，开展落实了"青少年正面成长计划"。该计划提出了青少年正面成长所需要发展的15种关键能力：与健康成人和益友的联系能力、社交能力、情绪表达与控制能力、认知能力、采取行动能力、分辨是非能力、自决能力、自我效能感、抗逆能力、亲社会规范、心灵素质、明确及正面的身份、建立目标和抉择能力、参与公益活动和正面行为的认同等。

我国学者孟万金教授把积极心理学的理念运用到心理健康教育领域，提出了"积极心理健康教育"的概念，并编制了大、中小学生积极心理品质量表，为积极心理健康教育的实施提供了测评手段，并且探索了大、中小学生积极心理健康教育的方法，在学校和区域进行了积极心理健康教育的实践。使得积极心理健康教育进入了实操化和大规模实验与推广阶段。2008年，孟万金教授的《积极心理健康教育》专著系统介绍了积极心理健康教育实践体系，推动了积极心理学在我国心理教育中的实际运用。山东淄博和北京等地成为积极心理健康教育的实验基地，并取得很大成效。东北、华北、西北、西南、华南、华东和华中全国七大行政区的15个实验区近300所学校也投入到了"中小学积极心理品质调查与数据库建设"中。

由此我们看到，国内外的幸福教育更多的是从积极人格和积极品质培养着手，而且针对大学生的课程较为完善，聚焦于学生特别是小学和中学生的幸福认识、获得幸福、提升幸福力的幸福教育课程仍然未成体系。近年来，国内的一些研究者致力于把积极心理学的理论应用在中小学生的幸福教育上，如潘进强在《中学生的幸福教育研究》中构建了中学生的幸福教育理论体系。他通过端正幸福认识，构建中学生幸福知识体系，引导中学生树立健康合理科学的幸福观；在增加幸福情感的途径上，从寻求情感动力出发，培养他们积极的幸福情感，从而端正学习和生活态度；在培养幸福能力方面，除了认识幸福之外，还要提高他们体验幸福和创造幸福的能力。付秋梅在《小学高年级儿童幸福教育专题教案设计与实践》硕士论文中，以积极心理学理论为基础，联合"拓延—建构"积极情绪理论、团体动力学理论和社会学习理论等，针对小学高年级儿童展开幸福教育专题的教案设计，选择三个典型特质，乐观、抗逆力和宽恕三个主题共设计八个课时。

因此，以积极心理学理论体系为基础，基于中国文化背景下，构建青少年学生群体的幸福教育课程体系仍然是必需的和迫切的。

（二）幸福教育课程建设的原则

通过幸福感的干预来培养人们快乐幸福的心态，提高其对各生活领域的满意度，令其体验到更多的积极的心理状态，这无疑会对改善和提高人们的生活质量，塑造良好的心理素质，促进身心的健康成长具有积极的影响作用。

青少年幸福教育课程以中小学生的幸福感结构质性研究为依据，以幸福感理论和课程理论为理论基础，从不同的维度培养学生发现幸福、感受幸福、创造幸福的能力作为课程的基本内容，提高学生积极情感与对自身目标和意义的认识，增加学生校园生活的快乐感和充实感，使他们投入学习，享受校园生活并取得成就。它具有综合性、阶段性、体验性和实践性。

综合性：本课程目标体现认知、情感态度价值观和方法能力的整合；课程内容有机融合了发展心理学、认知心理学和积极心理学等；教学活动体现学生心理成长特点、知识方法学习与态度能力的相互促进，引导学生认识自我、发展自我，形成积极的心理品质。

阶段性：本课程内容从不同年龄阶段学生的身心发展特点和学生实际的生活需要出发，循序渐进，设置分阶段的具体教育内容。

体验性：本课程学习是知与行相统一的过程，注重学生在体验、探究中，感受和体验美好的情感，发现和感悟冲突解决的方法，学习中以体验和活动为主。

实践性：本课程目标并不是要学生掌握系统的心理学理论，核心目标是引导学生积极的应对学习和生活中的问题，逐步培养学生维护自身心理健康水平的能力，促进学生身心和谐发展。

（三）幸福教育课程的总体目标

使学生的全面发展和积极的幸福感成为教育的核心目标。正如美国中小学生必修课程《健康与幸福》译校者寄语中所说，"幸福，不仅是快乐的情感体验，也是自我实现心理潜能的优化，是良好心态、宁静心灵的和谐统一。"积极心理学致力于研究"如何获得幸福"，以发展潜力、提升幸福感为目标，倡导了一场"幸福革命"。其体系围绕关注幸福、解析幸福、提升幸福展开，其目标是建立一个综合、均衡、新型的心理科学体系，把对积极品质和特性的研究与对痛苦与消极心理的研究综合起来，从而使每个人都能顺利地走向属于自己的幸福彼岸。因此，青少年幸福教育课程的总体目标就是建立一个科学的幸福教育体系，以满足学生的身心需要为基础，从培养和提升学生的幸福感入手，以培养学生内在的积极心理品质、完善的人格和积极的幸福感为终极目标的学校心理健康教育课程。

第二节　青少年幸福教育课程体系

一、青少年幸福教育课程的构建

青少年幸福教育课程从文献研究入手，主要由三个部分组成：一是在《中小学心理健康教育指导纲要（2012年修订）》的全面指导下，通过对目前国内外学生幸福感方面的文献进行尽可能全面的了解，构建青少年学生学校幸福课程纲要，确立好学生幸福课程性质、课程理念、课程设计思路；二是根据研究中探求到的小学生、初中生、高中生幸福感多元结构，从学生幸福感结构中的各个因子出发，构建不同类型学校从不同因子着力的幸福感提升主题课程；三是采用实证研究的方法，将上述主题课程付诸实践，在学校教育中验证方案的有效性（详细步骤见图1-1"青少年学校幸福课程构建与实施流程"）。

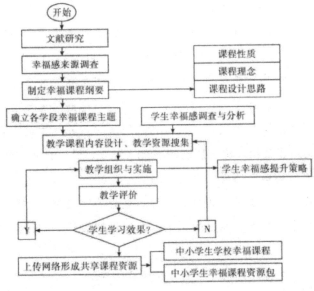

图1-1 青少年学校幸福课程构建与实施流程

二、青少年幸福教育课程的框架

以小学生、初中生、高中生幸福感来源结构为基础，构建起不同类型（小学、初中、高中）幸福教育课程框架。

（一）小学生幸福教育课程框架

1.模块一："家人情感支持"课程规划

美国心理学家布朗芬布伦纳的生态系统理论认为，一个人的发展会受到五个系统的影响，即微系统（Microsystem）、中系统（Mesosystem）、外系统（Exosytem）、宏系统（Macrosystem）和时间系统（Chronosystem）。个体与环境相互作用的程度大小取决于环境离个体生活范围的远近，离个体生活最近的环境与他的发展互动作用最大。而且，环境系统之间还存在着不停止的交互作用。从生态系统观来看，对青少年儿童心理健康影响最大的环境因素是家庭和学校。

家庭是个体成长的第一环境，个体在家庭环境中成长、接受父母教育、学习知识、发展心理、形成人格。家庭的气氛、经济状况、家庭结构以及父母教养方式和父母的受教育程度直接影响小学生的幸福感。

国内外大量研究发现，持久家庭不和、不良的家庭气氛、家庭密切度差、情感表达差、家庭矛盾程度大和家庭暴力与儿童行为问题的发生具有密切关系。

Webster Stratton 研究发现矛盾冲突多的家庭的子女行为问题的发生率明显高于和睦家庭。Victoria研究发现，家庭亲密度对子女心理健康有影响，母亲评定的家庭密度对子女的注意问题和内隐问题有积极的改善作用。

国内研究也有类似的结论。俞国良研究表明，一般儿童的家庭心理环境优于学习不良儿童，家庭心理环境是造成学习不良现象的一个重要原因。魏宝玉、苏林雁研究表明，家庭亲密度、情感表达、组织性与社会能力呈显著正相关。另外，情感表达与内向性行为问题呈现显著负相关，表明家庭成员直接表达情感程度低的儿童易出现退缩、躯体主诉、焦虑抑郁等问题。马斯洛需要层次理论认为，人有低层次的需要和高层次的需要，只有当低层次的需要（生理需要、安全和归属需要）得到了满足才会出现更高层次的需要（自尊、爱、自我实现）。家庭是每个人的港湾，一个人是否能感受到家庭的温暖，与其安全和归属的需要是否得到满足有极大的关系。对于小学生而言，父母是家庭的核心成员，也是影响儿童成长的关键因素，家庭的结构和家庭的氛围以及父母的教养方式都直接影响儿童的心理健康状态。

结合以上文献参考，本研究中的"家人情感温暖"，主要是指来自家庭的幸福感受。据此，特设计主题为"温暖的家"系列心理健康教育活动课程，课程总共三节课，每节课40分钟，课程专题与教学目标如表1-1所示。

表1-1 "温暖的家"幸福课程内容与目标

课程专题	教学目标
我和我的家	认知目标：了解自己的家，了解自己在家庭中感受到的爱和家庭存在的冲突矛盾 能力目标：运用心理绘画和家导图引导学生充分认识自己的家庭结构和家庭功能 情感目标：在活动中体验家庭的温暖以及家庭中的矛盾和冲突在生活中的影响
家有温暖	认知目标：学会在日常生活的细节中感受来自家人的爱 能力目标：增强学生的感受力和敏锐度，发现生活中点点滴滴的幸福 情感目标：感受父母和其他家人带给自己的爱，感恩他们的付出和努力
幸福我家	认知目标：认识到家里的每一件小事自己都有责任和义务，自己能通过做一些力所能及的事为家庭付出 能力目标：增进家长和孩子们彼此的理解，学会换位思考，互相信任能使家更温暖 情感目标：在游戏中体验为家人付出的喜悦和快乐，感受到自己也能通过自己的努力使家人更快乐，家庭更温暖

2.模块二："同伴支持"课程规划

社会关系作为主观幸福感研究的客观变量，已有很多相关研究。已有的研究表明：良好的社会关系可以增加人们的幸福感，而劣性的社会关系则会降低幸福感。同伴关系作为小学生的一种重要社会关系，是指年龄相同或相近的儿童之间的一种共同活动并相互协作的关系，或者主要指同龄人间或心理发展水平相当的个体间在交往过程中建立和发展起来的一种人际关系。同伴交往是小学生日常生活的重要组成部分，同伴的接纳度，同伴关系的和谐与否，对其身心健康有着重要影响。以往的研究表明，同伴关系与自尊、友谊、情绪问题、学业成就和学校适应等方面关系密切。良好的同伴关系可以促进儿童社会认知和社会技能的发展，帮助儿童与他人和谐相处，从同伴中得到支持和关怀，从而满足其情感需求和社会需求，获得安全感和归属感，进而对自己的生活质量产生积极的评价，并体验到更多积极愉悦的情绪。可见，同伴关系是小学儿童主观幸福感的一项重要来源。同伴接纳度影响儿童对自己生活满意度的评价、认知以及情绪情感的体验。良好的同伴关系有利于提升儿童的生活满意度，促进其主观幸福感的发展。因此心理健康教育工作者可以通过改善同伴交往状况来提高小学儿童的主观幸福感和心理健康水平。

同伴支持（peer support）是一种社会情感支持，属于互助性行为，由人们之间通过共享一种相似的心理健康状态以带来期望中的人格的改变。米德（Mead）和希尔顿（Hilton）等更是进一步指出，同伴支持是一种基于尊重的原则、分享责任以及互助性意见的达成而建立的一种给予和接受帮助的系统。通过提供支持、友谊、移情、责任共享，严重心理失调者经常遭受的孤独感、抑郁感、被歧视和挫折感都会慢慢在这种支持中得以化解。失去支持会使人感到孤独、失落，这种消极情绪持续时间久会使人产生疾患，这也是心理疾病产生的根源之一。因此，同伴支持无论是对于健康者还是心理失调者都不失为一种维护心理健康的有效渠道。

关于同伴的社会支持功能，沙利文（Sullivan）提出友谊的功能是互相证实或互享兴趣、希冀和分担恐惧，肯定自我价值，提供爱和亲密袒露的机会。

结合以上的文献参考，本课题研究中的"同伴支持"，主要是指来自朋友、同学的关心、支持等所带来的幸福感受。据此，特设计主题为"朋友一路同行"的系列课程，如表1-2所示。

表1-2　"朋友一路同行"幸福课程设计与目标

课程专题	教学目标
交朋友	认知目标：学生能了解交朋友的基本方法与技巧 能力目标：将活动延伸到日常学习与生活中，培养学生良好的结交朋友的能力 情感目标：感受交朋友的重要性，体会到友谊的宝贵
我能化解小矛盾	认知目标：让学生了解"换位思考"和"真诚道歉"是化解矛盾的好方法 能力目标：能运用多种方法积极化解同伴间的各种矛盾 情感目标：激发学生对同伴间和谐相处的向往，能深刻体会到换位思考、真诚道歉和宽容的重要性
感恩有你	认知目标：认识到朋友间的支持和帮助是相互的 能力目标：提高学生对他人的支持与帮助的感知能力和感恩能力 情感目标：感受朋友间的支持与帮助，感恩朋友给自己付出的点滴

3.模块三："教师支持"课程规划

教师作为学生的引导者，与学生的接触最为频繁，可以说教师就是一个很重要的支持源，他对学生的学业发展具有稳定且积极的作用。很多研究者认为教师支持是学生在学校环境中的社会支持之一，对学生的学业投入和适应具有重要的意义。

欧阳丹认为，教师支持由学习支持、情感支持与能力支持三个部分组成。

有研究表明，教师支持尤其是情感支持对学生学业自我效能感与学习投入的影响较大，学生感知到老师对自己学习、能力与情感的支持能够显著预测他们的学业自我效能感与学习投入，尤其是教师提供的情感支持对学生的学习能力效能感、学习行为效能感以及学习投入的活力、奉献与专注均有极其显著的正向影响。也就是说，教师对学生的鼓励、关心、关注、认可、理解与尊重等情感方面的支持能够显著增加学生完成学业的自信心与对学习的投入程度。

另外，"关系教育学"的观点认为，情感在学生学习活动中有着重要作用，师生间的情感沟通与互动交往能够让人真正地敞开心扉，从而使学生的学习兴趣和积极性等被充分调动起来。因此，要想更好地提高学生的学业自我效能感和学习投入，教师需要在教学互动中有意识地提高自己对学生情感方面的支持。

教师的态度、眼神、语气等一切言行举止都影响着师生关系及学生对老师的看法。然而，"老师不让我回答问题""老师有时很凶""老师太严格"等常常让学生误解老师及老师对自己的态度。因此，需要从这些方面进行引导。

结合以上文献参考，本研究中的"教师支持"，主要是指来自教师的学习支持、情感支持与能力支持三个方面对其所带来的幸福感受。

对于小学五年级的学生来说，"教师支持"这个因子主要涉及的是语文、数学、英语三科教师对学生的支持，而整个学校幸福感并不是某个施教老师个人能影响的，它将涉及所有科任老师的共同支持，所有任教老师都要对学生关心、认可、肯定、鼓励与支持。同时据我们观察与调查，学生是否感受到老师关心、认可、肯定、鼓励与支持，跟学生本身的感受能力有关系。据此，特设计专题课与相关的实践活动，同时与实验班级的所有科任老师沟通交流有关《小学生生活感受调查》之"教师支持"的调查结果、分析及对教师提出适当的建议与要求。专题课由心理老师执教，课程总共三节课，每节课40分钟。实践活动有四个，由班主任及心理老师负责跟进，如表1-3所示。

表1-3 "教师支持"幸福课程设计与目标

专题课	负责人	实践活动	负责人
我的发现	心理老师	我是谁	班主任心理老师
假如我是老师		一家之言	
遇见老师		我的老师	
		给老师的一封信	班主任
课程专题	教学目标		
我的发现	认知目标：认识自己，了解老师 能力目标：懂得内化"我是谁"，会重新看待老师 情感目标：增进对老师的了解，促进认识，拉近距离		
假如我是老师	认知目标：知道老师也有自己的不易 能力目标：会站在老师的角度理解老师 情感目标：体会老师的处境和感受		
与老师的美好遇见	认知目标：能认识到对老师的了解需要全面的眼光，不能以偏概全 能力目标：师生相处时懂得以主动沟通、开放接纳的状态走近老师，增进与老师的交流 情感目标：师生交往时学会欣赏和分享，遇见美好的彼此		

4.模块四："学业成就"课程规划

学习是小学生日常生活中最重要的组成部分，乐学的情感，想学的动机，善学的能力，对其学业成就有着不言而喻的影响。众所周知，小学高年级学生是一个特殊的群体，他们正处于非常关键的成长阶段。在这一阶段，他们不仅要面对自身生理、心理和外界环境的重大变化，还要承受着学习难度加大、开始感觉到小升初的压力、父母期待等学习问题。如何提升小学生的学业成就，进而提升其学校幸福感对小学高年级学生而言有着莫大的意义。

《辞海》中没有对"学业成就"这一词语作明确的定义，但对"学业"的解释为：学问，学校的课业，如学业成绩；对"成就"的解释为：①成功、成立；②成全、造就；③指事业的成绩。研究者在进行相关研究的过程中，结合自己研究的特点及研究目的，从不同的角度出发，对学业成就给出了相应的界定：金志成和隋洁分别从广义角度和狭义角度界定了学业成就。他们认为学业成就从广义上讲，指有一定的学习动机，智力正常，没有感官障碍的学生在口头表达、听力理解、书面表达、基本阅读技能、阅读理解、数学运算和数学因果关系分析等方面所表现的水平。从狭义上讲，仅指学习成绩。周旭玲认为，学业成就指学生在教师的指导下，通过学习活动所获得的成果，具体包括学生对知识、技能的掌握与应用、能力的提高以及学习态度、学习兴趣等非认知品质的发展。学业成就应包括三个部分：知识与技能、能力、学业情感。其中，知识与技能是基础，学业情感是动力，能力是核心，三者相互作用，相互促进。诺尔曼士·格朗伦德则认为，学业成就指教学中学生取得预期学习效果的程度。董研和俞国良说："学业成就是评价一个学生学习好坏的最重要的指标之一。"崔允漷等学者认为，学业成就指学生学习的结果，是通过测验和评价衡量出来的学生个体所取得的学习结果。学者对学业成就达成比较一致的认识是：认为学业成就是学生的学习结果之一，他们认为学业成就涵盖学生能力、学习态度、学习兴趣、学习成绩等在内的方方面面的结果；学业成就是对学生进行评价的标准之一，是对学生进行甄别、分类、遴选的依据之一；但是对于学业成就所包含的具体内容，以及应该评价哪些内容目前还没有达成一致的认识。综上，要想增强小学生的学业成就感，可以从学生的学业情感、学业动机、学业能力等多方面实施教育。

结合以上文献参考，本研究中的"学业成就"，主要是指小学生在学习生活中取得的进步或成功所带来的幸福体验。据此，特设计主题为"越学越有劲"的心理健康教育活动课程，课程总共三节课，每节课40分钟，课程专题与教学目标如表1-4所示。

表1-4 "越学越有劲"幸福课程设计与目标

课程专题	教学目标
学习真有趣	认知目标：认识到学习的意义与乐趣 能力目标：努力做到快乐地学习，学会在学习中解决困难 情感目标：保持学习的愉快的情绪体验，喜爱学习

续表

课程专题	教学目标
我的学习动力气球	认知目标：了解到主动、积极学习的重要性，好的学习理由的力量 能力目标：主动地投入到学习当中，保持对同学对学习的积极心态，提升学业成就感 情感目标：感受到好的学习理由给个体带来强劲而持久的动力
考试君， 我们做朋友吧	认知目标：认识到考试是学习的一个环节，考试也是一次自我展示与反思的机会 能力目标：发掘自身应对考试的潜力 情感目标：体验到自身应对考试及学习的巨大潜力，增强应对考试的信心，提升学业成就感

5.模块五："生活自主"课程规划

生活自主反映的是学生在学习生活之余，可自主安排时间去做自己喜欢做的事情，从而满足其自主的需要。塞利格曼的幸福PERMA模型中意义与投入两大维度并未在小学生身上得到明显表现，取而代之的是"生活自主"维度。爱德华·德西（Edward Deci）和理查德·德恩（Richard Ryan）的内部决定论（SDT）认为，自主性（autonomy）、关系（relatedness）和能力（competence）是人的三种先天心理需要，当自主性得到满足时，个体的内在动机就更容易得到激发，并促进个体从事感兴趣的、有益于能力发展的行为，从而利于个体自我发展。自主性是三者中最关键的，个体在无法体验自主性需要的环境中，表达内在动机和事实上伴随个体成长的能力也可能受到抑制。因此生活自主的实现，是获得幸福感以及个体成长的重要渠道。小学高年级学生处于自我意识增强的阶段，自主需要的满足与否直接影响着其幸福的体验。

要做到生活自主，首先要明确什么是自己喜欢做的事情，即明确自己的兴趣。兴趣是一个人力求接触、认识、掌握某种事物和参与某种活动的心理倾向。人们若对某件事物或某项活动感兴趣，他就会热心于接触、观察这件事物，积极从事这项活动，能够从过程或结果中获得积极的情绪体验。有同学说，"我没有兴趣"或"我不知道我的兴趣是什么。"这种情况下怎么办呢？积极心理学之父马丁·塞利格曼教授在《真实的幸福》一书中写道："幸福的生活就是找出你的优势并发挥它"，当小学生去完成"自己擅长做的事情"时，可能会受到外界的称赞、关爱和注意，当这些外部动机转化为内在的个人价值感时，我们也会有相应积极的情绪体验，于是"特长"就可能在一定程度上向兴趣转化。还有同学说，"我知道自己的兴趣，但我没时间做它，或者总是做不好怎么办呢？"可以从两方面入手，一方面是培养时间规划能力，掌握时间任务管理的原则；另一方面培养意志力，最关键的是坚持，如果不坚持，再好的兴趣也难以得到发展，再好的计划也会泡汤。

　　五年级学生学习活动的兴趣范围逐步扩大，从课内的学习兴趣扩大到课外的学习兴趣，从阅读童话故事的兴趣扩大到阅读文艺作品的兴趣，从对玩弄小玩具的兴趣扩大到对科技活动的兴趣等。小学生的兴趣范围是扩大了，但还未形成中心兴趣。教师应注意培养他们的中心兴趣，指导他们围绕中心兴趣扩大兴趣范围，增长知识，开阔眼界。当今小学生的现实是课业较重；且在家长望子成龙心态下，小学生课余的周末与寒暑假被安排了各种各样的学习补习班或兴趣班，所以学生真正能够自主安排的、属于自己的时间非常有限。时间具有不可变性、无存储性和无可替代性。在有限的自主时间里只有做好计划，合理规划好休息和兴趣的时间段，才不会虚度和浪费。学会管理和利用自己的时间决定了是否能做自己感兴趣的事情。但是当前小学五年级学生时间规划能力是低效、无计划和缺乏策略的，表现在缺乏时间管理的意识和方法。然而，即使发现了兴趣，也规划好了时间，在实施兴趣活动的过程中，学生由于拖延、惰性，尤其在兴趣活动中遭遇失败时，缺乏意志力，难以坚持，容易半途而废。而意志是人自觉地确定目的，并根据目的调节支配自身的行动，克服困难，去实现预定目的的心理过程。小学五年级学生意志品质中主动性、自觉性、果敢性和坚持性较差，在一定程度影响了兴趣活动的坚持。但这一时期学生意志力的可塑性大，他们的意志力行动需要教师的启发和培养。

　　结合以上文献参考，本研究中的"生活自主"，主要是指有时间、能坚持做自己喜欢的事情。据此，特设计主题为"我的生活我做主"心理健康教育活动课程，课程总共三节课，每节课40分钟，课程专题与教学目标如表1-5所示。

表1-5　"我的生活我做主"幸福课程设计与目标

课程专题	教学目标
兴趣发布会	认知目标：认识到兴趣有重要意义，让我们生活更快乐，学习更高效 能力目标：我们擅长的事物可以发展成为我们的兴趣爱好 情感目标：发现自己感兴趣的方面
做时间的主人	认知目标：了解时间的特点以及自己不合理的作息安排，认识科学管理时间的方法 能力目标：初步掌握科学管理时间的方法，学会合理分配学习与休闲娱乐时间 情感目标：体会管理时间对学习生活的重要意义

坚持坚持再坚持	认知目标：了解坚持品质，了解自己的意志力状态
	能力目标：磨炼遇到问题时的坚持性，学会促成坚持的方法，培养坚持的习惯
	情感目标：理解坚持对成功的重要意义，树立面对困难时坚持不懈的精神

6.模块六："家人学业支持"课程规划

父母是孩子的第一任老师。在日常的亲子互动中，孩子的语言认知、情感价值观和行为习惯无时无刻不受到父母的熏陶和感染，家庭教育对孩子习惯的养成、态度价值观以及学业成就都有着重要的作用。大量研究表明，家庭功能的发挥、家庭参与、父母教养方式、教养态度、教养观念、亲子关系、家庭社会经济地位以及父母的职业和受教育程度等对儿童的身心健康发展均有重要意义。可见，家庭是影响儿童青少年幸福感的重要因素之一。

依据儿童身心发展规律，小学生处于受教育的早期阶段，身心发展还不成熟，但是小学阶段是培养各种认知能力、心理品质和行为习惯的关键期，因此来自家庭的支持等显得尤为重要。目前，关于"家庭支持"还没有统一的定义。霍格伍德（Hoagwood）等人认为家庭支持是指为了满足儿童需要，减少他们的孤独感、压力和自责感，向其提供教育或信息，教授技能，赋予权利以促进其更有效地应对社会生活，是个体最重要的社会支持系统之一。台湾学者李素菁、黄俐婷等人把家庭支持定义为家庭中其他成员对个人在面临压力情境时互相协助的情形，即提供照顾、关怀、并能提供个人情感的安慰与鼓励、回应或建议、以获得实在性、讯息性及情感性支持的程度。大陆学者朱卫红认为家庭支持是指父母或主要抚养者为了一定的教养目的，在某种特定的家庭教养氛围下，在子女成长过程中对其提供的物质支持、生活信息支持、教养氛围支持、情感支持以及人际支持等。

李茂平等人在朱卫红等对家庭支持研究的基础上，结合小学生学习的具体情况，提出"家庭学业支持"的概念，即父母或抚养者为使自己的孩子获得学业的成功，在某种家庭教养氛围下，对子女或被监护人在学习过程中提供相应的学习方法和策略、情感及物质条件等方面的帮助与指导。家庭学业支持是家庭支持的一部分，更是家长参与儿童学习的一种方式。研究发现家庭学业支持与学生自尊，学习投入，以及学习倦怠有很大相关，是影响小学生学业成就的一个重要因素。家庭对小学生学习上的支持主要表现在学习方法与策略辅导、学习困难问题应对、缓解学习压力、培养学习兴趣和习惯、给予物质上的支持，等等。在此基础上李茂平等人编制了家庭学习支持问卷，将家庭学业支持分为以下五个维度。

（1）学习方法与策略辅导。家庭（父母）对小学生在课程学习上方法和策略方面的辅导。如"我的家人常会教我一些有用的学习方法""完成作业后家人总是对我的作业进行检查并指导我订正"。

（2）独立和困难应对支持。反映学生独立性和遇到困难时从家庭成员中得到的心理支持，如"家人对我做的决定都给予支持""在我遇到困难时我的家人会安慰我、关心我"。

（3）家庭宽松气氛营造。主要反映家人为学生营造良好的家庭学习氛围，以促进孩子的学习，缓解学习压力，如"家人总是不厌其烦地听我抱怨"。

（4）学习条件提供。主要反映家长为孩子的学习提供一定的物质条件，如"家人经常给我买课外读物"。

（5）健康生活风格培养。主要反映家长对学生的习惯养成和兴趣培养，如"我有良好的作息习惯"。

根据上述五个因子的具体内容，我们可以发现家庭为小学生学业方面提供的支持可以分为精神支持和物质支持两个方面。精神支持主要表现为学习方法策略指导、学习习惯及兴趣培养、学习挫折与困难应对、缓解学业压力、营造良好学习氛围等；物质支持体现在衣食住行各个方面，如提供学习用品、购买课外书等。

结合相关参考文献与"小学生幸福课"的总体框架，我们认为"家人学业支持"主要包括父母在物质上和精神上对学生学业的支持和帮助。据此，设计了主题为"爱的支持"的心理健康课，课程共两节课，每周一节，每节课40分钟，课程专题与教学目标如表1-6所示。

表1-6　"爱的支持"幸福课程设计与目标

课程专题	教学目标
爱的碎碎念	认知目标：认识到父母对自己学习上的唠叨和责骂是出于对自己学到更多知识和健康快乐成长的期望；意识到父母为自己学习提供了的强大的物质支持和精神支持 能力目标：通过活动感悟和体会，总结生活中无处不在，但又极易被忽视的家庭支持与帮助 情感目标：体悟为人父母的良苦用心，感恩父母的点滴付出，懂得将父母的支持与期待转化为学习的动力
爱的沟通	认知目标：认识到父母在生活和学习上的唠叨是关心、爱护自己的一种特殊表达方式；学会换位思考，理解父母对自己不厌其烦的提醒是希望自己做得更好 能力目标：掌握良好的亲子沟通技巧，增强对父母做法的理解和支持，减少因不良亲子沟通导致的父母对孩子学业上的消极影响 情感目标：善于利用积极的亲子沟通模式，促成父母的正向指导和支持；感恩父母的付出并转化为学习的积极动力

（二）初中生幸福教育课程框架

1.模块一："家庭温暖"课程规划

主观幸福感作为衡量儿童青少年健康成长的一个重要指标，受到多种因素的影响，其中一个关键因素就是家庭。张均华、梁剑玲《初中生幸福感来源结构及问卷编制》明确指出和谐而温暖的家庭是其幸福的主要来源之一。

家庭是儿童青少年成长的重要场所，对青少年的健康成长起着重要作用。家庭系统理论认为，整个家庭系统的功能发挥对孩子的成长有重要的影响，家庭系统的功能发挥越好，家庭成员的身心也就越健康；亲子依恋理论也认为，亲子关系的安全和温暖至关重要，与父母良好的依恋关系是青少年心理健康的关键。亲子关系和谐、亲密的家庭培养出的青少年，更易于与同伴发展出和谐、健康的同伴关系，更容易发展出亲和、独特的个人魅力，从而获得良好的社会适应。反之，亲子关系不融洽的青少年，则不容易与他人建立信任关系，容易在个性、人格方面出现敌对、孤僻、偏执障碍，从而不受到社会和同伴的认可。亲子关系较好的孩子受到父母更多的支持，获得的支持能更有效抵消生活中的不利因素，促进孩子身心的健康成长，主观幸福感可能更高；而亲子关系比较差的孩子得到的或感受到的家庭教育支持较少，甚至与父母的互动本身就是孩子的一个焦虑源头。对这些孩子来说，他们没有获得足够的社会支持，其身心状况与社会适应的发展都可能存在问题，主观幸福感不会太高。

随着青春期的到来，初中生自我意识加速发展，独立性增强，有一种强烈追求自主的欲望。他们总认为自己长大了，有能力独立地处理一些事情，希望父母尊重他们的意愿，把他们当成大人，当成朋友，给予他们足够宽松、自由的空间。而在家庭生活中，父母没有及时调整自己的教养方式，依然像对待小孩子那样，希望孩子对自己言听计从。当强烈的独立意识与父母的过多关爱发生冲撞时，学生往往以自己的逆反行为来表示自己的独立，有时心里明知父母是对的，也会反其道而行之。因此，这个时期的亲子关系容易变得紧张。而作为家庭重要的成员之一，他需要认识到父母对他的关爱与付出，认识到他是亲子交往的主体之一，他可以学习与父母建立起良好的亲情关系，了解自己在亲子沟通中的缺陷和问题，并做出适时的弥补，学会表达爱，学会有效地化解亲情中的冲突，共同营造和谐、温暖的家庭氛围。

结合以上文献参考，本研究中的"家庭温暖"，主要是指初中生从家庭父母那里获得的关心、支持、爱护而感受到的幸福。据此，特设计三节心理健康教育活动课程，每节课40分钟，课程专题与目标设计如表1-7所示。

表 1-7 "家庭温暖"幸福课程设计与目标

课程专题	教学目标
我们这一家	认知目标：了解我们的家，包括家人、关系、环境 情感目标：懂得观察家庭的成长方向，学会简单处理家庭关系 能力目标：体会家庭对我们成长的重要性
付爱的您， 负爱的我	认知目标：了解父母的爱是无私奉献的爱 情感目标：体会父母无私奉献，比山高、似海深的爱 能力目标：懂得理解父母的爱，并学会感恩
寸草心报 三春晖	认知目标：认识感恩的重要性 情感目标：能够从情感上去理解父母，感恩父母 能力目标：懂得在日常的学习生活中用实际行动回报父母

2. 模块二："同伴支持"课程规划

同伴支持（peer support）是一种社会情感支持，属于互助性行为，由人们之间通过共享一种相似的心理健康状态以带来期望中的人格的改变。米德和希尔顿等更是进一步指出，同伴支持是一种基于尊重的原则、分享责任以及互助性意见的达成而建立的一种给予和接受帮助的系统。通过提供支持、友谊、移情、责任共享，严重心理失调者经常遭受的孤独感、抑郁感、被歧视和挫折感都会慢慢在这种支持中得以化解。失去支持会使人感到孤独、失落，持续的消极情绪会使人产生疾患，这也是心理疾病产生的根源之一。因此，同伴支持无论是对于健康者还是心理失调者都不失为一种维护心理健康的有效渠道。

国外学者（哈特，1990）研究表明，同伴支持、父母支持和重要领域中的能力影响青少年的总体自我价值感。社会支持被认为是影响个人幸福最重要的影响因素之一。为了增进学生的同伴支持水平，Cowie 和 Sharp 提出了以下三种被广泛采用的方式：

（1）对人友好（be friending）。即帮助者或支持者在日常交往中，对同伴友好，为其提供帮助。在与其他同伴的日常交往中，支持者要尽可能细心、敏锐地察觉欺负和受欺发生的迹象，积极主动与受欺负者或潜在受欺负者（如新生、学习困难、低自尊、较弱小或经常独自一个人玩的儿童）友好相处，主动关心他们，为他们提供帮助，增加他们的社会支持。

（2）冲突解决（problem solving）。即通过同伴支持者的协调来解决学校中的一些人际问题，如打架、辱骂、排斥或拒绝他人参与活动等。当在学校日常生活中发现欺负现象时，同伴支持者要主动制止，并协调行为双方。与平常冲突过后有赢者和输者不同，同伴支持者在解决欺负问题时，尽量使行为双方都成为赢者，而且对处理结果都满意。

（3）咨询（counseling）。即求助者通过预约，在学校专门咨询室中向同伴支持者寻求帮助。同伴支持者在咨询过程中，积极聆听求助者的内心需要，主动与其交流，也可为其提供多种可能解决问题的策略，如对欺负者坚决说不、对欺负者的欺负行为置之不理，或建议求助者对着镜子练习积极应对欺负者的策略。

国内学者张玲玲等研究指出，一般认为，同伴支持是学生帮助同伴的一种有组织的服务形式，它基于儿童遇到困难时寻找同伴帮助或大部分儿童对人友好的自然倾向，通过对一部分儿童进行相关技能的培训，使他们以一种负责的、敏感的和移情的方式为同伴提供支持和帮助。就学校欺负干预来说，同伴支持是在对一部分儿童进行冲突解决、对人友好等培训的基础上，通过同伴的力量和行为有组织、有系统地来帮助其他学生解决欺负问题。其目的在于在同伴群体中形成一种积极向上、倡导和鼓励亲社会的行为和观念、反对攻击行为的良好风尚。

结合以上文献参考，本研究中的"同伴支持"，主要是指来自朋友、同学的关心、支持等所带来的幸福感受。据此，特设计三节心理健康教育活动课程，课程总共三节课，每节课40分钟，课程专题与目标设计如表1-8所示。

表1-8   "同伴支持"幸福课程设计与目标

课程专题	教学目标
同学·朋友	认知目标：了解同伴关系的重要性 情感目标：体会良好同伴关系带来的积极影响 能力目标：懂得基本的同伴交往之道
化解冲突增进友谊	认知目标：发掘朋友间相互吸引的积极品质 情感目标：触发同学内心对于友谊的美好情感和积极体验，学会珍惜和维系友谊 能力目标：学会用正面的心态和积极的行为处理朋友间的矛盾冲突
感恩支持携手共进	认知目标：认识团结协作的重要性，懂得付出与回报的道理 情感目标：促进成员彼此间的接纳程度，体验支持与被支持的集体归属感。培养学生感恩他人支持与帮助的积极心态 能力目标：提高学生对他人的支持与帮助的感知能力和感恩能力

3.模块三："教师支持"课程规划

自从社会支持（social support）作为科学专业术语被正式提出以来，社会各群体的社会支持状况及其对身心健康和其他情绪情感的影响日益受到研究者的重视。我国研究学者和西方研究学者的研究结论相一致，均表明具有良好社会支持的个体会有比较高的主观幸福感、生活满意度、积极情感和较低的消极情感。社会支持从功能或方式角度来进行划分，可以分为情感性支持、工具性支持、资讯性支持等。情感性支持（emotional support）是指向他人提供鼓励、表示关心与爱意、面对困难时伴随左右，使人感到温暖；工具性支持（instrumental support）指提供财力帮助、物质资源或具体建议指导等，又称为具体社会支持（tangible support）；资讯社会支持（informational support）指向个体传达赞扬或肯定的讯息，从而提高个体的自信心，又被称为信任支持（esteem support）。社会支持的来源有家庭、同伴、老师等。

教师作为中学生成长过程中的一个重要社会支持来源，其对中学生的影响贯穿整个教育始终，直接关系到学生的健康成长。教师支持更多体现在学生的学习生活中，老师对他的鼓励、关心、帮助及赞赏。张均华、梁剑玲《初中生幸福感来源结构及问卷编制》明确指出在学习生活中能得到老师的关心、支持、鼓励及赞赏，足以令学生感到幸福。

结合以上文献，本研究中的"教师支持"，主要是指初中生在学习生活中所感受到来自老师的关心、支持和赞赏等而感到的幸福感。据此，特设计两节心理健康教育活动课，每节课40分钟，课程专题与目标设计如表1-9所示。

表1-9 "教师支持"幸福课程设计与目标

课程专题	教学目标
走近老师	认知目标：让学生了解老师，理解老师
	情感目标：感受老师无私的爱，在言行举止中尊重老师
	能力目标：引导学生学会感谢老师，尊重老师
老师伴我成长	认知目标：了解为自己传道授业的老师
	情感目标：体会老师的良苦用心，学会感激老师
	能力目标：懂得处理与老师产生的各种冲突或矛盾

4.模块四："学业成就"课程规划

《辞海》中没有对"学业成就"这一词语作明确的定义，但对"学业"的解释为：学问，学校的课业，如学业成绩；对"成就"的解释为：成功、成立，成全、造就，指事业的成绩。研究者在进行相关研究的过程中，结合自己研究的特点及研究目的，从不同的角度出发，对学业成就给出了相应的界定。如金志成和隋洁分别从广义角度和狭义角度界定了学业成就。他们认为学业成就从广义上讲，指有一定的学习动机，智力正常，没有感官障碍的学生在口头表达、听力理解、书面表达、基本阅读技能、阅读理解、数学运算和数学因果关系分析等方面所表现的水平。从狭义上讲，仅指学习成绩。周旭玲则认为学业成就是指学生在教师的指导下，通过学习活动所获得的成果，具体包括学生对知识、技能的掌握与应用、能力的提高以及学习态度、学习兴趣等非认知品质的发展。学业成就应包括三个部分：知识与技能、能力、学业情感。其中，知识与技能是基础，学业情感是动力，能力是核心，三者相互作用，相互促进。诺尔曼士格朗伦德则认为学业成就指教学中学生取得预期学习效果的程度。目前许多学者达成比较一致的认识是：认为学业成就是学生的学习结果之一，他们认为学业成就涵盖包括学习能力、学习态度、学习兴趣、学习成绩等在内的方方面面的结果；学业成就是对学生进行评价的标准之一，是对学生进行甄别、分类、筛选的依据之一。

综上所述，本研究中的学业成就主要反映的是初中生在学习中取得的进步，在考试取得的好成绩等获得的幸福的体验。

学习是人类进步和发展的重要途径，也是一个人终生都面临的重要任务。进入19世纪90年代以来，如何才能进行有效的学习成了教育心理学重要的研究课题。以往众多的单因素研究表明学习动机、学习归因、学习自我效能感、学习策略等都是影响学生学业成就的重要因素。

（1）学习动机。动机是推动人类活动的原动力，许多教育家和心理学家认为学习动机是直接推动学生进行学习活动的关键因素。学习动机一旦形成，就会自始至终贯穿某一学习活动的全过程。学习动机和学习活动，互相刺激，互为因果。因此，学习动机可以加强和促进学习活动，学习活动又能激发、增强或强化学习动机。学习动机是提升学习兴趣和取得良好学业成绩的基础，它决定学生现实的学业成就，对个体一生的学习都有着重要的影响。

（2）学习归因。学习归因指的是学生在学习过程中将学习行为或行为产生的结果进行分析、推断，是归因在教育领域的一种具体表现。学习归因作为一种动机因素，影响学生的情绪、意志等心理状态，进而影响学生的学习行为。归因理论认为，积极的归因模式是：将成功归因于能力高，会产生自豪、自尊和对成功的期望，使学生愿意从事有成就的任务；将失败归因于缺乏努力，会产生内疚和对成功的相对高期望，也使学生愿意并坚持从事有成就的任务。路径分析说明：学生积极的归因方式、一定的能力自信对搞好学习是必不可少的，有助于他们更积极地选择学习策略，主动地进行学习。韩仁生的归因试验指出：两个月的归因训练，能使小学生和初中生的归因向积极方面转化。

（3）学业自我效能。学业自我效能是指学生对自己顺利完成学业的行为能力的信念，是自我效能在学业领域内的表现。学生的学业效能感是影响其学业成就的一个重要因素。学生学习效能感对学习行为及成就有重要影响。自我效能感高的学生对其学习的自我监控能力较强，并对其目标定向及学习成绩具有积极的影响。自我效能理论也认为，学生的学习自我效能感会影响学生学习的坚持性、努力程度、认知投入与学习策略的运用，从而影响学生的学业成就。舒尔克等人发现，自我效能与成就有直接的正相关。我国的一些研究表明，自我效能对自我监控学习有直接影响，而自我监控学习能力是影响学业成就的重要因素。沃建中、林崇德认为自我效能与动机定向、成就归因、成就目标、自我监控等相互作用共同影响学业成就，其中自我效能对其他因素具有调节作用。

（4）学习策略。国内学者刘儒德等认为，学习策略就是学习者为了提高学习的效果和效率，有目的有意识地制定的有关学习过程的复杂的方案，学习策略是学习者为了完成学习目标而积极主动地使用的、是有效学习所需要的、是针对学习过程的、是学习者制定的学习计划，由规则和技能构成的。穆罕默德（Mohamed）和阿尔禄利（AL.Baili）指出，学习策略作为学会学习的重要手段，对学生的学习成绩有重要的影响；刘志华、郭占基研究指出，学习策略是导致成绩差异的主要因素；谷生华等、王振宏等研究都证实了学习策略是影响学生学业成绩的直接因素。

目前学习策略的培养研究，已成为国内外研究的重点，培养研究强调学习策略的训练，并力求策略训练的情境化及习得策略的迁移。在学习策略的教学与训练越来越成为研究热点时，也发展了许多学习策略的训练教程，如瑟洛（Dansereau）的学习策略指导教程，教给大学生一些学习策略和技巧；琼斯（Jones）等编制的芝加哥掌握学习阅读教程，旨在提高初中以下学生的独立阅读能力；赫伯（Heaber）的内容指导教程，用来提高小学四年级到高中三年级学生独立地学习和理解教师指定的学习材料的能力等。

结合以上参考文献，本研究中的"学业成就"，主要反映的是初中生在学习中取得的进步，在考试取得的好成绩等获得的幸福的体验。学业是初中生最重要的一项活动，学业上的成就感足以影响到初中生的幸福体验。结合当前热门研究的成果，我们可以发现，要提升学生的学业成就感，需要让学生有想学的动力，能学好的自信，以及会学的策略。据此，设计三节心理健康教育活动课，每节课45分钟，课程专题与目标设计如表1-10所示。

表1-10 "学生成就"幸福课程设计与目标

课程专题	教学目标
我的未来不是梦	认知目标：了解梦想对我们的意义，认识梦想实现和现在学习的关系
	情感目标：激发学生对美好未来的憧憬之情，激发学习动力
	能力目标：为未来造梦，寻找梦想，规划当下生活
学会成功归因	认知目标：了解自己的学习归因及其对我们学习的影响
	情感目标：增强学生的学习效能感，树立我能学的信心
	能力目标：学会对学习事件的成功归因
高效听课我能行	认知目标：懂得一些基本的听课规范，了解初中学习的过程策略
	情感目标：通过活动，让学生感受听一堂课实际上是一种多感官并用联动的过程

	能力目标：让学生掌握认真倾听、细致观察、积极思考、灵活做笔记等主体性学习方式

5.模块五："生活自主"课程规划

生活自主是一种个体自主需要，指个体在学习生活之余，能自主安排时间、做自己喜欢做的事所带来的幸福感。爱德华·德西（Edward Deci）和理查德·瑞恩（Richard Ryan）的内部决定论（SDT）认为，自主性（autonomy）、关系（relatedness）和能力（competence）是人的三种先天心理需要，当自主性得到满足时，个体的内在动机就更容易得到激发，并促进个体从事感兴趣的、有益于能力发展的行为，从而有利于个体的自我发展。自主性是三者中最关键的，个体在无法体验自主性需要的环境中，表达内在动机和事实上伴随个体成长的能力也可能受到抑制。因此，生活自主的实现是获得幸福感以及个体成长的重要渠道。

初中生处于自我意识快速发展阶段，独立意识增强，自主需要强烈，自主性的满足会直接影响其幸福的体验。自我意识的外显特征突出表现为"走向独立"，国内学者（蒋勇，2014）研究认为，初中生自主生活教育的内容可以归纳为"自强""自律""独创"与"合作"四个方向，通过相应的训练可以提高自主生活能力，有如以下四点。

（1）"自强"，即"自强不息，悦纳自己，有健康高尚的人生追求"，可以进行"强化自尊自信的活动、强化竞争意识、经受挫折的磨砺、加强独立意识、理想教育"等相关训练。

（2）"自律"，即"按行为规范和社会的伦理道德自我约束控制，对自己负责，对他人负责，以高度的社会责任感面对人生"，可以进行"增加社会责任、增强自控行为、学习控制情绪"等相关训练。

（3）"合作"，即"团结互助，热爱集体，找准位置，尊重他人，善解人意，从善如流"，可以进行"增强集体观念、交流沟通活动、锻炼共处能力的活动"等相关训练。

（4）"独创"，表现为"有独立的见解主张，不人云亦云，亦步亦趋。敢于另辟蹊径，敢为人先"，可以进行"培养兴趣特点、思维训练、创造意识"等相关训练。

自由、平等、民主的环境能提高学生的生活质量。因此需要在家庭和学校两个生活自主实现的主要场所中，构建自由、平等、民主的氛围。但就中学生的现状来看，学生大多处于"家长式的管理"，大小事务均被"包办代替"，主体性在家庭和学校均被客观压制，缺乏生活自主的体验，容易产生依赖心理，自我控制差，这与初中生心理发展特点不相称，是不利于个体成长的。

结合以上文献参考，本研究中的"生活自主"，主要是指个体在学习生活之余，能自主安排时间、做自己喜欢做的事所带来的幸福体验。据此，特设计三节心理健康教育活动课，每节课45分钟，课程专题与教学目标设计如表1-11所示。

表1-11 "生活自主"幸福课程设计与目标

课程专题	教学目标
时间的影子	认知目标：清楚自己的时间利用情况，知道学习、工作、生活、休闲都是人生的必要组成
	情感目标：树立健康的时间分配观念
	能力目标：能分辨自己在时间利用上存在的问题
做自己的时间管理师	认知目标：知道学习、工作、生活、休闲的时间需要合理分配和管理
	情感目标：形成珍惜时间、科学管理时间的生活态度
	能力目标：学会使用一些管理时间的方法，自主选择并分配时间
休闲的学问	认知目标：认识健康的休闲活动的意义与原则
	情感目标：树立健康休闲的理念
	能力目标：能根据个人实际，科学、合理地安排自己的休闲活动

（三）高中生幸福教育课程框架

1.模块一："家庭温暖"课程规划

家庭是人生最初始和最基础的教育环境，对青少年的心理发展有着重要影响。家庭环境对青少年的影响并不是一成不变的。随着青少年的心理发育，他们对家庭环境的要求也会不同。已有研究表明，家庭环境对学生的心理健康具有重要的影响作用。和谐的家庭环境能消除青少年不良的心理症状，有利于青少年身心的健康发展。有研究发现，温暖的、关心的、交流的、理解的及支持的家庭环境，能消除压力对青少年健康的消极影响。

家庭作为一个不断运行的动态系统，具有其相应的功能。家庭功能是影响家庭成员心理发展、人格健全的关键因素之一。已有研究表明，家庭功能的部分因子可以用来解释总体主观幸福感和家庭满意度近40%的变异量，同时家庭功能的其他因子可以用于预测主观幸福感的其他因子。这说明家庭功能良好的青少年，更有可能具有较高的生活满意度，更有可能体验较高水平的幸福感。如果家庭成员的亲密度与适应性较差，家庭的问题解决、沟通、情感反应、行为控制出现问题时，极有可能会使青少年自我封闭、疏离感增加，家庭功能健康水平可预测个体的心理健康水平，预测个体的主观幸福感水平。研究表明，青少年家庭功能各因子与其主观幸福感各因子及总体评价存在显著相关，说明青少年的家庭功能对其主观幸福感影响较大。

总之，家庭环境对青少年的影响是不容忽视的。家庭环境影响青少年的心理健康，不良的家庭环境可以说是青少年心理问题产生的主要根源，从而影响青少年对幸福感的认知。创造和睦、良好的家庭环境不但能提高学生的心理健康水平，而且对提高学生的幸福感具有重要的意义。

结合以上文献参考，家庭环境对高中生的成长至关重要，和谐而温暖的家庭是高中生幸福的主要来源之一。本研究中的"家庭温暖"，主要是指高中生所感受到的家人的关心、支持、爱护及鼓励等所带来的幸福。据此，特设计针对学生的心理健康教育活动课程，课程总共三节课，每节课40分钟。同时，因为高中生所感受到的家庭温暖与父母息息相关，父母的教育方式、沟通方式对高中生家庭温暖的感受性影响很大，特设计家长课程两节，每节课1小时。课程目标与内容设计如表1-12所示。

表1-12　"家庭温暖"幸福课程设计与目标

课程专题	教学目标
爸爸妈妈，当我成为你	认知目标：了解同理心的含义及其在人际沟通中的重要意义
	情感目标：体会感受父母爱子之心，学会理解父母、尊重父母
	能力目标：培养换位思考能力，从而提升亲子沟通的有效性，增进亲子关系
面对唠叨的父母	认知目标：通过活动，认识到父母唠叨背后的爱
	情感目标：使学生能理解父母，并站在父母的角度去感受父母的不易
	能力目标：学会如何面对唠叨的父母
为爱架起心桥梁	认知目标：了解亲子沟通中造成冲突的根源，理解"我讯息"表达和"你讯息"表达的异同，以及它们带来的不同效果
	情感目标：体验父母的爱，树立积极的沟通态度
	能力目标：掌握"我讯息"表达，与父母进行有效沟通
家长课程：陪孩子一起成长	认知目标：了解高中孩子的心理需求，懂得陪伴他们的正确方式
	情感目标：激发家长理解孩子现阶段的特点，从而改善亲子关系
	能力目标：家长学会正确的、行之有效的教育方法

2.模块二："同伴支持"课程规划

积极心理学的研究一直以幸福为核心。塞利格曼通过对幸福的研究，提出了最新的幸福理论——PERMA理论，也就是"幸福五元素理论"，为心理学界广泛接受和认同。PERMA由五个幸福元素的英文首字母构成，代表幸福的组成成分，主要包括以下五个元素：积极情绪（positive emotion）、投入（engagement）、意义（meaning）、成就（accomplishment）和积极关系（relationships）。构成幸福的五元素互相独立，但每个元素都能促进幸福。积极关系（Relationships）：人是生活在一定社会中的人，拥有和伴侣、家庭成员、朋友、邻居、同事积极的人际关系的人比没有这样的关系的人更快乐。积极的人际关系，提供了一个有助于个人安全感的支持系统，这种支持系统使他们能发展并走向蓬勃。

同伴支持是个人社会支持系统的重要组成部分，特别是高中生。社会支持系统是指来自社会各方面，包括父母、亲戚、朋友等给予个体精神或物质上的帮助和支持的系统。积极心理学的研究发现，良好的社会支持与较高的主观幸福感、生活满意度、积极情感和较低的消极情感相关。

中山市的同类研究表明，高中生幸福感是一个包括家庭温暖、同伴支持、教师支持、学业成就、生活充实、生活自主六因子模型。同伴支持反映的则是高中生在学校生活中从朋友或同学那里获得帮助、支持及关心等而感受到的幸福。高中三年的学习时光绝大多数是和老师、同学一起度过，良好的同伴关系不仅满足了高中生情感和归属的需要，还能在其学习生活碰到困难的时候提供支持和帮助。在高中生幸福感多元结构中，家庭温暖和同伴支持是高中生幸福感来源提及频率最高的，可见，同伴支持是高中生幸福感来源的一个重要渠道。

同伴支持（peer support）是一种社会情感支持，属于互助性行为，由人们之间共享一种相似的心理健康状态以带来期望中的人格的改变。米德和希尔顿等更是进一步指出，同伴支持是一种基于尊重的原则、分享责任以及互助性意见的达成而建立的一种给予和接受帮助的系统。徐琴美、刘曼曼研究发现同伴支持是个体所觉察到的来自重要他人或其他群体的尊重、关爱和帮助，同伴支持水平的提高取决于学生的同伴支持重要性评价、对同伴支持的感知，以及获得同伴支持的能力。

高中阶段相对于小初阶段而言，与同伴共度的时间显著增加，彼此的互动更为频繁和复杂。因此，同伴关系相比儿童期显得更为重要。高中生的心智开始由少年时期的半幼稚、半成熟逐渐向成熟过渡，在心理和行为上表现出强烈的自主性，迫切希望从父母的束缚、老师的管教中解放出来，积极进行自我保护和管理。美国心理学家霍林沃斯把高中生的心理发育时期形象地称为"心理上的断乳期"。随着身心发展的日趋成熟，高中生的思想也越来越成熟，但鉴于其正处于"心理断乳期"，高中生的思想特点或理想愿望往往与实际情况不同，容易产生人际困扰，易受打击。对本校的学生调查显示"当你有烦心事时你最想对谁倾诉？"学生为倾诉对象的人数最多，占总人数的57.1%，"相比于与其他人在一起，你更愿意独处"，学生更多选择"偶尔"，选择比例是71.9%，可见同伴交往在学生成长中的重要性及意义。"在你的同伴交往中，你觉得最困扰你的是"，"不懂得如何表达自己的想法和感受"与"自己不够自信"的被选比例相当，分别为34.72%和30.14%，有28.75%的学生选择"不知道怎样化解矛盾与纷争"，有6.39%的学生选择"总是误解对方"。有45.76%的学生认为"受别人排斥与冷漠"是最易造成其困扰的人际事件，有30.74%的学生则认为"被人诬陷、冤枉"是最不能让人容忍的人际事件，可见学生虽然内心渴望获得同伴支持但往往缺乏相应的能力和技巧。

基于上述理论与学生实际情况，依据"知—情—行"的设计思路，以提高同伴支持重要性评价、增强同伴支持的感知力以及获得同伴支持的能力为三个着力点，系统规划高中生"同伴支持"幸福课，课程目标及内容如表1-13所示。

表1-13 "同伴支持"幸福课程设计与目标

课程专题	教学目标
同学，相伴	认知目标：了解同伴关系的重要性
	情感目标：感受良好同伴关系的积极作用
	能力目标：增加同伴交往的主动性
同学，相处	认知目标：让学生认识到同伴交往是相互的
	情感目标：感悟到个人品质对同伴交往的影响
	能力目标：学会人际问题的有效应对方式
同学，相容	认知目标：认识到同伴交往中宽容的作用
	情感目标：感悟到同伴交往中宽容的力量
	能力目标：学会以宽容的态度对待别人
同学，相知	认知目标：让学生认识到同伴支持的感受度与自身认知有关
	情感目标：体会四种人际交往心态给人带来的交往感受及后果
	能力目标：学会从改变交往心态来改变同伴支持感受度

3.模块三："教师支持"课程规划

20世纪60年代起，随着人们开始关注生活压力对身心健康的影响，社会支持的重要性逐渐得到人们的重视。在接下来的数十年里，社会支持一直是心理学研究的重点领域。

社会支持是一个既包括个体内在认知因素又包括外在环境因素的多维度概念。国内心理学研究者肖水源编制的社会支持评定量表（SSRS）将社会支持分为"客观支持""主观支持"和"对社会支持的利用度"三个维度。客观支持是指客观可见的实际的支持，例如家人、朋友、老师可以提供的支持帮助；主观支持指个体在社会中受尊重、被支持和被理解的情感体验，即个体主观上能够感受到的被外界支持的程度；而对社会支持的利用度是指个体在多大程度上能够利用好可获得的支持。

教师作为学生在学校生活中的重要他人，学生从老师那里得到的社会支持程度会在很大程度上影响学生的学习动机和学习成就，进而影响学生在学校的幸福感体验。在学校环境中，老师和学生受到各自角色地位的限制，学生从老师处获得社会支持，更多地需要学生的主动争取，即学生需要在"主观支持"和"对社会支持的利用度"这个维度上有更好的表现。学生从老师处体验到的"主观支持"程度会受到学生对老师的评价、师生关系的影响，"对支持的利用度"会受到学生是否采取合理的策略寻求老师的支持的影响。

本主题的心理课着重从提升学生对老师的评价、改善师生关系、提高主动寻求教师支持的能力三个方面进行设计，最终帮助学生提高对教师支持程度的感受和评价，课程目标及内容如表1-14。

表1-14 "教师支持"幸福课程设计与目标

课程专题	教学目标
师生交往心理效应	认知目标：了解师生交往中主要的心理效应
	情感目标：提升对老师在师生关系中的积极评价
	能力目标：学会合理利用心理效应，帮助自己构建更好的师生关系
主动求助，收获支持	认知目标：了解发现阻碍向老师进行学业求助的认知特点
	情感目标：感受学业求助对提高师生关系、获得更多教师支持的积极作用
	能力目标：学会突破认知误区，能够主动向老师进行学业求助
师生同台心沟通	认知目标：促进师生之间的互相了解
	情感目标：使学生感受和老师积极互动所带来的积极情感体验
	能力目标：使学生在活动中学习与老师相处的方式

4.模块四："学业成就"课程规划

学业成就作为本研究的一个研究因子是基于因素分析而提出的。它不同于一般定义上的学生个体在学业方面的表面，如学习成绩、学业表现。查阅相关文献以及根据相关研究需要，学业成就包含成就和成就感两个维度。

对于成就，雷洪波等人认为，其基本内涵有三：第一，成就是行为结果，而非行为过程；第二，这个结果必须"超群"，至少高于一般人所能达到的水平；第三，成就应以他人认可为标准，而非自我设定。从这个定义上看，成就指的是一种客观结果。相比较而言，成就感是一种主观感受，指通过对成就的自我意识而获得的自我肯定感、自我价值感。从这两者的关系上看，取得成就并得到他人承认是成就的客观条件，自我认为有成就是产生成就感的主观标准。因此，"成就"应当同时具备主观标准和客观条件。

在本研究中，学业成就包括学生在学业成绩上的表现以及学业成就感。通过因素分析的结果，具体抽取出来的条目内容有四个：

（1）我在考试中取得了不错的成绩；

（2）我在学习上的努力付出都取得了回报；

（3）我在学习上不断取得进步；

（4）我能感觉到学习所带来的成就感。

其中既有个体在学业取得的具体进步，其中包括相对他人的客观优异成绩和相对自己取得的进步；也有知觉到的成就感，即达到目标后的价值感和动力。据此，我们把学业成就界定为：在学习过程中，学生能够胜任学习任务，发挥了自己的能力，实现了学习目标，由此而体验到自我实现的一种内在满足。

从干预目的来看，学业成就是如何影响和增进学校幸福感的呢？一方面，学业成绩是当前社会和学校考核、升学的主要标准，是关键性的考量因素。在学校环境中，学业表现差的学生可能会面临着更多的来自社会、学校、家长、同伴以及自我目标等方面的压力；另一方面，学业成就感低下的学生（不一定学习成绩差）更难体验到学校场域内的幸福感。研究表明，成就感是人取得成绩或成功以后引以为豪的感觉。首先，它是个体在完成某项学习或活动任务后产生的一种自我满足的积极的情绪体验。而积极的情绪体验是幸福感的重要构成部分。其次，学业成就感高的学生更能认识到自己的能力，增强自信心，提高动机水平，为以后学习新知识、解决新问题提供有利条件。这种能力感的提升也是个体幸福感提升的重要来源。根据马斯洛（Maslow）的需要层次理论，成就感可以说是个体获得自我实现需求的一种满足。

在干预内容方面，我们首先需要探讨及明确影响个体学业成就的因素。有关学生学业成就的影响因素，大体上可以分为个体心理因素与环境因素两大类。现代心理学家更侧重于学生心理影响因素的探讨，他们认为个体心理因素对学业成就的影响强于环境因素，因为后者必须被个体内化后才能发挥作用。大量研究证实，原有知识、智力因素、非智力因素是影响学业成就的主要心理因素。在这些因素中，研究者的研究结论并不统一，有的强调知识基础、有的强调智力和学习策略，有的强调个体的人格心理因素等。但是，它们可能基于不同的影响路径形成综合效应影响个体的学习活动。鉴于研究的有限性，本课题主要选择已有相关研究证明的对学生学业成就有直接影响的一些心理变量进行讨论。

通过对知网的文献检索和对比，选择干预学业成就的因素主要集中在学生个体的学业自我效能提升、积极的归因方式、成就目标的选择等方面。其中，自我效能是个体相信自己有能力对学习产生积极影响的一种知觉和信念。它影响着学生对学习的主动性和积极性、对学习的关注和投入程度以及在遇到困难时克服困难的坚持程度；积极的归因方式能够帮助学生无论在取得成功还是失败时，都能够掌握积极的、正确的归因方法来应对；成就目标更是直接关系个体的成就感，掌握成就目标的个体"对发展能力感兴趣，将学习本身视为终极目标，他们倾向于学习，选择挑战性的任务和面临困难时具有坚持性"。

综合以上文献，干预的主要个体心理变量是学业自我效能感、学业归因方式、学业成就目标。实验的主体课程和内容见表1-15。

表1-15 "学业成就"幸福课程设计与目标

课程专题	教学目标
成就自我，寻找你的学业目标	认知目标：激发学生设立高中学业目标的认识和欲望
	情感目标：掌握目标设定方法，提高学业成就
	能力目标：树立实现高中学业目标的信心
合理归因，快乐学习	认知目标：了解不合理归因的不良影响和自己的归因特点
	情感目标：学会合理归因
	能力目标：建立合理归因的积极体验
学习，学习，我爱你	认知目标：引导学生正确认识学习的意义
	情感目标：掌握保持学习热情的方法，学会苦中作乐
	能力目标：体验学习之乐
遇见更好的自己——走出受害者的"天堂"	认知目标：理解作为受害者的代价；发现掌控者的内在力量
	情感目标：运用"我可以，我能够"去积极处理学习中出现的问题
	能力目标：体验受害者内心矛盾的情感；建立起掌控者的积极情绪反应

5.模块五："生活充实"课程规划

在由梁剑玲和张均华主编的《高中生幸福感来源结构及问卷编制》中，通过对学生关于幸福的开放式回答和理解进行主题分析，最终发现高中生幸福感来源结构基本可分为家庭温暖、同伴支持、教师支持、学业成就、生活充实和生活自主等六个维度。而充实的生活纬度主要包括：有自己的目标；每天都在为梦想努力；每天忙碌而充实地生活，这几点都是人生规划的重要组成部分。

高中阶段是学生个性形成、自主发展的关键时期。高中生虽然大都有自己的人生理想，但目标并不明确，而有意识地努力实践自己人生理想目标的更是少数，从而导致生活不够充实降低了幸福感。人生规划的本质是人们进行自我激励、自我教育、自我矫正的一种方式。它是个人根据社会发展需要和个人发展志趣与能力，对自己未来的发展方向和道路做出一种预先的策划和设计。完整全面的规划可以指导高中生的成长与发展方向，充实其生活状态。

国内的学者王建忠等人对北京海淀区高中生的人生规划教育有过大胆系统的探索和尝试，他们认为高中生人生规划的目标是帮助学生发展兴趣、学会学习、培养生活所需的技能，同时也帮助学生形成积极的人生价值观、动机和抱负。还包括引导学生分析自身需求，从短期目标出发，帮助学生了解自己的不足，学习正确寻求帮助等。

国外人生规划教育内容一般是从认识"我是谁""我要到哪里去"和"我如何去"等方面引导学生正确认识自我，探索自己的未知世界。例如美国人生规划教育的内容：一是学习如何生活；二是学习如何学习；三是学习如何谋生；四是学习如何爱。在自我完善与实现中促进社会的和谐与发展，从而缔造一个有意义的人生。

结合前人的研究基础，本课程关于高中生幸福感课程的"生活充实"维度的课程编写主要从"良好的高中生活开始""树立短期与长远目标""学会变压力为动力"三个方面来设计课程。每节课40分钟，课程目标与内容设计见表1-16。

表1-16　"生活充实"幸福课程设计与目标

课程专题	教学目标
成功跨越高中	认知目标：让学生认识到每个人的关注点不同，高中生活的感受就会不同
	情感目标：激发学生对高中生活的积极情感
	能力目标：让学生学会改变关注点，把关注点放在自己想要的结果和过程的"美好"上，形成积极心理体验，激发他们的学习动力，从而度过美好的高中生活
明确目标，坚持信念	认知目标：让学生认识到明确的目标对人生成长发展的重要性
	情感目标：学会坚定信念、培养意志力
	能力目标：学会给自己选定一个适合自己发展的目标，并学会时刻激励自己朝着目标坚持不懈地努力奋斗
压力？动力！	认知目标：认识到生活中的压力无处不在，而竞争带来的压力可能是前进的阻力，也可以是前进的动力
	情感目标：感受到竞争、生活中的压力可能给自己带来紧张和焦虑感，同时也可能给自己带来有利影响
	能力目标：激发学生直面压力，化压力为动力，敢于挑战自我、挑战生活

6.模块六："生活自主"课程规划

自主性是行为主体按自己意愿行事的动机、能力或特性。自主性是人的品格特性，是人的素质的基本内核。在一定条件下，人对自己活动具有支配和控制的意识和能力即自主性，个人在活动中是否具有自主性，一是取决于个人在活动中是否具有支配和控制的意识；二是取决于个人是否能以自己的思维来支配自己的行为，而不是盲目地顺从他人的意愿，同时还能够进行自觉的自我调节和自我控制。

　　自主意识与能力的培养强调主体的能动性和发展性，是个体对自己的活动及周围环境关系的自主选择、自主评价、自主调控的主体意识的显现。奥地利著名心理学家阿德勒认为，"人是理性的动物，人在自主意识支配之下，能决定自己的未来，创造自己的生活。"现代教育理论认为，教育的对象是"一个个充满活力和探究精神的生命个体，本身就具有自主发展的强大动力"。不断强化这种自主发展意识，培养自主认知、自主调控的能力，给学生自主计划、自主体验和自主激励的机会，才能调动学生学习与活动的积极性，在自主探索和自我完善中发展生命个性。魏所康《主体教育论》认为，个体的自主能力是一个逐步发展的过程。其实现程度，主要取决于两个前提条件：一是客观条件，主要指身心发展水平和生活环境，看他能在多大程度上独立开展活动，从而保证自己的生存和发展；二是主观条件，主要指自律能力，看他能在多大程度上自觉进行自我调节。因此，就外部而言，自主发展能力最终是一种社会适应、生存能力；就内部而言，自主发展能力是一种自律能力，是根据个人的能力和需求，取得与周围环境的和谐。自主教育就是培养学生自我认识和自我评价的能力，自我体验和自我激励的能力，自我调节和自我控制的能力。高中生的自我意识逐渐觉醒，促使他们产生独立的愿望，开始了解未来对自己的重要意义，形成面向未来的自主发展新态度。

　　高中生处于自我意识增强的阶段，在生活中能自主安排时间，做自己喜欢做的事，自主需要的满足直接影响着其幸福的体验。在调查中发现，大部分学生反映学校管制太严和要求太多，学业任务繁重及目标计划不明确，不良心态和不良习惯等因素影响其自主安排，并认为增进自主性的方法主要有适应学校的管制和要求，制定目标计划提高效率，调整心态改良习惯等。

　　本课程关于高中生幸福感课程的"生活自主"维度的课程编写主要从增强生活自主意识和提高生活自主能力两方面设计了"我是人生的主人""我是学习的主人"和"我是时间的主人"三节课。其中课程"我是人生的主人"以增强学生的生活自主意识为目标，引导学生从"要我学"向"我要学"转变，激发学生思考规划人生，结合自身发展需要去主动适应学校的管制和要求；课程"我是学习的主人"从端正学习态度和激发学习动力上，引导学生抵住诱惑，通过调整心态和制定目标等方法提高学习生活自主能力；课程"我是时间的主人"从时间管理方面提高学生的生活自主能力。每节课40分钟，课程目标与内容设计见表1-17。

表1-17　"生活自主"幸福课程设计与目标

课程专题	教学目标
我是人生的主人	认知目标：认识到现在的所为是在为未来打基础，唤醒学生对自己未来人生的责任与展望

续表

课程专题	教学目标
	情感目标：激发学生对自己这辈子负起责任、无悔青春的积极情感
	能力目标：学会结合自身实际，自主把学业与人生愿景联系起来进行规划，开启新的学业征程
我是学习的主人	认知目标：认识到自主自律的人会为将来的长远发展做出选择，而非只顾眼前的舒适
	情感目标：激发学生主动奋进、自主自律应对高中学习生活的积极情感
	能力目标：学会持续燃起学习生活动力，保持其自主性的三个方法
我是时间的主人	认知目标：意识到学会时间管理的重要性，日常能自觉主动管理时间
	情感目标：体验到自主管理时间带来自主从容生活的积极情感，提高幸福满意度
	能力目标：掌握时间管理的基本方法，并在学习生活中自主、合理、有效利用支配时间

三、幸福教育课程的组织、管理与评价

（一）课程的组织

本课程方案是青少年幸福教育课程内容设计、实施和评价的基本依据，在实施过程中，应当遵照本方案的要求，结合本校学生的身心发展规律和实际面对的问题开展教育活动，有效地促进每一个学生的身心和谐发展，体验学校生活的愉悦和满足。

1.整体把握课程目标、年段目标、主题目标与教学目标的关系

学生的身心成长是一个连续不可分割的整体，整体课程目标根据学生身心发展要求分解成一个个年段目标，每一个年段目标的核心就是主题目标，每一个主题目标需要落实为一系列的教学目标。因此，要从整体上把握好课程目标、年段目标、主题目标与教学目标的关系，处理好系统目标与单元目标以及教学目标的关系，突出每一个年段的核心目标，每一个教学目标明确、具体，注意科学性、针对性和实效性。

2.开展体验式的活动促进学生知、情、意、行的统一

学生幸福课程的实施应以活动为主，可以采取多种形式，包括团体辅导、心理训练、问题辨析、情境设计、角色扮演、游戏辅导、心理情景剧、专题讲座等。学习中根据学生的实际情况确定教学目标，提供各种发展情境让学生进行体验学习，学生在活动中探索、体验和感悟，从而在认知上不断丰富，在感悟中体验积

极的情感，在矛盾解决和问题解决中学会面对问题，获得解决问题的方法，在实践中发展幸福生活的能力。

（二）课程的管理

我们构建的青少年学生幸福课程，一方面，它属于学校心理健康教育课程的范畴；另一方面，幸福正是积极心理学所追求的本质目标。因此，幸福课程的设计与积极取向的心理健康教育有着密切的联系。课程的定位是：

1.在教学目标上

以培养青少年快乐、幸福的心态，提高其对各生活领域的满意度，令其体验到更多的积极的心理状态，形成完善的人格和心理机能为终极目标。

2.在教学内容上

关注学生的实际心理需求，发展学生个体的积极个性品质为主要内容。

3.在教学过程上

采用情境体验、活动教学、角色模拟等多种方法让学生在情境和活动中得到体验，获得成长。

4.在结果反馈上

通过在教学过程中观察、访谈学生，了解课程为青少年幸福美好的学校生活提供支援、支持和指导的作用，通过教学结束后的数据分析，在学校教育中验证课程的科学性和有效性，探讨出学校幸福课程的实施策略和评价方法体系，完善青少年学校幸福感课程及资源包。

（三）课程的评价

评价的根本目的在于积极促进学生的发展，在全面了解学生的幸福感状况的基础上验证课程目标的达成情况，深入反思并不断完善课程内容，改进教学策略和方法，最终形成科学性、针对性和实效性统一的青少年学校幸福课程体系。

评价应以本方案为依据，面向教育的全过程，面向全体学生，评价的内容是学生的学校幸福感的状况。

评价分为两个部分：终结性评价和过程性评价。终结性评价指的是课程开展前后进行学生幸福感状况调查，调查按学段分别采用由梁剑玲等主编的《小学生多元幸福感问卷》《初中生多元幸福感问卷》《高中生多元幸福感问卷》进行，这些问卷采用多因子结构模型，信度和效度均满足心理测量学的要求。例如《小学生幸福感多元问卷》包括家人情感支持、同伴支持、教师支持、学业成就、生活自主、家人学业支持六因子模型。六个因子可以解释总变异的64.366%，共保留24个题目，题目的因子负荷在0.489～0.884之间；验证性因素分析结果显示，六因子模型的各项拟合指数较为理想（$x^2/df = 1.609 < 2$，$RMSEA = 0.049 < 0.05$，$CFI =$

0.945＞0.90，IFI＝0.946＞0.90，NFI＝0.868＜0.90）。问卷的内部一致性系数为0.923，各分问卷的内部一致性系数介于0.760～0.847之间；六个分问卷间的相关系数介于0.325～0.590之间；每个分问卷与问卷总分之间的相关系数在0.625～0.786之间，且大于该分问卷与其他分问卷之间的相关，表明本问卷有良好的结构效度。问卷有良好的结构效度，信效度指标良好。过程性评价是指每一节课或是每一个主题课程完成后，在课后即时进行的观察、访谈和问卷，了解课程为青少年幸福美好的学校生活提供支援、支持和指导的作用。

第二章 学生成长中的课堂教学创新

第一节 课堂教学内容创新策略

一、课堂教学内容的含义

有人对课程内容、教材内容、教学内容作了以下分析与界定：就其范围而言，课程内容是为实现课程目标，并根据一定的原则所选择的各学科知识（或信息）；教材内容是依据一定的原则将课程内容组织在教材中的各学科知识（或信息）；教学内容则是为实现教学目标，依据课程和教材，并结合各种实际（学生实际、教学实际），传授给学生的各种知识（或信息）。另有人认为，教学内容作为教育理论领域的一个基本术语，主要流行于苏联以及中国。在西方英语国家，专业术语中没有"教学内容"一词，有"课程内容"一词，并认为"教学内容实质上是一种教育化了的文化。教学内容作为教育化的文化，既不是原生性的庞杂而大量的文化，也不是从中割取出的一部分，而是有机结合在一起的文化的精华部分，是再生性、简洁性的文化"。钟启泉教授主编的《课程与教学论》里，也没有关于教学内容的论述，只有关于课程内容与教学方法的论述，由此可以推断他大概也赞同用"课程内容"而不用"教学内容"。还有人从教学价值观的角度对教学内容进行重新解读，认为教学内容是对象世界与意义世界的统一，是集真善美于一体的整体的呈示，不仅是一种认知存在，也是一种意义存在。

（一）教学内容与课程、课程内容

在过去，人们总是混淆课程与教学内容、课程内容与教学内容的关系。现在不少人对此仍是分不清楚，常将课程内容与教学内容二者交互使用。比如，有学

者将课程定义为"学校教学内容及其进程安排的计划"，在传统的教育理论中，课程是作为教学内容的文本形式出现的，包括教学计划、教学大纲、教科书等。这种课程是学校教育的实体和内容，它规定学校"教什么"。将课程内容与教学内容等同和交互使用的情况可散见于教育类的专著与文章，这样的例子不胜枚举。

不可否认，课程与教学内容、课程内容与教学内容之间有着一定的联系，这也是人们容易搞混的原因。事实上，不但课程与教学内容不是一回事，课程内容与教学内容也是相互区别的两个概念。课程是一个更为宏观的概念，它包含了课程内容和教学内容。

（二）教学内容与教材、教材内容

教学内容与教材、教学内容与教材内容所指不同，是包含与被包含的关系。但为什么人们总是将它们等同呢？这是因为长期以来，我国的课程实施是以"忠实取向"为主，强调教师按照课程设计者的意图忠实地传递知识。全国实行统一的教学计划、教学大纲和教材，它们是教师课堂教学必须遵循和依据的标准。加之人们认为教材就是教科书，教科书就是教材，教学就是单纯地教教材，也就是教教科书，因此不少人都将教学通称为"教书"，"教书匠"也随之成了某些教师的称谓。

事实上，这时的教学内容仅仅指教科书意义上的教材。教科书只是根据课程标准编写的系统反映学科内容的教学用书，它是最具代表性的核心教材，是被认可的、具有行政和专业权威的教材。人们之所以把教学内容等同于教材内容，是因为教学内容与教材内容密切相关，教学内容始于教材内容的演绎，终于教材内容的创生。教材内容是教材具体层面的概念，它主要解决"用什么去教"的问题，是教师加工处理后供学生学习和内化的具体资源。新课程要求教师把教材当作引导学生认知发展、生活学习和人格构建的一种"范例"，强调教师应"用教材教"而不是"教教材"，倡导教师对教材内容进行创新和再加工，强调教师要由"教书匠"变为"研究者"。

（三）教学内容与课程资源

泰勒视课程资源为寻求目标、选用教学活动、组织教学及在制定评估方案过程中的可资利用的资源。我国有学者认为课程资源的概念有广义与狭义之分，广义的课程资源指有利于实现课程目标的各种因素，狭义的课程资源仅指形成课程的直接资源，并按照相关标准，将课程资源划分为"素材性课程资源"和"条件性课程资源"以及"校内课程资源"和"校外课程资源"。总之，所有形成课程的要素以及实施课程的必要条件等有利于实现课程目标的因素均可称为课程资源。它既包括显性课程资源，如图书馆、资料室等，也包括潜在课程资源，比如，良好的学风、课堂教学心理气氛等；既包括知识、技能、经验等直接作用于课程的素材性课程资源，也包括影响课程实施范围和水平的人力、物力、财力等条件性课程资源；既包括物质形态的课程资源，如文化教育机构（少年宫、博物馆）、风景名胜、文化古迹、现代教学设备等，也包括精神形态的课程资源，如社会生活方式、价值规范、行为准则、社会风气、校风、班风、学风等；既包括校内课程资源，也包括校外课程资源。

另有学者认为，教育和课程涉及两个基本活动：教与学，课程资源也就有两种基本的价值体现：教授价值和学习价值。课程资源是影响学习生命存在及其优化活动的因素与实施条件，是学习的支持系统，支持学习活动的发生和展开。课程资源通过服务于学习而显示其存在价值。这就是说，既然课程资源具有教授价值和学习价值，是学习的支持系统，通过服务于学习而显示其存在价值，那么课程资源就可依据一定的标准，经过师生的判断、筛选和加工进入课堂，从而成为课堂教学内容的一个有机组成部分。

通过以上对教学内容与相关概念的分析，并借鉴权威工具书和一些学者的观点，可以将课堂教学内容界定为在课堂教学过程中，用以完成教师的教学活动和学生的学习活动的教学凭借，是师生活动的共同对象和客体。这表明，课堂教学内容是一个动态的、综合的概念，它既包括教师对已定教科书、教材等进行加工、处理后形成的显性学习内容，也包括教师和学生在教学互动过程中生成的有利于学生成长和发展的隐性教育知识、经验等。

（四）教学内容存在的问题

在长期的教学实践中，由于教学内容具有相对固定的性质，教师多是按照教学计划、教学大纲的要求将教科书上的内容传递给学生，因此，有些课堂教学内容难免存在一些问题，例如内容陈旧、过难、过繁、过偏等，对激发学生学习兴趣、提高学生学习效率不利。

二、课堂教学内容创新的策略

要解决传统课堂教学内容中存在的诸多问题，使其符合时代和社会发展的要求，必须对传统教学内容进行改革，实现教学内容创新。制定课堂教学内容创新的策略，具体来说，可以从以下几方面入手。

（一）注重创新人才培养

科学技术的突飞猛进和知识经济的到来，使拥有先进技术和掌握最新科学知识的人，尤其是具有创新意识和创新能力的人才成为具有决定性作用的战略资源。在教学过程中，教师要尊重学生的主体地位，要注意培养学生的创新精神，而不能对其进行压制、排斥和打击。从某种意义上来说，教师和学生之间的所有交互活动都会成为学习经历积淀在学生的思想意识里，对他们产生长期的潜移默化的影响。下面是两个有趣的课堂情景，教师的处理风格迥异，很值得我们深思。

一位教师在讲解蔷薇的知识后问学生，"你印象最深刻的是什么？"一学生回答："是可怕的刺。"另一学生回答："是美丽的花。"教师均给予赞许。第三个学生答道："我想，应该想办法培育出不带刺的蔷薇。""你胡思乱想些什么？"教师怒斥道。

在一堂小学美术课上，教师正在教学生画苹果，他发现有位学生画了一个方苹果，于是就耐心地询问："苹果都是圆的，你为什么画成方的呢？"学生回答说："我看见妈妈买回家的苹果放在餐桌上，一不小心，滚到地上就摔坏了，我想苹果如果是方的，那该多好啊！"教师立即鼓励道："你真会动脑筋，祝你早日培育出方苹果！"

陶行知先生曾告诫教师说："在你的教鞭下有瓦特，你的冷眼里有牛顿，你的讥笑中有爱迪生。"这些话对当今的教师和教学仍然有着重要的意义。由于传统文化观念和教学观念的影响，一些教师因循守旧，抱残守缺，总是爱挖苦和讥讽那些提出新异想法的学生，排斥、打击那些所谓"好表现、爱出风头"的学生，殊不知那些喜欢"异想天开""好表现、爱出风头"的孩子可能是有创新意识、有创造潜力和具有发展前途的人。创造性成果的取得往往就是源于那些"与众不同""异想天开"和"爱出风头"的想法。作为教师，要有教学创新的意识和观念，要尊重学生的"奇思妙想"，要保护学生的好奇心，要针对具体的情境因势利导，使学生在耳濡目染中获得创新的观念、意识、思维、精神和能力。

（二）教材内容的创新

教材内容的创新具体体现在七个方面。

1.精选学生终身学习必备的基础知识和基本技能

不论课程如何改革，基础知识和基本技能始终是教学内容的重要组成部分。基础知识和基本技能是对学生终身学习和长远发展起奠基作用的知识和技能，而不是所有知识和技能的大汇总。

2.选择具有时代感的，能够反映现代社会生活和科技发展的内容

传统教材更新速度较慢，离学生的生活也较远，因而学生难以理解，学习起来兴趣不高。新教材补充了一些时代感强、能够反映现代社会生活和科技发展的内容，比如，生物科学、信息技术的最新研究成果等，既能提高学生的学习兴趣，又能使学生了解和掌握最新的知识与信息。

3.精选一些典型的生活事例和便于学生体验、理解的内容

以往的教材内容侧重于经典知识，而新教材的编写注意突出一些生活事例，内容贴近学生的心理和生活实际。知识本来就是从生活中来的，学了之后还要应用到生活中去。教材内容的生活气息能够缩短知识与学生的心理距离，贴近学生的心理，利于学生理解和学习，能够激发他们的学习兴趣，还能让他们真正体会到学以致用的道理。

4.选择一些有利于学生观察、讨论、调查、实验、探究的内容

传统教材倾向于向学生呈现确定性的、结论性的知识，这不利于培养学生的探究意识和创新能力。新课程主张教材内容应适当呈现过程性知识，设置一些阅读、调查、讨论、实验、探究的环节。

5.选择有利于培养学生情感、态度、价值观的内容

传统的教材内容，尤其是理科的教材内容在这方面有所欠缺。新课程强调，除了关注认知性目标的完成，更要关注学生的情感、态度、价值观的培养。因此，在选择教材内容时，要有意识地关注那些蕴涵情感、态度与价值观培养因素的内容。

6.教材内容的呈现方式应多样化，能够吸引学生

教材的设计可以像图画书一样增添一些趣味性。中小学的教材可以设计得多姿多彩、富有情趣，比如，课本中可以穿插童话、儿歌、诗歌、谜语等，文字、插图、案例、实验、练习等应相互配合，陈述、分析、描写、提问等可综合运用，尽量引起学生的兴趣和关注。另外，教科书毕竟只是教材的一个核心组成部分，并不是教材的全部，要使教科书与辅助教材有机结合，共同为学生的学习服务。

7.教材内容的设计要为教师的创造性教学预留一定的空间

传统的教材设计多是大量填充知识，以最大限度地避免教师该教、学生该学的知识被遗漏，实践证明这种教材存在一定的问题。事实上，无论教材设计得如何完美，总要通过教师来实施，而教师是一个有着自身认知、情感、态度和价值取向的人，总会按照自己的想法和方式去传授教学内容。因此，教材内容的设计要给教师的创造性教学留存一定的空间。

（三）开发、利用课程资源

具有教育价值和教学意义的资源才具有开发和利用的价值。也就是说，对课程资源的开发和利用要有一个筛选的机制。我国学者吴刚平指出，从课程理论的角度讲，至少要经过三个筛子的过滤才能确定课程资源的开发价值。第一个筛子是教育哲学，即课程资源要有利于实现教育的理想和办学宗旨，反映社会的发展需要和进步方向。第二个筛子是学习理论，即课程资源要与学生学习的内容条件

相一致，符合学生身心发展的特点，满足学生的兴趣爱好和发展需求。第三个筛子是教学理论，即课程资源要与教师教育教学修养的现实水平相适应。从课堂教学内容创新的角度讲，这三个"筛子"必不可少，经过它们过滤的课程资源才可作为必要的课程资源进入课堂教学层面。

事实上，开发和利用的课程资源能否在课堂教学中发挥作用才是衡量课程资源价值的关键。课程资源只有进入课堂，在教学层面发挥作用，才能彰显其存在的价值和应有的意义。课程资源开发和利用的途径主要有三个。

1.充分调动教师的积极性

调查表明，课程资源缺乏是新课程实施遇到的一个最大的障碍，也是新教材使用中教师感到困难最大的问题。造成课程资源紧缺的原因是多方面的，但其中一个最重要的原因是教师缺乏课程意识，没有意识到自己也是很重要的课程资源。因此，应充分调动广大一线教师的积极性，最大限度地开发和利用教师课程资源。

2.广泛的调查

首先，应进行广泛的社会调查，以确定当代社会对人才素质提出的基本要求，了解当前有哪些课程资源可供开发和利用。调查要广泛，应涵盖校内、校外、教育机构、非教育机构等。

其次，要进行广泛的学生调查，以明确学生需要什么样的课程资源，对什么样的课程资源感兴趣，什么样的课程资源对学生的学习和发展有帮助。

最后，在明确开发、利用何种课程资源的基础上，制定课程资源开发和利用的具体措施，以确保课程资源能够切实进入课堂教学层面，为教师的教学和学生的学习、发展服务。

3.建设独具特色的学校文化

学校文化是在以学校和班级为主的特殊场所，由独特的社会结构、地理环境、人文景观、发展目标等，形成的一系列传统习惯、价值规范、心理积淀、思维方式和行为模式等的综合文化。学校文化是一种特殊的课程资源，主要作为非学术性的隐性课程发挥作用，在培养、陶冶和塑造学生的人格方面发挥着潜移默化的作用。

（四）提供丰富多样的选修课程

由于教材内容的相对滞后性和局限性，提供丰富多样的选修课程不但可以缓解知识不断更新与教学内容落后之间的矛盾，而且可以满足学生的多样化需要，提高学生的学习兴趣。

选修课程在教学内容创新方面的优势主要表现在三个方面：一是选修课程可以根据社会要求、学科发展和学生需要，灵活变更，因此可以发挥"短平快"的优势，及时吸纳新的内容，对课程内容进行补充；二是选修课程可以对快速发展变化的社会科技做出反应，能够及时捕捉社会变化，将社会的新变化、新要求揉进课程内容；三是选修课程可以将某一学科或相关学科最新的研究成果或研究动向以专题研讨的形式传达给学生，使学生能够在较短的时间内比较快捷地了解或掌握本学科的最新研究成果或动向。

（五）开发校本课程

《基础教育课程改革纲要（试行）》提出，保障和促进课程对不同地区、学校、学生的要求，实行国家、地方和学校三级课程管理，学校在执行国家课程和地方课程的同时，应视当地社会、经济发展的具体情况，结合本校的传统和优势、学生的兴趣和需要，开发或选用适合本校的课程。这为确立校本课程的地位提供了充分的政策支持，也指明了校本课程开发、努力的方向。校本课程能够适应不同地区、不同学校的实际情况，能够激发和培养学生的学习兴趣，有利于学生的个性发展，也有利于学校的特色发展。

（六）开发、利用学生资源

无论是从广义的课程资源还是从狭义的课程资源来看，学生都应被视为一种十分重要的课程资源。从广义的课程资源来看，学生无疑是决定课程目标的实现范围和水平的重要因素，甚至是关键性因素。从狭义的课程资源来看，学生的生活体验、个体知识、思维方式等都是课程开发与实施中重要的素材性资源。同时，学生作为一个生命个体，是教育活动的主体，也是课程开发的主体。对学生资源的开发和利用，关系到课程目标的确立、课程内容的组织和课程实施的方式以及课程目标的实现范围和达成水平。

学生作为重要的课程资源应该得到应有的重视，教学内容的选择和组织应该充分考虑学生的生理、心理发展水平和已有的知识、经验、能力以及兴趣、爱好等。开发、利用学生资源，应该尊重学生的主体地位，尊重学生的个性与思维方式，关注学生的生活、兴趣、爱好，挖掘他们身上潜藏的丰富的教育资源，因势利导，合理地开发和利用，使之成为直接的、鲜活的、个性化的、富有生命力的教学资源。

（七）创设良好的教学情境

在建构主义者看来，知识具有建构性、适应性、社会性、情境性、复杂性和默会性，学习是个体通过参与、活动、对话、协商、交流等方式建构意义的过程。相应地，教学主要是为学习者创设环境，建立"学习共同体"和"学习者共同体"，鼓励学习者主动参与教学活动和积极探索问题的答案，从而建构知识、创造意义等。总之，建构主义特别强调良好的教学情境的创设。

新教学观也强调教学情境的创设，因为只有在宽松、和谐、积极、民主、生动的教学情境里，学生才敢于质疑、批判，不惧怕犯错误，这有利于学生知识、能力的建构和良好的情感、态度、价值观的培养。教师和学生通过交流、对话创生的教学内容是整个课堂教学内容不可分割的重要组成部分，它多属于隐性教学内容。这些隐性教学内容的教授与习得大多不是通过师传生受的方式完成的，而是在特定的教育教学情境下，由教师和学生通过非言语的交流完成的，其依赖和仰仗于良好的教学情境。综上所述，创设良好的教学情境是教学内容创新的一个必不可少的策略。

第二节　课堂教学形式创新策略

任何课堂教学活动的开展都要采取一定的形式，都有时间流程和空间形态。学习和研究课堂教学形式有助于我们更好地开展课堂教学活动，有效地提高课堂教学质量。课堂教学形式创新策略所要解决的问题就是如何让课堂教学更加和谐，以及如何更有效地利用时间和空间，从而更好地完成课堂教学任务，实现课堂教学的最终目标。

一、课堂教学形式概述

课堂教学自产生以来，就总是以一定的形式进行。课堂教学的目标、特点不同，课堂教学的形式也不同。在长期的历史发展中，课堂教学形成了多种各具特色的形式，每种形式都有自身的特点、优势和不足，适用于特定的课堂教学情境。

（一）课堂教学形式的含义

自从夸美纽斯创设班级授课制以来，课堂教学便逐渐成为学校教育活动的一种主要形式，课堂便也成为学生系统学习知识的一个基本场所。课堂教学是指把学生按年龄和知识水平分别编成固定的班级，教师按教学内容和教学时数有计划、有步骤地对全班进行教学的一种组织形式。课堂教学是目前世界各国普遍采用的基本教学形式。课堂教学形式主要研究课堂教学活动的结构、样式和功能，它同教学过程和教学方法有密切联系。具体地讲，课堂教学形式是课堂教学活动中师生相互作用的结构形式，也是师生的共同活动在人员、程序、时空关系上的组合形式。

（二）课堂教学的基本形式

在长期的教学实践中，根据教学实际的需要，人们逐渐探索出了多种课堂教学形式。每一种课堂教学形式都有其产生的特定背景，发挥着特定作用，具有其他教学形式无法替代的功能。其中，影响较大的主要有班级授课制、复式教学和现场教学三种基本形式。

1.班级授课制

一提到课堂教学，人们首先想到的就是班级授课制。因为一般意义上我们所提到的课堂教学，是随着班级授课制的产生、发展而不断发展起来的。从教育的发展历史来看，教学形式有一个由个别教学向集体教学转变的发展过程。在奴隶制社会和封建社会，普遍采用的教学形式是个别教学。个别教学的教学效率较低，它是与当时个体农业、手工业的生产方式相适应的。到了中世纪的末期，随着资本主义工商业的产生和发展，科学技术有了很大的进步，这不仅为教育的发展提供了条件，而且对教育提出了新的要求。于是，在十六七世纪，欧洲的一些国家先后出现了班级集体授课的教学形式。十七世纪捷克教育家夸美纽斯，对班级授课制进行了系统的总结，并在他所著的《大教学论》中，加以系统的理论论述。自此，班级授课制这种教学形式被推广到世界各国。我国最早采用班级授课制的是京师同文馆。

班级授课制是按照学生的知识、年龄和能力水平来编制一定学生规模的班级，由受过专门训练的教师按照统一的教学计划和教学时数及课程表，在规定的时间内，向全班学生进行分科教学的教学形式。作为课堂教学的主要形式，班级授课制在世界各国的教学中都具有十分重要的地位。

班级授课制有如下特点：

（1）学生固定，一个班级的学生在年龄和文化程度方面大致相当，而且班级的学生规模固定，通常有30～50人；

（2）教师固定，每一学科由固定的教师负责教授，教师对自己教授的学科全面负责；

（3）内容固定，教师根据教学大纲和教材向学生传授统一的内容；

（4）时间固定，统一的课程进度表、统一的作息时间，保证课堂教学的连贯性；

（5）场所固定，教室和实验室都是固定的，一般情况下，教室内的座次安排也是固定的。

班级授课制作为一种主要的课堂教学形式，相对于个别教学来讲有诸多优点：

（1）高效性，教师在一定的时间内，可以同时面向全班几十名学生集体授课，克服了个别教学的弊端，大大提高了课堂教学的效率；

（2）有序性，班集体的出现，以及制定的规章制度，保证了教学工作能够有计划、有组织地开展；

（3）统一性，教师按照统一的教学大纲和教材对全班学生进行教学，保证了学习内容的统一性；

（4）互动性，在班集体内，学生之间可以互相学习、互相帮助，班集体的独特教育作用有助于学生的全面发展。

班级授课制在表现出其自身优势的同时，也不可避免地具有一些缺点：①缺乏差异性，由于教师面向全体学生进行教学，不可避免地会忽视学生的独特个性，很难做到因材施教；②缺乏灵活性，统一的内容、统一的进度、统一的时间以及统一的场所，容易造成学习疲劳，不利于学生的主动学习；③缺乏生活性，教学场所主要局限于课堂，容易脱离学生生活实际，使学生丧失学习的兴趣；④缺乏创造性，教学内容局限于书本知识，限制了学生的想象力和创造力。

2.复式教学

复式教学是把两个或两个以上年级的学生编在一个班里，由一位教师分别用不同层次的教材，在同一节课里对不同年级的学生，采取直接教学和自动作业交替的办法进行教学的组织形式。它仍然保持着班级授课制的基本特点，所不同的是，一节课内出现了不同层次的教学任务和内容，需要教师在一节课内巧妙地安排几个年级学生的教学活动。复式教学对教师的教学组织能力有严格的要求。如果组织得当，复式教学也可以取得很好的效果，而且也会促进学生自学能力的发展。复式教学要取得好的教学效果，就要处理好四种关系。

（1）正确处理"动"和"静"的关系。由于班级中存在两个或两个以上的年级，而且直接教学和自动作业交叉存在，因此，复式教学中"动"与"静"的安排是否合理，直接关系到课堂教学质量的高低。要正确处理"动"与"静"的关系，应该注意三个方面：①直接教学是自动作业的基础，自动作业是直接教学的准备和继续，自动作业要为直接教学继续服务；②"动"与"静"的搭配要根据学生的年龄特征和知识水平来安排；③要根据复式教学的实际情况进行教学。

（2）正确处理"多"和"少"的关系。在一次课堂上，教学的内容较多，教学任务较重，而直接教学时间的减少，会产生"多"和"少"的矛盾。处理"多"和"少"的关系时，必须注意：①教师的讲课要"少而精"，抓住重点，以"点"带"面"；②加强培养学生的独立思考、独立学习能力。

（3）正确处理"点"和"面"的关系。在复式教学中，教师对某个年级进行直接教学，这个年级就称为"点"，教室中的其他年级就称为"面"。要正确处理二者的关系，必须注意：①尽量避免不同年级之间的相互干扰，复式教学中不同年级之间的相互干扰是不可避免的，这就要求我们在课堂教学的安排上、教学方法上以及常规训练上多下功夫，以期将不同年级之间的干扰降到最低；②妥善处理偶发事件，在复式教学中，偶发事件是不可避免的，为了将偶发事件给课堂教学带来的负面影响降到最低，教师要有对偶发事件的预期心理准备以及及时、巧妙的处理艺术。

（4）正确处理教师和小助手的关系。复式教学的复杂性决定了教师需要在教学中适当地使用小助手，这可以减轻教师的负担以及更好地营造班级学习气氛，同时也可以培养学生的组织能力和服务意识。

3.现场教学

严格意义上的课堂教学场所就是教室，在教室这个固定的空间里，课堂教学发挥着它培养学生的功能。但是，这种严格意义上的课堂教学将学生的视野局限在教室，将学生的认识局限于书本知识，在高效传递人类知识财富的同时也可能造成学生个性的消失、创造力的衰退。

现场教学不仅是课堂教学的必要补充，而且是课堂教学的继续，是与课堂教学紧密联系的一种教学形式。所谓现场教学，就是教学的地点不在教室，是在事物发生、发展的现场进行教学的一种教学形式。当然，现场教学仅是课堂教学的一种辅助形式，不是主要形式，是否要进行现场教学，要根据具体的教学内容来决定。

组织现场教学有这样一些要求：

（1）教学目的要明确，对现场教学要解决的问题和完成的任务，教师和学生都要有清晰的认识；

（2）做好准备工作，包括现场教学场所的选择、现场教学的计划和步骤，以及引导学生做好思想、知识和物质上的准备；

（3）现场教学要与课堂教学相配合，现场指导要结合课堂教学中的知识；

（4）做好总结，要及时巩固主要收获，总结可以在现场进行，也可以在校内进行，可采取教师讲解和学生座谈相结合的形式。

二、课堂教学形式创新的原则

每种课堂教学形式都有其产生的特定背景，有自身的优势和不足。因此，在选择课堂教学形式时，应根据课堂教学的特点和实际情况有针对性地进行。对课堂教学形式进行创新，不能凭主观臆断或凭空设想，必须遵循一定的创新原则。

（一）民主化原则

课堂教学形式创新要遵循民主化的原则，也就是说在课堂教学形式中要渗透现代民主精神，创建平等协商的师生关系与和谐融洽的教学氛围，充分调动教师和学生两方面的积极性，以合作的方式完成教学任务，达成教学目标。

（二）多样化原则

教学形式的多样化是顺应时代发展潮流的结果。多样化的教学形式可以更好地适应不同国家的教学需求、不同的生产力发展水平，以及不同教育目的，有利于国家培养不同类型的人才，实现人的全面和谐发展。当前，发达国家的教育形式倾向于个别化，而发展中国家倾向于班级授课制。但无论是发达国家还是发展中国家，都不可能使用单一的教学形式，教学形式的多样化是我们进行课堂教学形式创新必须遵循的原则。

（三）综合化原则

随着人们对教学形式发生、发展和变革过程的深入研究，发现并不存在适合任何教学情境的教学形式，每一种教学形式都各有利弊。因此，要使教学达到最佳状态，只有对各种教学形式进行优化组合，综合利用。我国上海育才中学实行的"读读、议议、练练、讲讲"的"八字教学法"，就是对教学形式综合运用，把读、议、练和讲有机结合起来，对一节课的时间进行合理的分割，既突出了学生的主体地位，又体现了教师的主导作用。

三、课堂教学形式创新的策略

二十一世纪，伴随着日益高涨的教育改革浪潮，人们在重点进行课程改革的同时，也依然在寻求新的教学形式。有的主张以班级授课制为基本形式，对其进行完善和改革，同时寻求新的形式来弥补其不足；有的主张取消班级授课制，寻求全新的教学形式；也有人认为不应只从学生编班的角度来考虑教学形式，而应该以学校内师资的合理搭配为切入点，建立教师优势集体，提高教学成效。在此，我们介绍一些行之有效的课堂教学形式创新策略。

（一）个性化策略

虽然，班级授课制在以集体教学代替个别教学，在"多、快、好、省"地培养学生方面取得了巨大的进步，但是，班级授课制在把教师工作重点从单个学生转向学生集体后，产生了忽视学生个人发展的可能性。伴随着社会生产力的快速发展，现代科技革命的突飞猛进，知识量的急剧增加和社会生产对高层次、多规格人才的需求，学生多样化个性的养成被提高到前所未有的高度，因为只有个性化得到充分的发展，学生才能够适应当今这个日新月异的社会。当今课堂教学不应仅仅是一个掌握知识、发展智力的过程，同时也应该是一个完整的人的生成与生长过程，是学生个性得以多方位彰显、丰富的过程。

1.分组合作学习

在传统的课堂教学中，教师以学生集体为教育对象，这就不可避免地会忽视学生的独特需求和个性发展。实际上，教学中学生个性的迷失并不是班级授课制独有的弊端，即使在古代非制度化的个别教学中，也鲜有因材施教的可能。学生个性化迷失的根本原因是教学没有真正从学生出发，教师没有了解每一个学生的人格差异和独特需求，而只是一味地从教学和教师等"非学生"的角度来定义和安排课堂教学。

马克思曾经指出，只有在集体中，个人才能获得全面发展才能的手段。也就是说，只有在集体中，才可能有个人自由。这里的"集体"是一种可以为人的个性品质提供生长土壤的集体，是一种"真实的集体"，而不是虚假和形式上的集体。离开了集体，远离了人与人之间的交往，人就不能成为真正意义上的人，个性的培养也就无从谈起。但是，传统的课堂教学理念、规范在一定程度上制约、限制了个人的自由发展，个人人格的平等、个人的独特性问题没有得到足够的重视，重集体轻个人、重共性轻个性的弊端导致课堂教学中的集体生活与个人自我的主体性、个性品质之间产生了矛盾。为此，我们要在课堂教学中积极倡导分组合作学习。

分组合作学习是"组内合作、组间竞争"，学生成绩不再以个人为单位来衡量，而变成以小组为单位。这样，不但小组内的激励机制可以避免个人遭受挫败感，同时，组员的集体荣誉感也会为小组注入活力和动力。分组合作学习小组也不是固定不变的，它本身就是一个开放的系统，学生可以根据自身的情况在不同的小组间流动，从而更好地发挥自身优势和提高组织效率。而且，不同的合作学习小组之间也可以进行多向交流，以此弥补自身的组织漏洞和缺陷，做到合作中有竞争，竞争中更有合作，从而促进集体与个人的共同成长与发展。

2.个别化教学

应当明确的是，个别化教学并不是与班级教学相对的概念。班级教学是当今最基本的教学形式，与其相对的是个别教学。个别教学指一个教师在同一时间里只指导一个学生，即一对一的教学形式。个别化教学与个别教学是两个不同的概念。个别化教学代表着一种思想，一种教学要适应学生个体差异并注重培养其个性的理念。个别化教学在个别教学形式中客观上比较容易实现，但个别化教学作为一种理念也可以存在于班级教学之中，而且在现有的教学情况下，也必须存在于班级教学中。同时，个别教学作为一种古代普遍存在的教学形式，是与古代个体手工业的生产方式相适应的，而现代的个别化教学是在社会生产力飞速发展和现代科技突飞猛进的背景下被提出的。

科学技术的发展和现代化教学手段的应用，是促使教学形式个别化的主要因素。个别化教学是寻求各种不同的变体和途径，按照学生不同的个性特点去达到一般的教学目标，并在教学活动中实现师生相互作用的教学形式。个别化教学最主要的目的就是要"回到学生"，使教学真正地始于学生，关注学生的个体差异，做到因材施教。

在传统的课堂教学中，教师的"主讲"和学生的"静听"形成鲜明的对照，学生的主动性难以得到发挥。《基础教育课程改革纲要（试行）》强调：改变课程实施过于强调接受学习、死记硬背、机械训练的现状，倡导学生主动参与、乐于探究、勤于动手，培养学生搜集和处理信息的能力、获取新知识的能力、分析和解决问题的能力以及交流与合作的能力。

为此，在课堂教学中，要让学生真正成为学习的主人。根据不同的年级、学科、任务和内容，教师可以在一节课中"闭而不讲"，只为学生创设一定的学习情境，在一节课或一段学习时间中，让学生通过自主、合作和探究的方式来开展学习活动。当然，教师在学生整个的学习活动中要做适当的引导和控制。传统的自学往往是一种教师不在场的学生独立学习，而现在提出的这种"自学"被赋予了新的内涵，是学生在任务目标、学习材料、课程进度和效果检测等方面全方位地自主定调，真正实现学生掌控学习。这种自学不仅仅是学生一个人独立进行的，而是学生之间相互合作、取长补短、共同进步。这样的自学活动可以激发学生的主人翁意识，使学生体验到学习的快乐。

在20世纪80年代前后，美国教育学家运用综合分析法，对班级教学的规模和教学效果之间的关系进行了大量的实验研究。他们将24～34人的小班作为实验班，与人数在35人以上的大班进行了比较，发现小班的学生成绩明显优于大班，即小班教学效果比大班好，且班级越小课堂教学效果越好。因为在小班教学中，学生人数少，教师的备课负担得以减轻，从而增加了教师与每一个学生接触的机会，有利于因材施教。因此，缩小班级规模，尊重学生的个别差异，落实因材施教的思想，实现学生富有个性化的学习，满足不同学生的学习需要，是我国新课程课堂教学改革的一项重要任务。

（二）"主持人"策略

从古到今，学校一直是向年轻一代传递社会文化的法定机构，而课堂则是这种文化传递的主要场所。一般而言，教师文化，特别是教师的规范文化在课堂中处于主导地位，它常常会以主动文化的姿态出现。从教育史的角度来看，我国的教育教学自新中国成立以来，就一直深受以凯洛夫教育学为代表的苏联教育学的影响，而凯洛夫教育学的一个显著特征便是重视课堂教学和教师的主导作用。凯洛夫认为，教师本身是决定教学培养效果的最重要的、有决定作用的因素。虽然他也主张学习是学生自觉地与积极地掌握知识的过程，但是他也认为教学的内容、方法、组织的实施，除了通过教师，别无他法，因而确定了教师在教学中的权威性、主导性。

在现代课堂中，教师不再是"演员"和"主角"，而是变成了"主持人"和

"配角"，主持人策略的实施成为"专制课堂"走向"民主课堂"的切入点。

1.教师的"主持人"角色

随着社会生产力的快速发展和现代科技的突飞猛进，教育越来越呈现出终身化和全球化的趋势，这种趋势反过来又加速了社会生产力的发展和现代科技的革新。要适应21世纪经济、政治、科技、文化发展的质量要求，就必须培养出富有创造力的新型人才。而人才的培养主要靠教师。教师素质的提高离不开传统教学观念的转化和现代教学理念的滋养，其中教师自身的角色定位是这种转化和滋养成功与否的一个重要体现。教师角色从"演员"向"主持人"的转化，是教师现代教育理念更新的一个重要环节。

在教学过程中教师最重要的职责在于运用各种教学手段，调节和控制影响教学中的各种变量，以产生最佳的教学效果。换句话说，教师的职责是通过他在教学中所扮演的角色的特征体现出来的。在传统的课堂教学中，教师主要是作为一个知识的传授者而存在，教师的职责就是把知识传授给学生，教师是这个舞台上的主角，学生只是观众。

"主持人"的教师定位，使教师真正做到少讲、精讲，而把学习的主动权交给了学生。这就是说，教师改变了自己在课堂教育教学中的传统角色，主动地把自己的地位"降"下来，把学生在课堂教学中的地位"升"上去，改变传统教学局面，使课堂成为师生之间进行交往、对话、沟通和探究学问的舞台。

2.学生的"演员"身份

"课堂"究竟是什么？按照《现代汉语词典（修订本）》（商务印书馆2016年第6版）的解释，就是："教室在用来进行教学活动时叫课堂，泛指进行各种教学活动的场所。"按照现代教学理念来理解：第一，课堂是师生之间交往、互动的舞台；第二，课堂不是对学生进行训练的场所，而是引导学生发展的场所；第三，课堂不只是传授知识的场所，也是探究知识的场所；第四，课堂不是教师教学行为模式化运作的场所，而是教师教育智慧充分展现的场所。由此可见，课堂不只是教师的，更是学生的，是学生展露生命个性的舞台。在这个舞台上，教师以"主持人"的身份拉开课堂教学的序幕，学生则尽显"演员"的才华。

（三）生态化策略

课堂教学本质上是教师、学生以及师生之间的相互活动在课堂这一特定空间下的组合形式，这种组合形式决定了课堂教学是一种生态性的存在，而存在于课堂教学中的生态就是课堂生态。课堂生态是一种不以人的意志为转移的客观存在。课堂教学自被夸美纽斯创建以来，人们多是在"过程"与"结果"，"效率"与"公平"的二元对立思维模式中探讨与反思，鲜有从课堂生态的角度来思考整个课堂教学的种种问题与弊端。

1.教师同学生均有话语

课堂教学话语权力是指课堂言说主体通过言说对课堂教学过程进行控制或支配的力量。教师是学生学习的合作者和促进者，学生是学习主体，因此，教师和学生都是课堂教学言说主体，都具有支配课堂教学话语的权力。

在这种现代教学理念的指导下，课堂教学应该是师生共享课堂教学话语权力的平等对话和交流的过程。同时，教师作为课堂教学中的"主持人"，话语应以"少而精"为主，要能控制、驾驭教学过程，能够自如地协调好教学进程的起、承、转、合，巧妙地引导学生共同进入教学世界。

2.加强师生互动

我国目前进行的新课程改革强调师生积极互动，共同发展。课堂教学中的师生互动是教师与学生相互对话、相互沟通和相互理解的过程，它意味着师生双方的相互承认，意味着师生在互动机会上的均等，权利和道德上的平等。在课堂教学中，必须努力实现教师与学生间的平等对话。一方面，教师必须承认学生的主体性，充分给予学生所应该享有的一切权利，给予其主动发言和自主参与活动的机会；另一方面，教师面向全体学生，应努力做到生生平等。

3.直接管理转向间接管理

课堂教学管理有两种形式：直接性课堂教学管理和间接性课堂教学管理。直接性课堂教学管理是指教师越过学生组织直接对课堂事件进行管理，间接性课堂教学管理是指教师通过学生组织间接地管理课堂事件。传统课堂教学以直接性课堂教学管理为主，教师管理学生的一切事务，学生处于一种被管理的状态。这使得教师在充分发挥管理职能的同时，将学生组织本应该发挥的管理职能降到了最低点。

鉴于直接性课堂教学管理的低效性，课堂教学管理方式应由直接性课堂教学管理转向间接性课堂教学管理，明晰学生组织和教师在课堂教学管理中所扮演的角色，以及两种管理角色如何在管理上有机协调和配合。在间接性课堂教学管理中，学生组织是课堂教学管理的直接管理者，教师作为指导者，其主要管理职能在于对学生组织的课堂教学管理进行必要的、适时的指导。

4.单一空间转向开放空间

课堂生态是一种不同于自然生态和文化生态的特殊生态，但与自然生态、文化生态之间也发生着相互作用，这种生态群体间的作用有利于课堂生态的健康循环。在组织教学时，要考虑课堂生态的流动性和开放性，不要把课堂局限于教室这一狭小的单一空间当中，而要延伸至广阔优美的大自然和社会生活实践的现场，充分利用书籍、杂志、电视、电台、社区专家、政府机构、互联网等信息资源，或邀请社区、家庭进入课堂，以此来促进课堂生态的健康循环和良性发展。

第三节　课堂教学方法创新策略

课堂教学方法作为教育方法的主要组成部分，直接关系到课堂教学质量和学生的个性发展，特别是在今天倡导以学生为本、促进学生全面和谐发展的环境中，选择正确、合适的课堂教学方法有着更为重要的意义。

一、课堂教学方法概述

课堂教学方法对于教学过程的开展、教师和学生的发展有着极其重要的作用，运用得当、合理的教学方法有助于教学活动的顺利开展和教学目标的有效达成；反之，则会阻碍教学活动的进程和教师、学生的发展。因此，方法的选取和创新是课堂教学的重要环节。

（一）课堂教学方法的含义

要探明课堂教学方法的含义，首先必须明确"方法"一词的定义。方法是根据所研究的对象的运动规律从实践和理论上掌握现实的一种方式，是研究和认识的途径或手段。日本学者佐藤正夫曾在《教学原理》一书中对"方法"的本质做过归纳：

（1）方法是旨在实现目标的手段；

（2）方法是受客体的制约并适于客体的操作系列，即方法是受内容制约的；

（3）方法的基础是理论，方法受理论的指导；

（4）方法是规则的体系，具有指令性；

（5）方法具有结构，它是构成一个体系的有计划的一连串行为或操作。

通过分析可知，课堂教学方法就是在课堂教学过程中教师和学生为实现教学目标、完成教学任务所采取的由一整套操作程序。这表明，课堂教学方法包括教的方法和学的方法，也就是教师如何教和学生如何学两个方面，它是教与学的统一，二者不能割裂。

（二）课堂教学方法的特点

一般认为课堂教学方法具有五个基本特点。

1.实践性

课堂教学方法与课堂教学实践紧密相连。一方面，课堂教学方法的实践性表现在其所具有的目标指向上，也就是说，课堂教学方法首先是师生实现课堂教学目标的手段；另一方面，课堂教学方法的实践效果，是检验其优劣的重要指标，但是，课堂教学方法不只是单纯的技术问题，它也反映着教师的教学思想和能力水平。

2.双边性

课堂教学活动的双边性决定了课堂教学方法的双边性，它是指任何一种课堂教学方法都是由教师的教法和学生的学法共同作用而成的。每一种课堂教学方法都是互相联系着的教师和学生的一定的活动方式的复合体，而不是教师的教法与学生的学法的简单相加。

3.多样性

课堂教学方法是多种多样的，不同的学科、不同的课堂教学情境，需要使用不同的课堂教学方法。即使是同一学科的教学、相同的课堂教学阶段、相同的课堂教学情境，也有多种多样的课堂教学方法可供选择。由于每种方法都有其独特的功能，因此，适用于所有课堂教学条件的万能方法是不存在的。例如，讲授法可以节省时间，便于教师控制教学的速度、进度以及难度，有助于学生掌握系统的科学文化知识，但不利于学生长时间集中注意力，不利于培养学生独立思考的能力；问答法容易引发学生的兴趣，活跃学生思维，有利于培养学生的思考能力，但不利于传授系统知识，不利于解决难度大的问题。可见，只有多样化的课堂教学方法才能帮助师生顺利达成教学目标。

4.整体性

每一种课堂教学方法都不是孤立存在的，也不是单独地发挥着作用。不同的课堂教学方法共同构成一个完整的方法体系，各种具体方法彼此联系、互相补充，综合地发挥着整体效能。

5.发展性

任何课堂教学方法体系都不是固定不变的，总是随着课堂教学理论和实践的发展而发展的。课堂教学方法的发展主要表现在三个方面。一是随着时代的发展和科技的进步，新的方法不断出现。例如，应用先进的科学技术，出现了电化教学方法、计算机辅助教学方法等。二是传统的课堂教学方法被赋予新的内容。例如，现在的传授法已不同于过去的静态串讲法，而是更多地借助姿态语、悬念设置等手段来完成。三是多种课堂教学方法组合形成比较稳定的教学模式。在课堂教学实践中，教师必须根据变化着的时代精神、内容性质和对象特点等客观条件，勇于创新，使课堂教学方法更能适应教学的实际要求。

（三）课堂教学方法的作用

课堂教学方法是课堂教学活动中必不可少的因素，在课堂教学过程中具有不可忽视的地位。中国古代著名学者朱熹曾说，事必有法，然后可成，师舍是则无以教，弟子舍是则无以学。可以说，课堂教学方法是师生共同完成教学任务的必要条件，也是课堂教学改革的突破口。

1.是师生共同完成教学任务的必要条件

毛泽东在谈到任务和方法的关系时，曾这样说过："我们的任务是过河，但是没有桥或没有船就不能过。不解决桥或船的问题，过河就是一句空话。"不解决课堂教学方法问题，教学任务也不可能完成。课堂教学方法是贯穿整个教学过程始终的，教学过程的每一个阶段，都离不开课堂教学方法。教师组织教学离不开课堂教学方法，学生学习离不开课堂教学方法，教学评价同样也离不开课堂教学方法。

2.是提高教学质量和教学效率的重要保证

良好的课堂教学方法可以让人在达成目标的过程中少走弯路，节省教学时间，使学生在固定的课堂教学时间中掌握更多的知识，获得更大的发展，从而提高教学质量和教学效率。而不当方法的运用，则会破坏课堂教学的进程，影响课堂教学目标的达成，不利于学生的发展。

3.是联系教师和学生的重要环节

教师的教和学生的学，通过教学方法被紧密地联系在一起。教师如果不善于采取合理、有效的教学方法，就有可能使学生对学习产生倦怠感，对教师有所抵触；而教师如果善于采取合理、有效的教学方法，则会使学生更善于学习、热爱学习，也会对教师产生亲近感。

4.影响学生的身心发展

不同的课堂教学方法在培养学生的精神面貌、个性心理等方面具有不同的作用。例如，"填鸭式"的教学方法剥夺了学生学习的主动性，压抑了学生独立思考的积极性，不利于培养学生发现、提出、思考和解决具体问题的能力。相反，启发式的课堂教学方法有利于培养学生主动探究、善于思考、积极发现和勇于表达自己见解的精神和能力。

（四）课堂教学方法的分类

在教学方法理论中，分类是一个十分重要的问题，它既有助于教学方法科学体系的建立，又有助于教师准确有效地选用教学方法以提高教学效率。对教学方法进行分类，就是将在教学中创造出来的众多的教学方法，按照某些共同特点归属到一起，再按照某些不同的特点区分开来，以便更好地分析、认识它们，掌握各自的特点、作用的范围和条件。分类也是一个十分复杂的问题，不同的研究者会根据不同的标准，从不同的层面和角度，将多种多样的教学方法划分为若干种类。

1.传统分类标准

传统分类标准主要有以下几种：

（1）根据教师教的方法和学生学的方法分类。这是一种最简单的分类方式，按这种方式分类，教学方法可以分为讲授法和学习法。这种分类有较大的片面性，而且把教与学的活动截然分开了，不利于教学方法的选择和运用。

（2）根据学生掌握知识的程度分类。根据我国比较教育专家商继宗先生对国外教学方法分类的研究，有一种按照学生掌握知识的程度来划分教学方法，即教学方法可分为三种程度：第一种程度是使学生掌握信息的方法；第二种程度是使学生具有运用知识的技能和技巧的方法；第三种程度是使学生善于探究创造性活动的方法。这种分类方法以各种教学方法追求的目标为依据，解决了教学方法分类过程中对现代教学方法分类时基础不够分明的问题，同时也比较清楚地表明了现代教学方法追求的目标和发展趋势，对于学习和掌握现代教学方法的精髓有一定帮助。

（3）根据外部形态与学生认识活动的特点来分类。近年来，我国部分教学论研究学者在对教学方法进行分类研究时提出，教学方法一般都是按教学活动的外部形态来命名的，这种形态同时也反映了学生认识活动的特点。所以，按照教学方法的外部形态和在这种形态下学生认识活动的特点进行分类，有利于实现教与学活动的相互作用和统一，也有利于教师主导作用的发挥和学生学习积极性的调动。

据此，可以把我国中小学较为常用的教学方法分为五类。第一类是以语言传递信息为主的方法，包括讲授法、谈话法、讨论法和读书指导法；第二类是以直接感知为主的方法，包括演示法和参观法；第三类是以实际训练为主的方法，包括练习法、实验法和实习作业法；第四类是以欣赏活动为主的方法，主要有欣赏法；第五类是以探究为主的方法，主要有发现法。

（4）根据教学活动的过程分类。这种分类是由教育家巴班斯基提出的。他把教学方法分为三大类，每一大类又分为几个小类。第一大类是组织认识活动的方法（知觉方法、逻辑方法、认识方法、控制学习的方法）；第二大类是刺激和形成学习动机的方法（刺激学习兴趣的方法、刺激学习责任感的方法）；第三大类是检查和自我检查的方法（口述检查法、书面检查法、实际操作检查法）。这种分类法企图综合各家的分类方法，比较系统，有助于我们全面、辩证地理解教学方法。但是，这种教学方法分类过分详细，不易把握。

2.综合分类标准

在我国，也有学者提出教学方法综合分类的设想，认为教学方法具有整体性和多侧面性，单一标准的分类不足以反映教学方法的全貌，使用综合标准分类，可使分类结果相互补充，便于教师从多种角度认识和把握教学方法，更好地为教学实践服务。

（1）根据教学方法对应的教育阶段的不同进行分类。据此，可以将教学方法分为小学教学方法、中学教学方法、大学教学方法等。这种分类揭示了教学方法的不同层次，有助于我们认识教学方法在各教育阶段的特点，更好地提高各级学校教师运用教学方法的水平和效率。

（2）根据教学方法的功能目标不同进行分类。据此，可将教学方法分为德育教学方法、智育教学方法、体育教学方法、美育教学方法、劳动技术教育教学方法等。这种分类揭示了教学是全面发展教育的实施途径，教学方法具有实现各种任务目标的功能，改变了只有智育中有教学方法，谈教学方法只限于智育范畴的片面认识，以及将各种智育方法等同于教学方法，从而窄化了教学方法的功能目标的错误做法。

（3）根据教学方法适用学科性质的不同进行分类。据此，可将教学方法分为社会科学学科教学方法，如语文课教学方法、政治课教学方法、历史课教学方法、外语课教学方法等；自然科学学科教学方法，如数学课教学方法、物理课教学方法、化学课教学方法、生物课教学方法等；其他学科教学方法，等等。这种分类揭示了学科性质对教学方法的制约，有助于教师认识教学方法的适用特点，更好地把握自己所教学科教学方法的特殊规律。

（4）根据教学方法使学生获得学习结果的不同进行分类。据此，可将教学方法分为使学生获得认知发展的教学方法、使学生获得情意发展的教学方法、使学生获得技能发展的教学方法等。这种分类可以帮助教师全面认识教学方法在促进学生各方面发展中的作用，克服以往教学方法分类多单纯指向认知领域的片面性。

（5）根据教学方法的操作主体的不同进行分类。据此，可将教学方法分为以教师为主的教学方法、以学生为主的教学方法、师生合作的教学方法等。这种分类可以增强教学方法操作者的主体意识，提高其驾驭教学方法的能力水平，使教学方法的运用达到较高的艺术境界。

（6）根据教学方法的应用对象范围进行分类。据此，可将教学方法分为个别教学方法、伙伴教学方法、小组教学方法、班级教学方法等。这种分类揭示了对象范围对教学方法的制约，有助于教师根据教学对象范围的不同选用不同的教学方法，增强教学方法的对象感和适应性。

（7）根据教学方法传递教学信息的流向进行分类。据此，可将教学方法分为单向传输的教学方法、双向对话的教学方法、多向交流的教学方法等。这种分类揭示了教学方法传递教学信息的流向特点，便于教师根据实际需要选用不同的教学方法，实现师生之间的有效信息沟通。

（8）根据教学方法的不同形态和性质进行分类。据此，可将教学方法分为语言性教学方法、直观性教学方法、实践性教学方法、陶冶性教学方法、探究性教学方法等。这种分类揭示了教学方法的不同形态和性质，便于教师在实践中认识、掌握和操作运用，使教学方法与各类性质的教学活动相对应，从而富有成效。

（五）小学阶段常用的教学方法

以上关于教学方法的分类都是根据一定的标准将各种教学方法进行归纳、整理和划分，它可以使人们对教学方法有一个清晰的了解。在小学课堂教学中，常用的教学方法主要有以下十二种。

1.讲授法

讲授法是教师主要通过语言，系统地向学生传授科学知识、思想观点，以发展学生思维能力的方法。它是讲述、讲解、讲读、讲演法的总称。它要求讲授的内容具有科学性和思想性，讲授安排要合乎规律、循序渐进、条理分明、重点突出、富于启发，讲授的语言要准确精练、生动形象，善用姿势和板书辅助表达，要注意指导学生有效地听课和记笔记。

2.谈话法

谈话法又称问答法，是教师根据教学目标的要求和学生已有的知识经验，通过师生间的问答对话而使学生获得知识、发展智力的教学方法。它要求教师要根据教材和学生的情况做好充分的准备，对谈话的内容、提问对象等做出周密的安排；要求所提问题应紧扣教材，难易适当，立意明确，求答范围清晰；讲求提问的方式与技巧；要求谈话后教师要及时小结。

3.讨论法

讨论法是教师指导学生以班级或小组形式围绕某一课题各抒己见、相互启发并进行争论、磋商，以提高认识或弄清问题的方法。它要求在讨论前，教师要向学生提出讨论课题或要求，指导学生收集有关资料，写好发言提纲，做好充分准备；在讨论中，教师要注意引导学生大胆发言；在讨论结束时，教师要进行小结。

4.演示法

演示法的基本含义是指教师展示各种直观教具、实物，或进行示范试验，使学生通过观察获取对事物和现象的感性认识。它要求教师要根据教材内容选择演示教具，做好演示准备；演示时要使全体学生都能观察到演示活动，并尽可能使学生运用多种感官去感知，以形成正确的概念和表象，图示要配合讲解，引导学生全神贯注于演示对象的主要特征；演示后教师要指导学生把观察到的现象同书本知识联系起来，及时地根据观察结果得出结论。

5.实验法

实验法是指学生在教师指导下，利用一定的仪器设备进行独立操作，通过观察研究获取直接知识、培养技能技巧的方法。它要求教师在实验开始前要编制好实验计划，做好分组和实验前的准备工作；实验开始时，应对学生说明实验的目的、进行的步骤和注意事项，教会学生正确地观察、测试和做记录，教师还应注意巡回指导，确保实验程序科学、操作规范；实验结束后教师要进行必要的总结。

6.练习法

练习法是学生根据教师的布置和指导，通过课堂及课外作业，将所学知识运用于实际，借以巩固知识、培养技能技巧的方法。练习法的主要步骤：首先由教师提出练习的任务，说明练习的要求和方法，并做必要的示范；其次，由学生独立练习，教师进行个别指导；最后，教师在检查学生练习的基础上，进行分析和小结，指出优缺点，并纠正错误，提出改进要求。

7.参观法

参观法是指根据教学的需要，教师组织学生到校外一定的场所，对实际事物进行观察研究，从而获得知识或巩固、验证已学知识的方法。它要求参观前，教师要实事求是地根据教学要求和现实条件，确定参观的目的、时间、对象、重点和地点，并做好充分准备；参观时，教师要提出具体要求，组织并指导学生参观；参观后要及时进行总结，引导学生把所获得的感性认识上升为理性认识。

8.实习法

实习法又称实习作业法，是指教师指导学生根据教学要求，在校内外一定场所从事实习工作，在具体操作过程中综合运用理论而掌握知识、培养技能技巧的方法。它要求教师要充分做好学生实习的准备，包括制订好实习作业的计划，选好地点，准备好仪器设备等；在实习进行中，教师要加强指导，帮助有困难的学生；实习后，教师要指导学生写出实习报告，评定实习成绩，并给每个学生写出公正、客观的评语。

9.读书指导法

读书指导法又称阅读指导法，是指教师指导学生通过阅读教科书和参考书，加深对知识的理解，并扩大学生的知识领域，培养学生自学能力的一种教学方法。它要求教师要指导学生有目的、有计划地读书；启发学生联系已有知识、经验，研究解决实际问题，防止读书过程中理论与实际的脱节；教会学生使用工具书；帮助学生学会阅读的方法；教师要用多种方式如课堂讲读、朗读、组织读书报告会、讨论会、讲演会等指导学生阅读，培养学生读书的兴趣和能力，使学生养成读书的习惯。

10.欣赏教学法

欣赏教学法是指在教学过程中，教师从教学内容本身的特点出发，指导学生去认真体验和品味客观事物的真善美，并在体验和品味中使学生深刻地理解事物的本质，掌握知识。它要求教师要从教学内容出发，引起学生的欣赏兴趣；激发学生较强烈的情感反应，使学生把自己的全部感情都投入到学习过程中；培养学生的欣赏和鉴别能力，教给学生鉴赏的基本技能；将细致的情感体验和缜密的思维活动有机统一起来，为达到学习目的而服务。

11.尝试教学法

尝试教学法是指学生在教师的指导下，自学课本，然后尝试做练习，之后教师再进行讲解的方法。尝试教学法可分六步进行：

（1）出示尝试题；

（2）即时提出问题；

（3）自学课本；

（4）尝试练习；

（5）学生讨论；

（6）教师讲解。

12.情境教学法

情境教学法是指由教师在教学过程中为学生创设一个具体、生动、形象的学习情境，并通过合适的方式把学生完全带入这个情境中，让学生在具体情境的连续不断的启发下有效地学习。情境教学法要求具有形式上的新异性、内容上的实用性和方法上的启发性。教师可通过多种途径创设情境，把学生带入兴趣盎然的教学情境中，使其产生一定的情绪体验，同时教师根据需要，作精巧的点拨、讲解，及时总结转化，促进学生的发展。

二、课堂教学方法创新的原则

自20世纪50年代以来，在世界范围内出现了改革教学方法的趋势，为配合这种趋势，各个国家都积极着手改革传统的教学方法，努力探索和建立旨在更有效地传播知识和培养智能的现代教学方法体系，教学方法以其崭新的面貌活跃在教学实践中。但是，教学方法的创新和运用要符合课堂教学的实际，符合教师教学和学生发展的需要，不能凭空设想，必须遵循一定的原则和要求。

（一）启发性原则

任何一种教学方法的运用都是在一定教学思想的指导下进行的。从传统教育到现代教育，教学方法的指导思想不外乎两种：注入式和启发式。注入式的教学思想是教师从主观出发，把学生看成被动接受知识的"容器"，这使得教学方法单调、保守、死板；而启发式则相反，其基本含义就是要充分体现学生在教学过程中的主体地位，要采用各种有效的形式，调动学生的主观能动性，引导学生独立思考、生动活泼地学习。

教师在运用教学方法时，要始终坚持以启发式的教学思想为指导，以充分发挥学生作为学习主体的能动作用。

（二）整体性原则

系统论表明，整体功能不等于各部分功能之和，整体功能的大小取决于组成系统的诸要素的协调状况。因此，我们在研究和处理问题时，要着眼于整体，将整体的功能和效益看作认识和解决问题的出发点和归宿。为了提高运用教学方法的效率，发挥教学方法的整体功能，教师在运用教学方法时要把握系统的整体性原则。

（三）具体性原则

辩证唯物主义断言，抽象的真理是没有的，真理永远是具体的。真理是人们在思维中把客观现实的具体事物和具体过程当作一个有许多规定和关系的总和，当作一个多样性的对立统一的整体来把握的。教学方法的运用同样也是一个具体的过程，教师要考虑班级学生的实际情况，要考虑教学环境所能提供的支持，要考虑教师自身的条件。

（四）发展性原则

教学方法的运用是一个发展的过程，教师要根据具体教学情况的发展变化对教学引法做出相应的调整。一方面，教师要灵活运用现代教学方法，把教学过程看成一个动态的过程；另一方面，教师要努力创造条件，以促进现代教学的发展。也就是说，在运用现代教学方法时，教师不但要考虑学生的实际情况，还要不断地创造有利条件，促进学生的发展；不但要考虑既有教学环境的制约，还要发挥主观能动性，积极地创造新的教学环境。

三、课堂教学方法创新的策略

教学方法在教学过程中的地位和作用是毋庸置疑的，教学方法的运用效果，一方面，关系到教学质量和教学效率的高低，以及伴随而来的学生课堂学习的成功与否；另一方面，关系到把学生培养成什么样的人的问题。因此，在教学方法改革中，探讨创新策略是现代教学研究中的一个重大课题。

（一）综合化策略

由于整个教学活动的复杂性以及单一教学方法的局限性，现代教学中教学方法的运用必然是综合化的，而不是单一的。复杂多变的教学活动要求综合运用教学方法。同时，教学实践也证明，要完成有效的教学，就必然要求综合运用多样化的教学方法。另外，教学方法本身的局限性和互补性也要求教学方法的综合运用。任何一种教学方法都有特定的使用范围，也都有一定的优点和缺点，不存在一种适用于所有学习类型的教学方法。因此，仅仅依靠单一的教学方法是难以实现所有的教学目的的，这就要求综合运用教学方法。

需要指出的是，教学方法的综合不等同于教学方法的多样化。教学方法的综合并不是多样化教学方法的简单堆砌与相加，而是要使各种具有互补性的教学方法相互影响与渗透，从而达到教学方法的相互补充和相互促进。并且，教学方法多样化的概念是抽象的，表示的是一种状态，而教学方法综合的概念则是具体的，表示的是一种过程，它遵循着一定的尺度，并考虑各种具体的场合和实际的可能性。

（二）最优化策略

如何选择能在现有条件下取得最佳教学效果的方法，是课堂教学方法创新策略研究的一个重要课题。

既然现代教学方法的优选是从众多教学方法中，选择在现有条件下能取得最佳教学效果的方法，那么就必须有一定的标准。根据教学系统的要素构成，我们认为，现代教学方法的优选标准包括：①具体的教学目的和教学任务；②教学内容的特点；③教学方法的职能、适用范围和适用条件；④教学环境的可能条件；⑤教师自身的素养条件；⑥学生的准备状态。以上教学方法优选的标准，是从一个完整的教学系统出发，针对整个教学系统的六个基本要素（教学目的、教学内容、教学方法、教学环境、教师、学生）提出的要求，因此，它们是一个有机的、不可分割的整体。在选择教学方法时应综合考虑上述标准，忽略了其中任何一条标准，都会破坏选择的完整性，从而影响教学方法的有效选择和运用。

苏联学者巴班斯基从"教学过程最优化"这一总体指导思想出发，提出了对教学方法进行优选的程序问题。他认为，教学方法优选的程序应是如下一些最通用的步骤：①决定在教师指导下的学习方法，或学生独立学习的方法；②决定以探索法或复现法来学习这一专题；③决定用演绎法或归纳法来学习这一专题；④视可能情况，配合使用口述法、直观法和实际法；⑤选择激发学生积极性的方法；⑥选择检查与自我检查的方法；⑦选择在课堂上学习新教材中主要的、最本质的内容的一整套方法。

（三）现代化策略

现代科学技术的发展不断为学校教学提供新的物质基础，幻灯、投影、录音、录像、电影、电视、语言演示室、电子计算机等现代化的教学手段，为现代教学方法的发展开辟了新天地，推动了教学方法的革命。特别是CA（计算机辅助教学）课件设计的智能化、专门化、灵活化和教学视听设备的自动化、微型化、综合化，更使现代化教学手段的应用范围日趋广泛。

作为教学媒介的现代教学手段的推广使用，扩大和改进了学生的感知空间，扩大了学生对客观世界的认识范围。以多媒体计算机教学技术为例，这种新兴的教学手段将多媒体计算机综合处理、存储及传送声音、文字、图像、图形、图表、动画等信息的能力与电视对视频信号的处理能力结合在一起，形成多媒体交互式学习环境，这种环境可以做到图文并茂、动静结合、声情融会、视听并用，并形成全息式的表达方式，为教学提供了逼真的效果。同时，图、文、声、像等交互式的界面和窗口式的操作，为学习提供了极大的方便。一些难以用常规手段进行的教学形式，如虚拟现实教学、远程教学、实验教学等，可以凭借现代化的教学手段，达到理想的教学效果。美国的诸多学校均建立了光纤网，在教室里安装了电视监控器，教师只需使用频道转换器就可以为学生选择由通信卫星传输的各种教学节目。法国各地的教育资料中心也配合教学，汇集各种教学软件，出版计算机教学丛书，并录制配套的视听教学资料。

美国学者提出，在教学中恰当地运用现代化的教学手段，可以促使学生在以下方面发生积极的变化：①主动学习的意向；②学习的动机；③学习所花费的时间；④学习的愉悦感；⑤教学资源的使用；⑥问题解决能力；⑦反馈；⑧与其他学生的合作交流；⑨独立性；⑩创造性和批判性思维。实践也证明，现代化教学手段的应用，不仅使学习内容更富有趣味，而且减少了教师的讲授时间，增加了学生在多学科学习中动手操作的机会，使学生由被动学习转为主动学习。因此，在科学技术迅猛发展的背景下，教学方法应积极运用其现代化、科学化的一面，使之为课堂教学服务。

（四）个体化策略

从教学史上看，教学方法的发展大致经历了个别化教学—班级教学占主导地位—班级教学和个别教学并存三个阶段。为了顺应社会发展的需要，发达国家在教育改革中，都强调教育制度必须弹性化，强调教学方法要注意个性化和多样化。综观世界教学方法的发展，我国当前虽然仍处于个别教学与班级教学并存的时期，但种种迹象表明，目前个别教学在整个教学方法体系中的地位和作用较以前有了明显的提高，教学方法体系呈现出新的态势。国内外许多教学方法正在积极探索用"个体性"或"个别化"的教学方法替代或部分替代现有的班级授课，并且已取得了积极的效果。

教学方法创新的个体化趋势主要表现在两个方面：一方面，个体性活动已成为许多教学方法的重要组成部分。如"协同教学法""暗示教学法""合作学习法""掌握学习法"和"发现法"等，都将个体活动作为教学过程的重要环节，注重个性适应和学生的参与。虽然这些方法并非只强调个体化的活动，但它们大都兼顾分工与合作两个方面。合作是团体的活动，而分工则是个体的活动。与以前相比，学生现在个体活动的时间量明显增加了，学生成了学习的主人和探索者，而不再是被动的接受者。另一方面，现代教学技术手段的发展为教学方法提供了一个新的发展空间，师生相互作用的条件趋于多元化，使学生在知识、智力、兴趣、特长和个性品质等方面的适性发展成为可能。特别是最新引入的信息传播手段，使师生相互作用的旧有空间发生了重大改变，使得学生可以根据自己的能力水平自定进度，超越时空的限制，实现教学的个体化。

（五）自主化策略

早在1972年，联合国教科文组织国际委员会的教育报告《学会生存——教育世界的今天和明天》中就指出，未来的学校必须把教育的对象变成教育自己的主体，受教育的人必须成为教育他自己的人，别人的教育必须成为这个人自己的教育。自学，尤其是帮助下的自学，在任何教育体系中，都具有无可替代的价值。

联合国教科文组织之所以如此强调自主学习的重要性，是因为自主学习无论对于社会发展、教育变革还是个体成长，都具有极为重要的意义。同时，这也说明这样一个事实：培养学生的自主性和独立性已成为教育改革的重点，使学生具备充分的独立学习、独立思考、独立探索的能力已成为教育的必由之路。

学生要掌握自主学习方法，必须掌握一定的学习策略，并且在学习过程中有效地运用这些策略。一般意义上，我们把自主学习策略分为认知策略、元认知策略和资源利用策略三类。教师要想促进学生的自主学习，就应该把这些策略作为重要的教学目标和内容。需要指出的是，成功的自主学习者拥有的是相对充实的学习策略储备库，在这个储备库中，各种各样的学习策略合理搭配，随时等待征用。在具体的学习情境下，个体往往需要整合使用各种自主学习策略来完成自己的学习任务。

（六）合作化策略

20世纪70年代兴起于美国，目前盛行于世界各国的"合作学习法"，可以说是最具合作性特点的一种教学方法。倡导合作学习的学者认为，合作是人类相互作用的基本形式之一，是人类社会赖以生存和发展的重要动力，与竞争一样，是人类生活中不可或缺的重要组成部分。现代社会在要求人们进行激烈竞争的同时，又需要人们进行广泛的多方面的合作。现有的教育过多地强调培养学生的竞争意识和竞争能力，而对合作意识与技能的培养却重视不足。实践也证明，片面地强调培养儿童的竞争意识会给儿童带来很大的精神压力，不利于儿童身心的健康发展，不利于人类社会的进步。

合作学习不仅能大面积地提高学生的学习成绩，而且还能培养学生正确的合作观与竞争观，达成智力因素与非智力因素的和谐发展，顺应教育社会化的需求，因而备受世界各国教育工作者的欢迎与喜爱，很快就成为一种主流教学方法。合作学习以小组合作活动为主要教学形式，不仅强调生生、师生合作，而且还要求教师之间也要就所授课题进行合作设计，从而显示出令人瞩目的实效。

第四节　课堂教学模式创新策略

一、课堂教学模式概述

（一）课堂教学模式的内涵

课堂教学模式作为连接课堂教学理论和课堂教学实践的桥梁，在解决理论与实践相脱节的问题上具有极其重要的作用。课堂教学模式由诸多相互关联的要素组成，这些要素紧密联系、环环相扣、缺一不可。同时，课堂教学模式也具有自身的特点和独特的功能。在教学研究中的教学模式多是指课堂教学模式，且二者区别不大，因此这里对课堂教学模式的研究仍从教学模式入手。

我国教育界对教学模式的研究始于20世纪80年代中期，一般指被研究对象在理论上的逻辑框架，是经验与理论之间的一种可操作性的知识系统，是再现现实的一种理论性的简化结构。最先将模式一词引入教学领域，并加以系统研究的人，当推美国的乔伊斯和韦尔。乔伊斯和韦尔在《教学模式》一书中认为，教学模式是构成课程和作业、选择教材、提示教师活动的一种范式或计划。

我们认为，教学模式是在一定的教学目标和教学理论指导下，围绕一个教学主题，形成的相对稳定且系统化和理论化的教学范型和活动程序。每种教学模式都包含教学理论、教学目标、操作程序、师生组合、条件和评价六个要素。

（二）课堂教学模式的特点

1.操作性

每一种教学模式都清楚呈现出特定的、比较稳固的操作程序、方法和策略，具体规定了教师的教学行为，使得教师在课堂上有章可循，易于教师理解、把握和运用。例如，古诗五步程序法：解诗题—知诗人—明诗意—入诗境—诵诗句。

2.指向性

教学模式是围绕一定的教学目标设计的，具有明显的目标指向性。没有适合所有教学过程的万能模式，只有在一定的情况下能达到特定目标的最有效的教学模式。例如，讲读型阅读教学模式的流程是：揭示课题—阅读全文—划分段落—概括段意—提炼中心—复述练习—小结升华—布置作业。这种模式有一定合理性，但也有弊端。因此，在选择教学模式时，必须注意不同教学模式的特点、功能以及指向性。

3.完整性

教学模式是教学现实和教学理论构想的统一，任何教学模式都有一套完整或比较完整的结构和一系列的运行要求，体现着理论上的自圆其说和过程上的有始有终。例如，探究型阅读教学模式的流程是：初读课文—提出探究问题—思考探究—成果交流—延伸拓展。

4.稳定性

教学模式是大量教学实践活动的理论概括，在一定程度上揭示了教学活动的普遍性规律。一般情况下，教学模式并不涉及具体的学科内容，但所提供的程序对教学有着普遍的参考作用，具有一定的稳定性。教学模式是依据一定的理论或教学思想提出来的，而一定的教学理论和教学思想又是一定社会的产物，因此教学模式总是与一定历史时期的社会政治、经济、科学、文化、教育的水平相关，受到教育方针和教育目的的制约。因此这种稳定性又是相对的。

5.灵活性

教学模式体现了某种理论或思想，在运用的过程中必须考虑到学科的特点、教学的内容、现有的教学条件和师生的具体情况，进行细微的方法上的调整，以体现对学科特点的主动适应。

（三）我国小学常用的课堂教学模式简介

我国小学常用的课堂教学模式主要有：传递—接受式教学模式、翻转课堂教学模式、读写结合型阅读教学模式、引导—探究式教学模式等。

1.传递—接受式教学模式

传递—接受式教学模式源于赫尔巴特提出的"四段教学"，后经凯洛夫等人改造后传入我国。这是一种强调教师的指导作用，认为知识是教师向学生单向传递，学生接受知识的教学模式。传递—接受式教学模式的优势在于能使学生在单位时间内迅速有效地获得系统知识，是人类传播系统知识经验最经济的模式之一。

美国心理学家奥苏伯尔认为，接受学习不一定都是机械被动的学习，他主张学生的学习应该是有意义的接受学习。有意义的接受学习的条件包括外部和内部两方面。外部条件，要求材料本身必须有逻辑意义，即材料本身能与个体认知结构中的有关观念建立起非人为的、实质性的联系。内部条件包括三方面：第一，学习者必须具有有意义学习的心向；第二，学习者认知结构中必须具有适当的知识，以便与新知识进行联系；第三，学习者必须使这种具有潜在意义的新知识与他们认知结构中有关的旧知识发生相互作用。

（1）教学目标。传授系统知识，培养基本技能。

（2）操作流程。揭示课题—检查复习—讲授新知—巩固新知。

（3）实施方案。①揭示课题阶段。教师可采用设置悬念、创设情境、谈话等多种方法导入新课；②检查复习阶段。一是要复习前一节课所学的主要内容；二是要复习与本节课教学内容相关的知识，搭起新旧知识的联系桥梁，使学生温故而知新；③讲授新知阶段。教师通过讲解、提问和指导，向学生系统传授知识，训练其相关技能；④巩固新知阶段。教师紧扣教学重难点，设计多样化的训练形式，如课堂作业或讨论等，让学生在多样化的活动中巩固新知。

（4）模式局限性。在这种教学模式下，学生处于被动地位，不利于学生学习主动性的充分发挥。

2.翻转课堂教学模式

翻转课堂是指教师创建教学视频，学生在家或课外观看视频讲解，然后再回到课堂中进行师生、生生间面对面的分享，交流学习成果与心得，实现以教学目标为目的的一种教学模式。在这种教学模式下，学生能够更专注于主动的基于项目的学习，通过共同研究、解决问题，从而获得更深层次的理解。教师不再占用课堂的时间来讲授信息，而由学生在课后完成自主学习。通过观看视频讲座、阅读电子书、参加网络上的同学讨论等方式，学生能在任何时候查阅需要的材料。翻转课堂是由"先教而后学"转向"先学而后教"，由"注重学习结果"转向"注重学习过程"，由"以教导学"转变为"以学定教"。

翻转课堂的优势在于使学生从被动学习转变为主动学习。学生可以学习两遍：第一遍，带着问题自己学；第二遍，集中解决重难点问题，这样就有了直接面对新内容、新问题、新情境的机会。"翻转课堂"的优势得益于现代科技的迅猛发展，学生可吸收来自全球的知识，可以反复看，这有助于学生自主学习、自由思考，真正成为一个思想的强者，适应终身学习的大趋势。

（1）教学目标。学生利用老师的视频材料进行自主学习，在学生与老师的交流互动中吸收学科知识，利用先进的网络技术手段，优化学习流程。

（2）操作流程。课前观看视频，提出问题—课中师生互动，成果评价—课后整理成果，群体分享。

（3）实施方案。①班级学生异质分组。一个班级一般有50个人左右，根据学生成绩、爱好、性格等分成若干组，每组5~6人，通过量化评价来激发学生的学习积极性；②教师创建教学视频。根据绝大多数学生能力选取适合学生自主学习的知识点，明确学生必须掌握的学习目标，考虑不同班级的差异来收集和创建视频；同时，在视频的制作过程中必须考虑到不同学生的学习方法和学习习惯；③学生在家或课外观看视频讲解。课前学生根据自身预习情况来看教师的视频讲解，学习完相关内容后，根据自己的学习情况跟自己小组的同学讨论。自习课上通过在线测学，了解自学情况，并把不会的内容写在纸条上交给老师；④分享和讲评。课堂中进行师生、生生间面对面的分享，交流学习成果与心得。针对学生暴露的问题，教师在课堂上进行集中讲评，并让学生巩固训练，保证学生当堂掌握相关知识点；⑤当堂检测学生对重难点的掌握情况。学生根据自己所学知识做当堂练习，分组上黑板写出小组答案，师生进行评价。学生此时的学习积极性最高，组内讨论比较热烈，学生在进行评价讲解的同时也提高了自身的语言表达能力。最后学科课代表对这节课的主要内容做出总结；⑥重难点巩固。根据本节课的重难点知识，布置少量有针对性的作业，以达到复习巩固的目的。

（4）模式局限性。在知识传授中，教师肢体语言、人格魅力缺失；复习课、讲评课的教学目标难以定位；受制于学生的学习内驱力，若学生没有预习，课堂教学就成了空中楼阁。

3.读写结合型阅读教学模式

阅读与写作相辅相成、相得益彰，阅读是语言输入的过程，写作是语言输出的过程。读写结合型阅读教学模式是指以探究文本（课文）是"怎样写的"为重点，从读悟法，读中学写，先读后写，读写迁移，以实现教学目标为目的的一种教学模式。在这种教学模式下，教师从文本中选择合适的借鉴点来训练学生写作，以写促读，将阅读、写作、思维训练融为一体，从而达到以读带写、以写促读，在读写训练中发展学生思维，培养学生语文能力的目的。

（1）教学目标。以读为基础，以写促读，读与写相得益彰，提高学生阅读与表达能力。

（2）操作流程。明确目标—阅读课文—领悟写法—迁移习作。

（3）实施方案。①"明确目标"阶段。教师出示指向写作的学习目标。例如《鸟的天堂》学习目标：默读课文第10、11自然段，默读后思考：这两段主要写了什么？作者是怎样写的？②"阅读课文"阶段。教师营造安静课堂，鼓励学生以课文"怎样写的"为探究点，以读为本，自主阅读后进行小组交流。例如《鸟的天堂》第10、11自然段，引导学生阅读后讨论：这两段课文主要写了什么？作者是怎样写的？学生评鉴这两段精妙的语言及表达技巧，领会表达效果与形式；③"领悟写法"阶段。学生以读为路径，领悟言语表达规律。学生从阅读发现到语言发现，一课一得，获得怎样写的思路、方法、技巧，以及规范写作的程序等方面的知识；④"迁移习作"阶段。以写为目的，掌握言语表达能力。通过读与写的交互、融会和互证，学生得言、得意、得法，言语表达能力得以提升。

4.模式局限性

在读写结合型阅读教学的知识传授中，如果把握不好，会导致一种倾向，那就是抛开对课文思想内容和思想感情的理解，仅仅把目光盯在写作技巧上，抄起"解剖刀"，剔除课文的"血肉"，只剩下写作技巧的"筋骨"，这不符合语文课程"工具性和人文性"相统一的特点。

（四）引导—探究式教学模式

这是一种以问题解决为中心，注重学生自主学习、合作学习的活动，着眼于创造性思维能力和意志力培养的教学模式。

1.教学目标

注重发现学生的自主学习能力以及与同伴合作学习的能力，促进学生的主动发展；培养学生发现问题、分析问题和解决问题的能力；养成学生探究的态度和习惯，逐步培养探索的技能技巧。

2.操作流程

自主学习—提出问题—思考探究—成果交流。

3.实施方案

（1）自主学习阶段。学生自主学习教材，明确自己读懂了哪些，就不懂的问题提出质疑。

（2）提出问题阶段。学生提出不懂的问题，教师引导学生梳理、整合出最有探究价值的问题，作为探究研讨的主题。

（3）思考探究阶段。让学生独立思考和探究，寻找解决问题的途径，找到问题答案，再让学生组成小组进行合作探究，对个体的知识进行纠偏、丰富与重新建构。

（4）成果交流阶段。让学生以图表、读后感、资料卡片等形式呈现学习成果，交流独自和合作探究的成果。学生在交流中学习他人的经验，反思自己的不足，无论成果多少，都会有收获和提高。

二、课堂教学模式的创新策略

在新课程改革全面推进的背景下，帮助教师将新课程的理念转化为教育教学行为是学者面临的难题之一。作为"连接教学理论与教学实践""服务于教学理论与教学实践"的课堂教学模式，其存在价值不言自明。

（一）课堂教学模式的创新原则

1.方向性

坚持方向性原则，是课堂教学模式创新的前提。只有把握住课堂教学发展的历史趋势和方向，运用新的教育教学理念，才能建构起具有创新性的课堂教学模式。

2.整体性

把握整体性原则，是课堂教学模式创新的保证。课堂教学模式只是教育教学系统中的一个有机组成部分，其创新和改革需要服从于教学目的和总的教学指导思想，并且受教学内容、教学形式、教学对象的制约。因此，教学模式的创新，应与教育教学系统各个方面（如教学理念、教学内容、教学评价制度等）的改革有机结合，才能取得较好的效果。

3.借鉴性

坚持借鉴性原则，是课堂教学模式创新可取的捷径。这里的借鉴，是指吸收古今中外已有课堂教学模式的可取之处，借鉴国内外的优秀课堂教学模式，提高我们自身的教学水平，促进课堂教学模式的创新。但要使借鉴取得好的效果，需要特别注意"从实际出发"，切忌生搬硬套。

4.实践性

实践性原则，是课堂教学模式创新的生命力源泉。任何课堂教学模式的创新，都要从实际出发，才有旺盛的生命力。同时，无论是初步成形的课堂教学模式，还是已经相对成熟的课堂教学模式，都有一个接受实践检验，在实践中发展和完善的过程。

（二）课堂教学模式的创新策略

课堂教学模式是开放的，它应该承接过去，正视现在，面向未来，不断地发展和创新。如前所述，课堂教学模式是教学思想或教学理论、课堂教学目标、课堂教学程序、课堂教学策略和评价等因素构成的有机统一体，因此，课堂教学模式的创新策略也应该从这几方面来探讨，以期能有效地促进课堂教学的改革与创新，进一步推动课程改革。

1.理念重建策略

教学理念的创新是课堂教学模式创新的思想指导。当今社会正处于变革时代，新一轮基础教育课程改革，为我们扬弃旧有教学观念，重建新的教学理念提供了契机。这种教学理念的重建是课堂教学模式创新的生命源泉。

新课程的核心理念是以学生的发展为本。课程价值观的转变要求我们重建与之相适应的教学观。在新课程背景下，教学不只是传授知识的过程，更是师生交往、积极互动、共同发展的过程；它不只是忠实传递和执行课程的过程，更是不断创生与开发课程的过程；它不只重视结果，更重视学生的生活经验以及探索新知的经历和情感体验；它不只注重个性、差异，还反对权威主义和整齐划一。总之，新课程背景下的教学理念，要求我们以面向人的生活世界的实践活动为旨趣，承认教学的开放性和复杂性，关注学生的个体差异和个性，把教学看作一个不断生成的过程，是一种以关注学生的生命成长为目标的生成性教学观。

2.目标明晰策略

制定有针对性的、明晰的教学目标，是建构具有可操作性的、富有自身特色的课堂教学模式的基础和前提。教学目标是课堂教学模式的出发点和归宿，具有导向、制约和评价的功能与作用。

在新课程改革中，课堂教学承担着知识与技能、过程与方法、情感态度与价值观的三维目标。因此，确定明晰的教学目标，在课堂教学模式的创新建构中显得尤为必要。具体可以采用以下措施：第一，教学目标要具有针对性，这样各类课堂教学模式之间才便于识别，也才具有存在的独特价值；第二，教学目标要分层设置，这样可以较好地照顾到学生的个性和水平的差异，使每个学生都得到较充分的发展。如"分层递进教学模式"就明确提出了分层设置教学目标的策略。它要求分层设置的教学目标不但要遵循"下要保底（达到各科课程标准基本要求），上不封顶（可超各科课程标准要求学习）"的原则，使目标与各类学生现有发展水平（最近发展区）相适应，而且还必须为学生自主选择目标提供可能。

3.师生互动策略

教师和学生是课堂教学的两个基本因素，正确认识其角色地位和相互关系，是进行课堂教学模式创新的前提。新课程改革吸收了包括后现代教学思想在内的先进教学思想，倡导师生之间的民主、平等，以及通过对话、交流等互动方式来建构、生成教学过程。师生互动是一种双向的相互影响和相互作用，从这个角度看，师生互动的教学策略的基本特征也应是双向的、交互的。在课堂教学模式的建构中运用师生互动策略，主要有以下四个要求。

（1）师生相互尊重。相互尊重是师生互动和谐有效进行的前提条件。相互尊重主要取决于教师。只有教师对学生的兴趣爱好、个性差异、选择判断和情绪情感等给予全方位的尊重，才能赢得学生由衷的爱戴和尊重。

（2）师生情感共鸣。师生在教学中经历情感共鸣，能有效地促进师生之间认知和情感信息的交流互动。民主的、充满爱心与激情的教学氛围是融洽师生感情，使师生情感产生共鸣的关键。

（3）教与学"和谐共振"。只有经历了师生之间教与学的"和谐共振"，才会出现真正意义上的师生互动。创设特定的问题情境，引导或激发学生探究欲望，有助于师生在启发与探究中达到"和谐共振"境界。

（4）激励学生积极参与。只有学生积极主动参与课堂教学活动，才可能形成师生之间的有效互动。教师在教学活动中应多给学生激励性评价，使每个学生体验到尽可能多的成功的喜悦，调动学生积极参与教学活动的热情。

4.方式转变策略

方式转变策略，是指通过转变教学方式（包括教师"教"的方式和学生"学"的方式），来探索省时高效的课堂教学新模式。转变教学方式就是要改变那些不利于学生成长、不合乎时代需要的教学行为和相应的思维方式与态度，调整师生教学活动的整体结构，使教学活动能够更有效地促进学生的发展和教师的提高，以更有效地实施素质教育。

在实际课堂教学中，教学方式的转变是学生学习方式发生转变的前提，教师应该致力于教学方式的转变，特别是通过教师教学方式的转变来帮助学生实现学习方式的转变。具体来说，教师应主要关注五个方面。

（1）关注教学中的对话。对话是真理的敞亮和思想本身的实现，是一种在各种价值相等、意义平等的意识之间相互作用的特殊形式。教学中的对话是师生彼此充分尊重与信任的具体体现，它强调的是主体间的合作、沟通和对文本的共同解读。在课堂教学模式的建构中，要充分考虑师生之间、生生之间、师生与教材之间的对话与交流，在新的教学方式中追寻富有意义的、充满人性的教育。

（2）关注弹性化的教学设计。为了让学生亲历过程、增加体验，教师应像一位策划者。教学设计只是一个弹性的教学方案，需要精心策划，这样才有利于促进教学方式的转变，便于师生在创设的问题情境中研究和探索。

（3）关注教学"留白"。教学上的"留白"，指的是教学中，教师未明确说明的部分、暗示的东西。"恰是未曾着墨处，烟波浩渺满目前。"在教学过程中适当地留出空白，可以有效地培养学生的主动性、探索性和创造性。

（4）关注生活实际。教学实践表明，当教学和儿童的现实生活密切相结合时，教学才是活的、富有生命力的，才能为儿童的自主探索与创造提供一个支点，搭建自主探索的舞台，逐步促进学习方式的改变。

（5）关注表扬和激励。在课堂教学中，教师应尽可能多地表扬和激励学生，促使学生更有效地、积极主动地投入到有意义的学习中。

5.情境创设策略

情境创设策略，是课堂教学模式创新的重要策略之一。教学情境是目前课堂教学模式构建中的核心话题，也是教师在教学实践中不断尝试探索的课题。在新课程全面推进的背景下，课堂教学更应该关注情境的创设，尤其是教学问题情境的创设。所谓教学问题情境，是教师为了引导学生学习某个课题而精心设置的悬念、冲突、矛盾、迷茫等，一方面，让他们将已有的知识经验与面临的问题建立联系，或同化、同构，或顺应、改组和重构；另一方面，激发他们学习的心理动力，如兴趣、情绪、毅力和接受挑战的兴致。另外，借助计算机等先进教学技术，在课堂教学中创设宽松和谐、生动形象、探究合作等多样化的教学情境，就能让学生在真实度很高的问题情境脉络中，整合知识和技能，促进师生的交往与合作学习。

在课堂教学中，创设基于问题的教学情境，主要应注意三方面的问题。

（1）创设问题情境。一个好的问题情境，不仅能使学生意识到问题的存在，而且能使学生产生探究的欲望，从而引发学生进入思维的积极、主动状态。

（2）创设探索情境。巧妙创设探索的情境，不仅能引出问题，更有利于学生在步步探索中解决问题、深化认知、揭示规律、掌握方法，在不断发现问题、提出问题、思考问题、解决问题中提高实践能力，培养创新精神。

（3）创设成功情境。经常受到成功的激励，能使学生相信自己的智慧和力量，对学习更感兴趣，形成一个"成功—生趣—再成功—再生趣"的良性循环过程。成功情境的创设能充分利用成就驱动作用，引导学生经过紧张的智力活动去完成学习任务，取得成功，获得满足感和愉快感。

创设问题情境的方式方法大致有以下六类：①提出一个与新课有关的实际问题，引起学生想要解决这个实际问题的兴趣；②提出一个包含所学课题的奇特现象；③设置问题情境后，引导学生猜想和论证；④摆出对立的观点让学生辨析；⑤先将要学习的作品大大赞扬一番，唤起学生想要细细品味的心情；⑥故意设置难关，让学生做不会做的题，然后再引导学生自学。

6.开放生成策略

新课程赋予教学目标、教学内容、教学过程及教学时空等很大的开放性，它确立了知识与技能、过程与方法、情感态度与价值观三位一体的开放的课程与教学目标，为开放性的课堂教学奠定了基础。因此，教师不再是按蓝图施工的工程师，也不再是导演，而更像一个项目策划者，其策划出的教学设计应该只是一个教学构想、一个开放的弹性化教学方案，而不应该成为课堂活动的"紧箍咒"。

因此，课堂教学是一个动态生成的过程，因而是开放的。在课堂教学中，师生平等对话、积极互动，经验信息和即时信息并存，甚至还可能有一些看似"无序"的"松散"和"杂乱"，充满了再生性和多元性。师生的情感在这里沟通，智慧在这里碰撞，教学过程成为一种生命力量的呈现与发展过程，一种主体对生命内涵的体验过程，一种生命意义的建构和开放生成的过程。

开放性的课堂教学，要求我们在建构以及运用课堂教学模式时，也须秉持开放性的态度。

（1）课堂教学模式的建构是一个开放性的过程。从整体上看，课堂教学模式的建构都有一个"建构—超越—再建构—再超越"的过程。例如，"引导—探究式"教学模式，操作流程为：自主学习—提出问题—思考探究—成果交流。还可以结合具体教学实践，更改操作流程为：自主学习—提出问题—思考探究—成果交流—拓展延伸。在拓展延伸阶段，可以让学生做课外阅读，表演课本剧或练习举一反三。这些过程都应该是动态开放的。课堂教学模式的创新，就是在建构模式的基础上，又超越模式的结果。

（2）课堂教学模式的运用也是一个开放生成的过程。在课堂教学中，教学模式的运用有一个从"入格"到"出格"的过程。古今中外，无论名师还是一般教师，其教学总是在一定的模式下进行的。教师能在一定课堂教学模式指导下进行教学，也就是一定程度的"入格"。但"入格"是为了"出格"，教学不能被一种固定的模式所约束。教师应当根据教学目标、教学内容和学生实际情况，从基本的课堂教学模式借鉴中，自己建构、选择教学模式。同时，还要从课堂教学现实情境出发，从整体上把握，不但模仿模式要形神兼备，而且要能在教学过程的动态生成中从模仿、借鉴走向发展、创新。

7.反思整合策略

反思整合策略是课堂教学模式创新的一种优化策略，它是在教师掌握多种课堂教学模式，了解不同模式的适应条件及其局限性的基础上，根据具体的教学情境，借鉴最适当的课堂教学模式并对其优化整合，以促进课堂教学模式的创新。

不过，课堂教学模式作为教学规律与教学实践之间的"中介"，无论多么先进，它也只体现了人们对教学规律的一种认识，而这种认识往往只是从一个角度来反映教学规律，而且还带有鲜明的主观色彩，受制于建构者的见识、经验和教学环境。并且，每个教师都有自己的知识结构，有自己擅长的教学方法和策略，且受不同的教学目标、教材、学生、教学时间、教学条件等因素的影响。因此，认真学习现有的模式无疑是研究的重要方面，而在反思基础上整合模式更是一种有效的实践方式和创新策略。

在反思整合各类课堂教学模式的教学实践中，应该把握以下两点。

（1）注意课堂教学模式之间的渗透与组合。要把各类模式置于一个整体中，模式之间不是"井水不犯河水"的关系，而是一种互相联系、互相渗透的关系。就一堂课而言，既可以对模式中的步骤进行"删减"和"增添"，也可以"置换"或"颠倒"，如对宁鸿彬的"通读—质疑—理解—概括—实践"五步阅读课堂教学模式，可删去"概括"，在"质疑"后添上"讨论"。就一个阶段的教学而言，可把单元教学法和课次教学法有机联系起来，对不同文体应该有不同的教学步骤，对同一文体由于课型（讲读、自读）不同，教学设计也应有所区别，而同一文体、同一课型的篇目由于内容难易程度、学生理解程度的差异也可采用不同的课堂教学模式。总之，将动态的教学过程与课堂教学模式的灵活运用、紧密结合起来，课堂教学才会富有生机，才能缓解学生由于过于熟识单一模式而产生思维僵滞的状态，激发学生的求知欲。

（2）注意传统模式与先进模式的继承和吸收。模式的运用不是目的，模式仅仅是一种为收到良好教学效果所采用的手段而已。人类的教育史发展至今，积淀的教学模式仍焕发着生命力。孔子的启发教学模式、刘徽的问题教学模式、朱熹的研讨教学模式及传统的讲授模式都可有选择地使用。每种课堂教学模式都有其合理之处。

8.发展评价策略

发展评价策略是指用发展性评价来衡量课堂教学模式。发展性评价是形成性评价的深化和发展，是在新课程改革的评价理念指导下，针对以甄别和选拔为目的的终结性评价的弊端而提出来的。课堂教学评价要"以学评教"，强调以学生在课堂学习中呈现的情绪状态、交往状态、思维状态、目标达成状态为要素，来评价教师教学质量的高低，并在此基础上促进教师的专业发展和个人成长。因此，发展性评价更加强调以人的发展为本的思想，强调对评价对象人格的尊重，强调人的发展。

课堂教学中的发展性评价，强调以学生的发展为本，强调评价主体的多元化，重视在过程中评价，关注学生的质性和差异性评价。关于课堂教学的发展性评价已有很多研究和著述，这里，我们尝试运用发展性评价的思想来评价课堂教学模式，并探索其主要评价策略。

（1）以学生的"学"为主评价课堂教学模式。我们评价一种教学模式的优劣，不仅要看它是否达到了具体的目标（例如社会技能、思想及创造力的获得），而且要看它是否能够提高学习能力。也就是说，我们在评价课堂教学模式时，要以"学"为主，教学目标的制定、教学步骤的策划、教学策略的选择等都要围绕学生"学会学习"而展开，最终是为了学生的发展。以学生的"学"为主评价课堂教学模式时，我们应该关注的是怎样教学生学得更快和更有效。当然，这里并不是要否定教师的发展，而是强调教师要在学生发展的基础上发展，和学生一同建构人生意义。

（2）在多元主体和多元标准中评价课堂教学模式。在多元主体中评价是主张更多的人成为评价主体，特别是使评价对象成为评价主体，重视评价对象的自我反馈、自我调控、自我完善、自我认识的作用。评价标准多元化是主张用多维度的教学目标来评价课堂教学模式，不仅重视学生认知目标的达成，而且关注过程与方法、情感态度与价值观等目标的实现。应该倡导的是教师要尽可能掌握大量的能达成多元目标的课堂教学模式，然后再结合教学实践进行合理选择、优化整合，以促进学生的全面发展。

（3）在实施课堂教学模式的动态教学过程中进行整体评价。动态的教学实施过程中的评价，可以帮助我们透视过程，有针对性地分析各种动态变化因素，关注个体差异，从而较客观地进行评价。因此，我们不能单凭实施的结果就对一种课堂教学模式的优劣得出结论，而应当既看重实施的结果，也看重实施的整体过程，在实施该教学模式的动态教学过程中去评价。

（4）定性评价和定量评价相结合来评价课堂教学模式。在评价课堂教学模式时，要强调定性评价和定量评价的结合运用。在重视指标量化的同时，更要关注不能直接量化的指标在评价中的作用。如果在评价时过于强调细化和量化的指标，往往会忽视情感、态度和其他一些无法量化但对学生发展影响较大的因素的作用。

每一种课堂教学模式总有其特定的产生和形成的背景，总有一定的适用范围，可以说，在我们所研究过的教学模式中，没有一种模式在所有的教学中都优于其他，或者是达到特定教育目标的唯一途径。因此，课堂教学模式是一个"有力但又脆弱的工具"，有其自身的局限，不能也不应该成为教学的桎梏。那种把特定情境下某些教师经常使用又很成功的课堂教学模式作为科研成果加以推广的做法，其实是既不科学也不明智的，因为这样做束缚了教师和学生的手脚，限制了教学本身所具有的多样性、灵活性和丰富性。

"教学有模，但无定模"，我们可以学习模式，但不能"模式化"。优秀的教师（或研究人员）不仅需要掌握大量新的、优秀的课堂教学模式，而且需要在评判、选择、整合的基础上，完善、扩展已有的课堂教学模式，建构、创建新型课堂教学模式。建构模式是为了超越模式，教师需要从"有模之术"逐步发展到"无模之境"，不断地超越已有模式，形成自己的教学风格。

第三章　学生成长中的校园文化建设

第一节　校园文化建设的思想内涵

一、中学校园文化建设思想中的批判性内涵

批判性思维是"对于某种事物、现实和主张发现问题所在，同时根据自身的思维逻辑加以思考"。其目的就是要对所学东西的真实性、精确性、性质与价值进行个人判断，从而对做什么和相信什么做出合理的决策。批判性精神和批判性思维能力培养是创造性思维养成的基本前提和必要条件。批判性思维不仅是具体的大脑思维活动，更重要的是一种思维模式，是对所学东西的真实性、精确性、性质与价值进行个人的判断。在校园文化建设中，应加强对中学生批判性思维的培养。这无论是对中学生能力、个性的全面发展，还是对整个社会创新能力的提高，乃至对中学教育改革，都具有极其重要的理论意义与实践指导价值。

批判性思维是培养高素质创新人才的关键，是获取新知识的基础。只有使中学生以批判性思维方式对所获取的大量现存的知识与科学技术信息进行积极的理性分析、综合运用，并作出自己的判断，才能更加准确而有效地培养出具有创新性人格的社会主义接班人。在进行中学校园文化建设时，如果缺乏批判性意识，就会囿于现有的校园文化与知识结构而不能得到进一步提升，并形成盲从的习惯。如果不能在校园文化建设中有意识地营造怀疑与批判的土壤，不从方法论与实践中提供技巧性和方法性的锻炼，就不可能让学生养成质疑问题、提出问题、解决问题的思维习惯。

面向21世纪的教育，是一项努力使人的个性全面发展、和谐发展的系统工程。中学生的创造力、沟通力、表达力和学习力等核心竞争能力的提高，都必须

以批判性思维能力和精神气质的养成为基础才能实现。批判性思维既是一种技能，也是一种人格和气质，既能体现思维技能水平，也能凸显现代人文精神。批判性思维又是实践的产物，是中学生主体在理性分析和选择的基础上逐渐养成的自觉意识。"作为实践和认识主体的人对于自身的主体地位、主体能力和主体价值的一种自觉意识，是主体自觉能动性和创造性的观念表现"。育人是认识实践的活动主体，在知识和价值需要满足的追求上有着能动性、主动性，并且还要不断超越原有的认识和实践范围。批判性思维是创新人才非常重要的个性特征，它也是当代中学生实现知识和科技创新的极其珍贵的个性心理品质和人格特征。

二、校园文化的发展应为批判性思维培养提供肥沃土壤

苏霍姆林斯基曾经告诫教育者，成功的教育是要让学校的每一面墙壁都会说话。他指出：隐形课程乃是一种真正的道德教育课程，是一种比其他任何正式课程更有影响的课程。可见，校园文化建设应该从许多细节上展现出批判与反思的属性，要从日常生活与学习中得到体现。因为批判性思维的培养绝不是简单的技能传递过程，仅仅依靠改善传统的教学条件或增加一两门课程，是很难发展中学生的批判性思维能力和精神的。要促进和发展中学生的批判性思维，必须遵循中学生思维发展的规律，在创建新型教学文化的基础上，充分发挥校园文化的"非教学因素"的育人作用。中学校园文化不仅指学生的课外活动或师生的业余生活，还应该是有物质层面的校园环境建设，制度层面的各种管理，精神层面的办学思想、道德观念、传统精神、校风学风等，包括办学中的硬件和软件，外显文化和隐形文化。这些内容都应该、能够成为中学校园批判性思维平台建构的重要内容。

（一）校园物质文化建设为批判性思维的提高提供了物质保障

孔子云：与善人居，如入芝兰之室，久而不闻其香，即与之化矣；与恶人居，如入鲍鱼之肆，久而不闻其臭，亦与之化矣。学校的校容校貌，表现出了一所学校整体精神的价值取向，是具有引导功能的教育资源，对中学生的思想和行为有潜移默化的作用。优美而又富有个性的校园环境如春风化雨，润物无声，从而激发中学生热爱学校、热爱祖国的高尚品德。优美的校园环境促进了中学生的品德教育，提高了个人修养、完善了人格，对培养具有批判性思维能力的完美人格和全面发展的人提供了物质保障。个性的环境也能增强学生的包容心和对美好事物的鉴赏力。

（二）校园制度文化建设为批判性思维的发展规定了方向

校园制度文化体现了党和国家的方针、政策，蕴含着社会主义道德观念、行为规范、是非标准。它能使学生在制度的约束下实现对社会的理性把握，对他人

和自己的思想进行合理的审查，并进行理智的判断。校园制度文化建设实践证明，制度文化浓郁的学校能够在各项教育实践中发挥目标和价值导向功能，充分调动中学生的积极性，从而产生强大的凝聚力；并且，良好的制度文化必定是鼓励学生独立思考、大胆想象的。学生只有独立而且活跃地思考，才能用审慎、批判的眼光看待周围的世界，并真正发现问题。在这种文化氛围的影响下，学生才能真正地学会"反省的怀疑""有根据的判断"，提出新问题，探索和发现解决问题的办法。而制度文化缺失的学校，则往往在各项教育实践活动中忽视人、命令人，甚至压制人、挫伤人的积极性，最终必然导致学生丧失进取心，缺乏创新精神和能力。高尚、健康的制度文化能从"以人为本"的角度出发，注重中学生的主体意识和自主能力，满足学生的需求，体现出大多数学生的利益和思想倾向，折射出"人性"的光辉，彰显人文关怀的思想。

（三）校园精神文化建设促进批判性思维评价功能的形成

一般来说，任何一所中学都应该有自己的校园精神，它是以一种凝练的语言体现出这所学校的历史传统、办学思想和精神风貌。一种校园精神一旦形成，便具有强烈的导向作用和感染力，使置身校园中的师生耳濡目染、潜移默化，发挥着巨大的教育力量，并且，这种校园精神也成为师生荣誉感和责任感的渊源。

良好的校园精神是中学生团结向上的动力，它的作用往往超过一般的说教与制度纪律要求，它像催化剂，促使中学生批判性思维的形成。良好的校园精神具有正确的舆论和示范导向作用。正确的舆论是集体对个体行为的评价，这种舆论对良好的行为予以赞扬，对错误的、不恰当的行为予以谴责，这正是批判性思维既有否定性的批判也有肯定性的评价功能的体现。它能督促和约束学生按合理的规范要求去进行思考和实践。

充满批判的、质疑的校园精神也能更好地促使学生在继承前人成果的基础上大胆创新。学生在校追求的才会是真正的知识，而不仅仅限于教师所提供和传授的内容。他们也才会真正体会到亚里士多德所说的"我爱我师，我更爱真理"的含义。

三、校园文化建设为批判性思维培养提供了重要的载体

当代中学以课堂为中心的教育方式正在逐渐弱化，代之以学生为中心、以实践为中心的现代教育方式日渐兴起。中学的社团文化、班级文化、宿舍文化以及第二课堂活动成了中学生批判性思维培养的重要载体。处于信息时代大环境下的教育工作者，更应该利用这些载体教会学生独立思考，对各种信息进行过滤筛选，有选择地接纳吸收，提高学生分辨真伪、区分善恶的能力。

（一）社团文化有助于提高学生思想

中学生重视情感体验，不愿意接受空洞的说教。宽松、和谐、融洽、亲切的社团文化，很容易被中学生接受。中学生参加积极有益的社团活动，可以使他们的情感与思想情操得到陶冶，从而提高个人修养，树立正确的世界观、人生观和价值观，有利于中学生缜密思考、科学分析、合理选择，做一个有自己的信念、见识、见解，能够抵挡各种诱惑的人。

中学生适当参与学校社团的管理，会让他们逐步养成以事实为依据，用科学的态度和审视的眼光观察事物和思考问题，以及探寻新思路，找到解决问题新途径的批判性思维习惯。批判性思维的形成不仅要有批判性思维的态度和知识，还应有在此基础上的应用实践。频繁的社团活动和对外交流，可以使中学生积累起与人交流的经验，社会交往能力就会不断提高，他们的意志力、表达能力、思维能力都可以得到发展。参与活动主体的思维活动要能够根据时间、地点、条件等变化进行整理或改变。同时，策划与组织社团活动也是中学生主动地、有选择地接受外部刺激的过程，能使所学知识不断得到强化，激发了再学习的兴趣，从而形成勤于思考、大胆创新的良好习惯。自主、自由、民主的社团文化有利于培养中学生的健康人格，轻松愉快的心理环境能够满足其归属感，而社团中所产生出来的集体力量又约束学生自觉调节自己的行为，帮助学生合理地认识自我，理智地调控自己。自我调节与监控是批判性思维的核心和重要的基础，它们直接影响批判性思维的形成和发展。

（二）班级文化为批判性思维能力的培养提供滋养

班级文化是班级成员通过多种活动形成的集体心理氛围、班级组织和交往的行为，以及通过班级所体现出来的群体价值取向、意志品质和思维方式、思维能力等。班级文化是一个班级的灵魂，是每个班级所特有的。良好的班级文化不是自发形成的，而是以班级的学生为主体有意识地加以培养，假以时日共同努力的结果。班级文化的创建过程实质上也是批判性思维能力的培养过程。

确立班级文化的特色，既要根据学生自身的不同特点，又要体现本班级的文化价值取向、思想品德内涵等。这里反映出了集体的价值取向，同时也有班级成员特点的分析和评估。另外，从提出确立班级目标这个问题到实际操作上应采取什么样的方法才能更好地达到目的，也是班级成员集体批判性思考的结果。建立班规和评价机制，必然是各位班级成员将建立班规的信息进行筛选、评估、综合的过程。班级成员有意识、有组织地参与多种多样的活动，凸显特定的文化价值与意蕴，有利于班级成员在思想、行为规范、情感价值上逐渐趋同，形成稳定的、主流的班级文化。

第二节　校园文化中的校园物质文化建设

一、校园物质文化的含义

校园物质文化是校园文化的一部分，是学校师生物质文化活动的产物。是学校为适应社会的发展，由学校全体成员在学校这个特定的环境中，有计划、有目的地为实现教育目标而创设、积累、共享的物质体和物质环境，是校园精神文化的载体。校园物质文化包括校园规划、校园建筑、自然环境、教育教学设施、人文景观、活动场所等各个方面。

二、校园物质文化与校园精神文化的关系

从文化形态学的角度出发，可将校园文化分为物质文化、精神文化两个主要层次。物质文化包括校园建筑、自然环境、教育教学设施、人文景观、活动场所等方面。精神文化包括学校的文化传统、人文精神、办学风格、价值观念、规章制度、行为规范、道德约束、交往方式等。两种文化构成校园文化的整体，彼此联系、相辅相成、和谐发展。物质文化是载体，精神文化是核心。物质文化是整个校园文化的基础。

三、校园物质文化建设在校园文化建设中的地位和作用

校园物质文化是校园文化不可分割的重要部分，具有学科教育所不可替代的特殊作用。一个学生从进校到离校，几乎每天都生活在校园物质文化的氛围之中，无论课内、课外、个体活动、集体活动，物质文化环境总在无声无息地影响着他们，伴随着他们成长。所以中学校园物质文化建设在校园文化建设中具有十分重要的意义。

（一）校园物质文化是校园文化建设的基础

校园文化主要包括物质文化和精神文化两大基本方面。精神文化建设离不开物质的承载。校园物质文化不可能单独、无意义地存在，总是为学校教育服务，具有一定的功能和意义，在体现功能的同时具有教育的意义。校园物质文化本身一方面承载着校园精神文化而力图体现一种文化属性。如校园应给人健康、活泼、积极、向上、充满活力、反映时代气息的形象，符合青少年身心特征。21世纪是一个以知识智力和创新能力为基础的知识经济时代，人的知识、智力、创新能力将成为时代和社会发展的主要源泉，学校必须创造使学生在接受知识的同时能提

高其他各方面能力的环境，以良好的校园文化氛围潜移默化地熏陶和影响学生，这是学校物质文化的特性。另一方面，物质文化作为人意识活动的产物，从本质上讲是人的意识活动和社会存在的反映。不同的地理、气候、社会环境影响人的思维活动，对物质文化也产生直接的影响，当然还受不同的历史、经济、地域等因素的影响。因此物质文化本身是随着社会存在的发展而不断变化的。多层次、多角度地反映人的意识活动和时代特征是物质文化的共性。没有物质文化建设的基础就不可能进行精神文化建设，反之亦然。可以说，校园物质文化虽然不是整个校园文化的核心，却是整个校园文化建设的基础。

（二）校园物质文化具有学科教育无法替代的重要作用

校园文化的作用可以归纳为四个方面，即导向作用、约束作用、传承作用、陶冶作用。物质文化也同样具有上述作用。校园物质文化的导向作用就是校园物质文化环境能够引导师生员工去追求这一文化所表达的理想，实现学校所确定的目标。校园物质文化的约束作用指的是学校营造的物质文化氛围和环境，对学校师生员工的思想和行为起着约束作用。校园物质文化的传承作用有两个方面：一方面，它将学校师生员工创造的校园物质固化下来代代相传；另一方面，它吸收融合社会主导文化及承袭以往的优秀校园物质文化，并加以革新、改造，再流传下去，发扬光大。

校园物质文化的陶冶作用是指通过学校营造的物质文化环境给人思想、性格有益的影响。青少年学生处于生理、心理变化的时期，思想活跃，易接受新鲜事物，也易被环境所影响。思想观点、政治态度、道德观念均含有极大的不稳定性和模糊性。对社会开放形势下出现的各种现象和产生的社会文化信息，他们缺乏辨别筛选能力，受"从众""模仿"等社会心理的支配，容易产生思想上和行动上的盲目，甚至误入歧途。学校教育的本质，就是进行文化传递，使学生通过对文化价值的鉴别、摄取，获得人生意蕴的全面体验，进而升华自己的人格和灵魂。在这方面，校园物质文化具有独特的功能。校园物质文化创造了一个陶冶人心灵的场所，与其相适应的优美、整洁、有秩序的学习、工作、生活环境，对生活其中的每个人起着陶冶情操、规范行为、引导思想的作用。通过陶冶、凝聚等内化力量，给学生的成长提供优越的精神土壤，同时抑制不良的心理、行为和习惯的滋长，使他们在校园文化的导向下，正确选择社会信息，接受先进思想，逐步健康地成长起来。学校物质文化所创设的良好、舒适的环境，能消除某些学科教育所引起的逆反心理，收到正面教育所不能达到的效果。在实际生活中优良健康的、积极向上的校园物质文化环境，犹如"无声润物三春雨"。学校新成员一旦踏进校门，就会被一种物质文化气氛所笼罩，自然而然地受到影响接受濡染，从而逐步形成与校园精神合拍的道德风尚、行为习惯、人格风度。这种作用是无形的，又是无所不在的，其影响巨大而深远，在时间上也特别长久，甚至在人的一生中一直发挥作用。

（三）校园物质文化是素质教育的重要内容和手段

当前，我国的教育改革正在步步深入，素质教育已取得重大进展。新课程教学改革要求学校教育由面向考场转向面向人才质量，由面向少数尖子学生转向面向全体学生，由偏重智育转向德智体美劳诸方面全面发展和能力提高。加强校园文化建设同实现上述转变有着密切关系。诚然，素质教育要求人的全面发展，但其本质不是加点音体美的问题，也不是减点负的问题，更不是取消考试和百分制的问题，而是整体运用一切可用的方法手段，来促使学生全面发展和提高能力。校园精神文化、校园物质文化既是素质教育不可缺少的内容，也是实施素质教育的重要手段。校园文化在从知识性教育向发展性教育的转变中，承担着越来越重要的作用。有着环境熏陶作用的校园物质文化，在素质教育方面有其天然的优势，主要表现在校园物质文化可以营造一种优美、文明、健康、高品位的学习和活动环境，良好的环境有利于学生良好行为的养成，和谐的人际关系的形成，能培养学生较强的心理适应能力。在设置的集体活动空间开展大型活动，能培养学生的集体意识和协作精神；在设置的文艺、体育、休闲、娱乐等不同空间开展各类活动，能提高人际交流的能力，培养学生的健康个性，促进学生的心理健康。学生置身于优美的校园环境中会感到心旷神怡，能暂时逃离"神经紧张，甚至心烦意乱"的境地，在轻松的心境下，打开心窗增强进取心，从而自愿接受困难的挑战。校园物质文化有利于培养学生正确的审美观。爱美是人的天性，中学生也不例外，但由于处于青春期这个特殊阶段，他们在追求美的过程中又存在着明显的弱点：追求美却不善于识别美，常把新、奇、特视为美，甚至误以为美只追求外在，而不追求内在，往往认为仪表的漂亮就是美，而不懂得美具有广泛复杂深刻的内涵。而蕴涵深远的校园物质文化有利于培养学生正确的审美观，提高他们鉴赏美及创造美的能力。

四、中学校园物质文化现状分析

校园、校园文化、校园物质文化同时存在，在人们没有认识到校园物质文化重要作用的时候，校园物质文化只是自然地承载着校园的功能，反映学校的精神风貌。不同的时期，人们的精神面貌不同，校园物质条件不同，学校活动内容的重点不同，构成的校园物质文化也不同。我国的校园文化在20世纪90年代才开始受到注意，但限于当时的物质条件和认识层次，并受当时社会经济、政治、文化大环境的影响，整体水平并不高。经过多年的努力，中学校园物质文化建设有喜有忧。

（一）中学校园物质文化建设的成绩

1.物质文化建设在校园文化建设中的地位越来越重要

随着教育改革的深化，各级领导已充分认识到中学校园文化建设的重要性，并着手采取切实可行的措施来抓好校园文化建设。教育部发了《教育部关于大力加强中学校园文化建设的通知》，要求各级教育部门加强领导、认真部署、列入日程，采取积极有效的措施推进这项工作。力争经过努力使绝大多数中学拥有体现鲜明教育内涵和特色的校园文化环境，部分地区将中学校园文化建设列入工作计划，督促学校认真抓好，并将其作为对学校领导考核办学效益、评估学校等级的一项重要内容。各中学也在办学指导思想和工作计划、工作总结中将校园文化建设摆在重要的地位。

随着国家经济的快速增长和基础教育地位的不断提高，各级政府也加大了对教育的投资，尤其加大了对校园环境和设施建设的投入。目前大多数中学的校园物质环境都有了明显改善。各中学已普遍重视校园物质环境的建设，如教学楼、实验室、电脑房、语音室、阅览室、篮球场等，已是大多数学校必备的了。条件好一些的学校还配备了闭路电视、体操房、体育馆、游泳馆、多功能厅、劳技工场等设施。在建设过程中注重校园规划和建筑风格，讲究室内环境和校园绿化，使校园建筑格调一致，赋予校园建筑教育的意义，使校园具有优美的自然景色和人文景观。利用校舍内部的走廊、内庭、平台等室内环境，设置书法角、画廊、小舞台，宣传栏等为学生提供活动空间。校园物质文化建设逐步成为校园文化建设的重要组成部分。

2.具有校本、地区、开放特色的校园物质文化正在形成

许多中学都重视校风的建设，都有自己的校训、校歌、校徽、校旗、校服等，并围绕核心价值观进行整体设计，通过校园规划、校园建筑风格、校园景观、校园绿化、小品等多种形式向全体师生灌输学校的办学理念，力求形成具有本校特色的校园文化。一些名牌学校因悠久的历史和优良的传统构成校风的文化底蕴而赢得了社会的声誉。不同地区的学校由于地理环境、气候状况、文化风俗的不同，校园物质文化建设的风格自然也不同。物质文化建设好的学校注重把优秀、传统的地区文化融入学校物质文化建设中，通过具有地方特色的校园建筑、景观、小品、绿化等体现地区和历史的特色。现今的中学除保持传统文化外，还积极接纳西方文化和港台文化，努力做到"古为今用，洋为中用"。

（二）中学校园物质文化建设不足之处

1.对校园物质文化建设的总体认识较低

当前我国的中学教育没有实现真正意义上的素质教育，一些学校的领导和教师，在升学率的强大压力下，抓智育和升学竭尽全力，但对校园文化建设很少考虑。另外，课程陈旧且设置不尽合理，没有体现出九年制义务教育的弹性和宽容。以学科竞赛和考试成绩作为衡量学校好坏的标准，造成学校只重视有竞赛任务、升学考试任务的学科，削弱了与提高人的素质相关的人文教育和文化艺术教育。此外，巨大的学习压力和繁重的课外作业也影响了学生开展学习以外的活动。这种状况造成开展全面素质教育，进行校园文化建设不充分不彻底的现状。问题之一就是对校园物质文化建设的认识和理解不足，普遍认为物质文化只是校舍内部的布置和校园绿化、美化。对物质文化建设的意义、内容、要求没有深刻的理解，进行物质文化建设时只注重使用功能的体现，不重视文化、教育功能的体现。

2.校园物质文化建设松散无序，缺乏整体设计和综合管理

目前，校园建设情况远远不能令人满意。除了经济因素的制约外，还在于营造者仅能从实用性出发，不能从教育的目的性出发去认真考虑如何使校园建设具有使用和潜移默化教育的双重功效。主要表现有：一是建筑及设施陈旧。农村、边远、落后地区的中学校舍已相当落后、残破，不能适应现代化教育的发展需要，有的甚至岌岌可危，连遮风避雨的实用功能都无法保证，更不用谈体现文化教育功能。二是布局零乱没有整体规划。由于资金、发展、变更等原因，许多校园不能一次设计施工完成，又没有统一的规划，致使校园建设无序、凌乱、布局不合理，没有文化、艺术特色，不够美观和谐。三是设施短缺。"目前我国校园建设的突出问题是地皮紧缺，操场过小和没有操场的学校很多。没有专用的劳动场所、美术教室、音乐教室及其他功能教室的也比比皆是"。这些最基本的设施都不能完备，更不要说现代化的各种教育设施和场景。四是管理水平较低，没有综合管理的能力和意识。我国中学的整体管理水平不高，人浮于事，出工不出力，"铁饭碗"的现象比比皆是，从而影响了校园文化建设的整体规划和管理的水平。

3.校园物质文化的教育功能没有得到充分体现

许多学校在校园环境建设上一味贯彻"领导意志"，很少听取专家和师生的建议，政治口号充斥校园，单调枯燥，失去了校园应有的文化、艺术色彩。另外，将校园文化建设局限于校园精神文化建设而忽略物质文化建设，没有弄清楚物质文化与精神文化的关系，对物质文化在校园文化建设中的地位重视不够。许多学校的校训或校风建设口号大同小异，往往是"团结、奋斗、求实、创新"，或是"拼搏、超越、踏实、奉献"，体现不出学校的特色，也难以形成一个核心的价值观。在不明晰的精神文化建设的前提下，物质文化建设也难有方向。另外，不少学校为了应付上级检查或评估上等级，不顾本校实际情况而照搬他校的文化建设特色：墙上贴瓷片，改建大门，空地建雕塑，搞盆景等不伦不类。校园物质文化建议中的盲目和随意性，使物质文化建设很难围绕核心价值观体现精神文化，不能充分体现文化和教育的功能。当前学校和社会提供的适合中学生特点，能满足他们需要的课外活动场所和环境比较缺乏，切实的帮助和指导也不够。中学生大多不太满意现有的设施，校园物质文化不被吸引。而与学校教育有关的图书馆、博物馆、青少年宫和其他文娱场所，都在利益驱动下以赚钱为目的，服务质量较低，更谈不上教育的导向和功能。

4.校园物质文化建设中学生主体地位的体现欠缺

"以学生为主体"的概念，具有具体的实践性和鲜明的针对性。我们提出以学生为主体的教学指导思想，至少有以下几点含义：

（1）通过他们自己进行听、看、想、说、做这样一些实践活动，去主动地学习和掌握教师所传授的知识。

（2）有目的、有计划地全面发展自身素质，充分表现个性才能，核心在于使学生成为学习的主人。以学生为主体的校园物质文化建设的指导思想是学校校园物质文化建设的每一个方面，都要考虑学生身心发展的需要，以学生发展的需要作为工作的出发点，学生是教育、管理、服务的中心和主体。许多中学在校园物质文化建设方面缺乏人文精神，在符合社会规范与追求发展和超越的关系上比较片面。只强调适应和服从社会规范，忽视积极发展个体素质，忽视帮助学生超越自我和抵御社会消极因素的影响。例如，在校园规划和校园建筑方面较为僵化，只注重建筑技术方面的要求和规范，或只重视使用功能的体现，而忽视能让学生愉快接受的潜移默化的教育功能的体现。在校园建筑的布局与色调搭配，校园的绿化与美化，校舍内部的陈设布置，体现校园精神文化的校训、校徽、校旗、校歌、校服的设计等方面，各中学很少甚至没有征求教师和学生的意见，一切由上级部门和学校领导说了算。这就显然缺乏人文精神。不了解学生的愿望就不能满足学生的愿望。只有被动接受，没有主动参与，这就偏离了校园文化建设和素质教育的方向，从而使学生失去了追求美好目标的积极性和成功的喜悦。

5.校园物质文化建设研究薄弱

在校园文化的研究中，中学校园文化研究相对薄弱。一方面，大多数的校园文化研究是针对大学校园文化的，因为从事校园文化研究的大多是大学教师，他们身居大学校园，对中学校园文化比较生疏；另一方面，中学的科研力量一直较为薄弱，且在应试教育指挥下校园文化研究得不到应有的重视。对作为校园文化组成部分的校园物质文化的专题研究几乎没有，且对校园物质文化的研究多限于校园绿化、美化。有少数文章在论及校园物质文化时涉及讨论到校园建筑，但也只是浅表地讨论，没有深刻地研究。对校园物质文化的其他内容几乎没有论述的文献。近几年随着教育改革和推进全面素质教育，中学对校园物质文化的建设与研究才开始得到重视，经济发达地区的部分学校率先做出了有益的探索和实践，并取得了一定的实践成果，但整体研究水平并不高。

五、中学校园物质文化建设的原则

（一）加强研究整体规划的原则

研究和规划往往是事物科学合理的基础。在上级教育部门重视与支持校园文化研究，加强科研力量和与高校专家学者合作交流的基础上，要充分调动广大中学教师开展校园文化建设研究的积极性。坚持以校为本，以学生为本，强调贴近学校实际和学生生活，搞清楚校园物质文化建设的基础问题，指导学校进行完善的、全面的校园文化建设。

校园文化建设最终要强调整体效应，要求达到整体优化。校园文化是由各部分组成的有机结合的整体，校园文化的最初建设可能是突出各组成部分，但从校园文化建设的结果来看，整体性是最重要的。校园文化建设的整体性不是各组成部分简单地相加，而是追求一种有序的、有机的、优化的整体建设。校园物质文化建设是校园文化建设整体的一部分，服从校园文化建设的整体发展趋势。中学要将校园文化中的"物质文化"和"精神文化"进行整体设计和规划，以"物质文化建设为基础，精神文化建设为核心"，制订校园物质文化建设的发展规划。

全面考虑学校教育和社会、民族、时代、地区、可持续发展等因素的关系，因地制宜，摒弃过分的政治色彩和应景性的干扰，形成自己的建设特色。把散乱无序的校园物质文化变成一种有目的、有计划、有组织、综合有序的潜在优良的文化课程，增强育人效果。

（二）以人为本体现主体的原则

文化的本质是"人化"。以人为本不仅指校园文化要表现人的真、善、美，还指文化建设也要依靠人，是依靠学校全员创造真善美、表现真善美、享受真善美、获得真善美的过程。校园物质文化建设同样要体现人性，体现人的精神面貌。校园物质文化建设，归根结底是要教育为全体教职员工服务，提高师生员工的素质。学生是学校工作的对象，是校园文化的主体。全面提高学生的素质，是校园文化建设的出发点和归宿。了解学生需求，全面考虑学生的成长，使校园的每一部分都成为学生学习、活动所喜爱的空间和场所。建设过程中充分发挥学生的主体作用，以学生的需求为工作的出发点，调动学生自觉、主动的积极性。让他们参与校园物质文化建设，发挥他们的潜能和创造力，校园文化活动必然会生机勃勃，学生本身也可得到全面的发展。诚然，校园文化不是"校园学生文化"，教师在校园文化中具有主导地位，他们也需从校园文化中吸取营养、增长才干、提高素质，但教师参与校园物质文化建设活动的目的，主要是为了更好地起到指导作用。

（三）突出特色因校而建的原则

建设校园物质文化，要从学校自身的实际出发，努力形成学校的特色。这种有特色的校园物质文化，既包括学校建设历史，学校管理的特点，杰出校友的贡献，也融合地域文化特点、民族文化的特点，还要体现时代精神、学校精神、学校追求。尽管校园文化是社会文化的一部分，受社会文化的制约，但人总是生存在现实环境之中，特定文化的影响更直接、更深刻。真正有生命力的校园物质文化是根植于学校现实土壤之中的，是不断发展变化的校园精神文化的承载。特色文化使学生一进入学校就能受到它的感染、熏陶和影响，自觉、不自觉地融入其中并努力丰富和创造它。建设具有特色的校园物质文化要因校制宜，依本校历史、文化传统、文化工作队伍、文化素质、文化设施、文化环境等因素的实际情况，在诸多方面努力。尽可能地发挥学校的优势，努力形成自己的特色文化，突出自己的特色，发展自己的特色。只有这样，才能调动师生员工参与的积极性，才能形成具有学校自身特色的校园文化，繁荣校园文化。

（四）注重内涵形成文化的原则

校园物质文化建设的内涵是指物质文化建设必须有目的、有计划地体现某种"思想"，即与校园精神文化有机结合，以校园规划、校园建筑、校园设施、校园自然环境等为物质承载，体现校园精神或校园精神文化。当然学校也必须有明确的精神文化的建设目标。精神文化建设和物质文化建设绝不是"两张皮"，是"形"和"神"的关系，是"形"和"神"的统一。在统一的过程中形成良好的校园文化，改变人的精神面貌，提高人的素质。不可否认，好的教育、不好的教育都是教育。同样的道理，主流与非主流的文化都是文化。无论是被建设，校园文化都是存在的，都以自己的方式发挥作用、影响学生。形成文化是指校园物质文化建设要有意识、有目的、有计划地形成与社会进步或主流文化相一致的，有利于教育目标实现校园物质文化。

（五）根据实际注重节约的原则

校园物质文化建设的基础是经济和物质条件，怎样在具有同样经济和物质基础条件的情况下，使校园物质文化所创设的物质文化环境，不仅具有使用的功能同时还具有教育的功能。营造出效果更好的文化环境，是对中学校园物质文化建设研究的一部分。中学校园物质文化建设，要根据学校自身的条件和经济情况在财力允许的情况下，本着务实、高效、节约的原则进行。在中学物质文化建设中既要避免盲目攀比、华而不实、奢华浪费、不具有教育意义的建设项目盲目建设等现象，同时也要避免仅有"使用功能"而无美观和教育意义可言的呆板单调、平面机械的校园建筑和校园环境项目的建设。要把有限的建设费用充分地使用好，使校园物质文化环境具有教育的功能。

六、中学校园物质文化建设的内容及要求

（一）规划具有整体性和延续性的校园

1.选择符合学生身心健康的校址，改善周边环境

校址的选择要从育人的角度出发，考虑学生身心健康。学校要建在幽静、宽敞、向阳、空气好、交通便利的地方，远离传染病医院、垃圾场等有严重污染的场所和酒吧、饭馆、游戏厅等有噪声的场所。"近几年随着城市化水平的提高，城市扩容的加快和旧城区改造，城市原有格局发生了前所未有的整合，在此过程中，中学分布出现了二级格局：一部分在城市中心区，另一部分迁至近郊或新区"。滞留在中心区的校园淹没在城市中，此类学校历史相对悠久，地块狭小，设施拥挤，各历史时期的不同建筑格调不一，不存在选择校址的问题，但改进任务艰巨。可以结合旧城区改造，体现历史文化的积淀和连续性；还可以基于传统校园的历史记忆或人文景观，改进校内环境弥补校址的缺陷，在校舍的建设和绿化方面下功夫，人为地创造良好的自然和人文环境；也可以挖掘周围传统文化特质，提升校园形象。改建迁至近郊或新区的校园，用地富裕、周围约束少，选址和建设可以充分考虑时代发展、学校风格、文化特色等因素，做到严谨、大胆、活泼、不拘一格。

2.规划相对整体和可持续发展的校园

校园规划是针对学校整体、新建或改建的教学和服务体系，考虑各种因素作出分析、规划、设计，使资源合理配置，建成后能有效运转并达到预期目标的系统工程。校园规划是综合学科，与城市规划有类似之处又有本身的特殊性，与社会和科技的发展有着密切联系。"传统的校园规划注重终极的完整规划，注重校园的最终结果和物质形态。而随着社会、科技的发展，要求学校在规划布局、教学设施、课程设置等方面不断更新和拓展，会打破原有的规划，造成布局的混乱。"校园规划是一个相对整体又具有延续性，不断适应社会和科技发展，适应教育模式发展的动态过程。

校园规划除了要满足学校的功能和秩序、交通组织、校内环境、单体建筑等整体性因素的需求外，为达到有效利用设施、空间、既有资源，缩短基建工期，降低设施投资，为学生和教职员工提供方便、舒适、安全的学习和工作环境的目

的，还要遵循低密、高容、立体化、智能化、标准化和模数化等，多功能综合利用的原则，达到校园可持续发展的具体规划目标。例如，"使建筑空间典型化，建筑面积和房间组合标准化，结构和构造模数化，这样就可以保证建筑单位或组合体随未来的需要灵活变动"。

（二）建设具有文化和教育性的校园建筑

1.使校园建筑在功能、美感、含义方面统一

校园建筑的功能最主要的是要提供一个可用于教学使用的遮蔽物。据此，建设者最终目标是要设计和建造可用的校舍。所谓校园建筑的美感是指建筑不仅是一件实用的人造物，更是一件艺术品，以其艺术价值激发人的审美情趣，从而在人的成长过程中发挥教育作用。校园建筑的含义是指建筑作品有表达深层含义的企图，如反映时代精神、社会现象、风土环境、学校历史、校风等。但不可忽视的是，由于校园建筑环绕在历史、社会、风土、人文等脉络关系之中，要考虑的相关主题十分复杂，实际上校园建筑的本质是功能、美感与含义的统一体。只达到建筑物机能需求而建造了一栋"可住""可用"的校舍，绝非一件建筑作品，除了要理性地解决功能需求之外，还要使建筑具备的美感和深层含义能陶冶情操。这也是为什么建筑自古就是艺术领域中一员的原因。建筑在功能、美感与含义上的统一，是建筑师与使用者共同关注的课题，也是评价建筑成功与否的客观标准。

（1）校园建筑的功能充分满足学生身心健康发展的要求。校园建筑首先要满足"使用"的需要，满足教学使用的需要即学生身心健康发展的需要。传统的校园布局结构一般严格按功能划分区域，由教学区、学生生活区、学生活动区组成。不同功能的区域有不同的需求，根据功能的不同要最大限度地满足使用的要求。校园建筑要与自然因素达成和谐的关系，除了要消极地抵抗暴风和烈日之外，更积极的因素是要将自然的条件如清风和阳光引入室内，满足人使用。自然的风和光可以直接通过建筑物的开口门窗进入室内，还可以间接地引入室内达到健康身心的效果。例如国外有些中学就利用顶窗，使自然光线因为太阳位置的移动在方向和强度上随着改变，在室内产生光影的变化，使建筑物因光影和人潮而活跃起来。单调的室内光环境有静穆、温暖、明亮、昏暗等不同的感觉，不仅满足了功能的需要（适合学习），也满足了儿童在学习过程中的其他需求。在都市化程度很高的地区，学生看到的大多是人造物，因此只要校园建筑附近具备了良好的自然视野条件，建设者便应努力不懈地利用各种可能的方式，使建筑掌握这项资源，创造有利健康的学习环境。在其他方面也要考虑不同生长阶段学生活泼好动、好奇探索等因素，建造出健康愉悦的建筑环境有利于学生身心的发展。

（2）校园建筑的美感遵循与社会主流价值取向协调的建筑美学。"当我们论断

建筑的美丑时，主要审视的是它的外表形式，也就是呈现在我们眼前的建筑外貌。如何看一栋建筑物或是如何欣赏建筑的美？这个问题就好像是在问米开朗基罗的画为什么好和柴可夫斯基的音乐为什么动听一样，没有一个简单的答案。他们的美好是由于许多要素共同发挥作用而获得的一个完美组合。建筑美感的要素众多，其中主要包括比例、尺度、平衡、对称、韵律、统一、变化、对比、色彩、质感等。"校园建筑设计的美学倾向与社会主流价值取向应协调一致。蕴涵于校园建筑中的美学观念会被学生逐渐感知，从而影响他们的价值取向和审美观，这是非常重要的。

2. 校园建筑要体现以教化为目的的文化职能

（1）营造健康、轻松、愉悦的建筑环境。弗洛伊德认为，人类的思想和行为都根源于心灵深处的某种动机，当这种欲望式动机受到压抑时，会导致行为异常。"可以预想现在司空见惯、千篇一律的军营式布局的校园，会扼杀多少活泼好动的中学生的创造力。"校园应该是学生成长的乐园，而不是灌输知识的工厂。校园建筑不仅要满足功能的需要，还应从学生成长所需的感受去审视设计，创造学生喜爱、舒适、有利于成长的环境。例如中学校园建筑的台阶、栏杆、走道拦板、局部色彩等细节都要考虑学生身高、攀爬、好奇、新异等特点，降低台阶踏步高度、设置双扶手适应成人教师和学生的共同需要。不少建筑简单地将走道拦板固定在建筑设计规范要求的地方，而没有任何高度、曲线、色彩的变化，未成年的学生在这种只能探头观察世界的单调拦板面前，恐怕也难有愉悦感。国外的一些中学，建设中注重建筑环境的营造，例如由教育家和社区成员参与设计的亚利桑那州盐河印第安社区儿童教育中心就是如此。该中心是以"迷宫中的人"的象征意义来组织建设的，体现了印第安文化灵性的"迷宫中的人"，讲述了人类生来就要面对各种各样的选择，一生中要做出很多决定来选择自己要走的路。建筑语汇对教育意义的表达，与儿童喜爱的活泼形式相结合，就营造了许多健康、轻松、愉悦的建筑环境。

（2）设置有利于学生交往的建筑空间。人的社会属性决定人不可能离群而居，必须学会在社会上与人交往，学会互动、交流，在交流中展现自我，获得社会的承认，从而实现个人的价值。这个过程是在孩提时代就开始的。年少的孩子喜欢共同嬉戏，在游戏中学会遵守游戏规则并获得经验。更大一些的孩子则喜欢在共同参与中展示自己的特长和才华，这些特点在中学校园建筑中应该得到体现。通过建筑的围合处理，将校园建筑之间的消极空间变为学生乐于参与的积极空间是很有价值的。

（3）创造富有时代特色、生机勃勃的建筑形象。"回顾近代教育的百年历史，校园建筑的平面化方盒子式正在被抛弃，长外廊、平屋顶、三四层的校园建筑形象正在被瓦解"。校园建筑形象呈多元化趋势，新材料运用，单一形体突破，在民营和私立学校初见端倪。建筑的功能和含义从多层次、多角度得到挖掘与提炼，这就要求建筑的形象要回归到本质属性上，体现多样、互动、开放、自由、活泼的要求，这样才能反映时代特征和气息。中学校园建筑应具有特定的气质，建筑外观纯净、健康、富有情趣和个性，不奢华、矫揉造作。就学校的建筑风格和校园的结构特色而言，现代化的建筑群和精巧别致的校园结构往往是校园文化中积极进取、开放创新倾向的构成因素；古色古香、典雅凝重的建筑群和曲径通幽的校园结构是校园文化中严谨求实、深沉渊博倾向的构成因素。富有特色的建筑形象可以塑造校园的良好意向，加强学生对校园文化的认同感，归属感，增强凝聚力。生机勃勃的建筑形象令人振奋，激励学生求学进取。校园建筑错落的组合、独特的造型语汇等丰富的视觉形象，可以满足学生这一发展阶段独有的好奇心和探索欲，引发学生的思考、探索，获得他们的喜爱。唯有如此才能营造良好的环境，潜移默化地感染学生。

（三）营造具有美育精神的校园环境

1.教学设施的功能区划科学合理

校园设施是指为满足学校的教育工作而建立起来的校园建筑、活动场地等。教学设施的功能区划一方面要考虑学校内部的环境与外部环境的关系，另一方面要考虑景观与功能的需求，根据需求布置教学区、运动区、休闲区、生活区等。由于各功能区的需求不同，建筑高度、体积、色彩、周围环境等必须考虑变化，使之与功能匹配，具有层次和深度感等。布局上形成生态景观中心，使校园内各功能区具有各自的景观环境和特色，使形状和空间相互和谐与联系。

2.人文景观体现学校历史和地区特色

景观是指某地或某种类型的自然景色，也泛指可供观赏的自然景物，人文景观是人为创造的具有人文知识和审美价值的景色、景物或文化现象。校园景观是一个运用文化、艺术、技术手段组织的理想的环境，最大限度地满足教育的需要是校园景观的最大追求。校园是育人的地方，具有特定的场所精神，景观元素正是表达这种积极向上、富有朝气和带有启迪性环境氛围的素材。学校的人文景观是有目的创设的具有教育意义的人文环境，体现学校历史、地区特点、时代精神。不能千篇一律，只用抽象雕塑和方块绿化替代。近些年对第二课堂的提倡对校园环境建设提出了新的要求。景观对个体的成长，特别是对人的精神境界、文化品位、审美能力、道德情操有重要影响。丰富的室内外人文环境能促进学生多层次交流，便于培养学生的能力。结合校训、校风的景观能在思想品德、审美情趣、环境意识、行为方式等方面潜移默化地教育与熏陶学生。非课堂的培养往往使在此受教育的人终生难忘。

反映学校历史的优秀人物和事件或具有特殊意义的雕塑、园林、场馆，以特殊事件、时期命名的建筑物，体现学校历史的古老设施、建筑，具有学校自身特点的活动、休憩、绿化角落，校舍内设置的美术、书法作品等都是反映学校历史和特点的人文景观，具有丰富的内涵及教育意义。不同地区学校的人文景观可以结合地区特色。

江南地区古典园林风格的校园建筑和绿化；炎热地区校舍的开敞，宽阔的连廊、通风良好、光线充足、干扰较少的"品"字形教学楼；寒冷地区开阔的阳光走廊、广场、室内绿化、体育馆、游泳馆也都是反映地区特色的人文景观。景观不仅能满足"功能"要求，可供学生使用、调节情绪、感受舒适等，同时蕴含教育的内容。

3.创设校园休闲绿地和庭院

中学校园绿地和庭院是校园环境中与自然发生直接关系的一部分。建筑与自然、人与自然如何达成和谐的关系这一部分要重点考虑。突出实效：校园作为学生学习、生活的场所，特定的因素和使用主体决定了环境的基本特点。作为总体环境的一部分，校园休闲绿地和庭院除满足基本优化环境功能之外，其功能的实效性值得我们关注。一般来说，校园内的休闲绿地不会承担诸如大型集会、观光、儿童活动等功能，学生对其要求无外乎就是能够满足举行以班级为单位的小型聚会、小型活动、交流、读书、休憩等。因此布局上就应注重分析这些因素，以学生为本，创造出不同要求的多样空间。真正达到美观、实用。

（1）注重立意：有意无景，形同说教有景无意，格调不高。无论是绿地还是庭院，对于校园环境来说，寓教于景、环境育人显得更为重要。中国古典园林非常讲究意境美，现代社会也公认园林是艺术与科学的结合，创造人与自然和谐的环境是校园休闲绿地、庭院的目标。道路、水池边缘、山脊线、花坛及花境边缘等根据使用的方便尽量取自然的弯曲线，各种植物的种植不采取等距离，不栽成直线或几何图形，园内花坛、树坛、绿篱等平面构图不用几何图形或剪成规整的立体形状，虽由人作，宛自天然。绿地的小品如雕塑、亭、台、轩、榭等小场景，着重引导学生做人、做学问。鼓励攀登等立意植物配置要根据地理位置运用如松、梅、竹、荷、兰、桃、李等有积极寓意的植物。把自然与人的精神境界结合起来，在欣赏自然美的同时，通过自己的体验、认识、理解获得精神上的超越并从中得到启迪，获得思想上的认识与提高。

（2）时代特性：从表现形式上看，校园环境以清新自然、幽静典雅、尺度宜人为佳，最忌类似我国曾出现过的广场热、草坪热，大家盲目攀比，到头来不伦不类，毫无品位可言。校园内的休闲绿地在满足基本功能的前提下，易简不易繁，易朴素自然、色彩明快、构思巧妙，从造价上来说也比较经济，可行性强。同时考虑服务对象的要求，还应注意体现时代特征，运用现代的设计"语言"和材料表现主题，显现时代的风格。

（3）色彩和谐：校园环境应当是满目苍翠、鲜花盛开，以自然的色彩景观来消除学子的各种压力。创造宜人的室外学习环境离不开绿化，尤其是合理地配置色彩。校园休闲绿地在以自然颜色为主的基础上还应注重体现自然美、艺术美和意境美。春天鲜花烂漫，夏天浓荫匝地，秋天丹桂飘香、层林尽染，冬天绿意盎然、寒梅傲雪。更进一步讲，在绿化配置上还应考虑能够体现春华秋实的校园精神。

第三节　校园文化中的学校制度文化建设

一、学校制度与学校文化

对于"学校制度与学校文化"的认识，人们常陷入一种误区，把两者对立起来，或者把两者混为一谈，搞不清楚两者在学校管理中孰轻孰重。

正如上文所说的，学校文化是被学校成员普遍认可和遵循的具有本校特色的包括价值观、信念等内涵的观念体系，而学校制度是学校的规则体系。文化与制度是两个有本质区别的概念，但它们又不是丝毫没有关系的，二者有着密切的联系。韦森《文化与制度》一文中在社会大背景下阐述了文化与制度的关系，他将由个人的习惯、群体的习俗、工商和神化惯例，以及法律和其他种种制度所构成的综合体的制度视为文化在社会实存的体系结构上的体现、固化、显化和外化，而反过来把一个社会的文化体系视为历史传统背景下的种种制度在人们交流中所形成的一种观念性的"镜像"。

诚然，制度的形式千差万别，但从其形成来看，都是建立在某一文化形态价值观、信念和思想等基础之上的。这种文化形态对制度的形成、发展和创新有着至关重要的作用，它既是现实制度的精神形态和观念模型，又是它赖以存在和发展的理论依据和思想依托，在制度的发展中起着理论指导、观念支持和实践蓝本的作用。这种文化形态往往是由信仰、价值观或伦理道德观组成，它为制度的存在做出意义解释，并指导着制度的目标方向。然而，制度确立后对规定自己的文化形态也给予了极大的强化。制度会以各种方式和手段将自己所依据的文化形态渗透到社会或组织的各个领域，并使之内化为每个人的心理，强化和保障这种文化形态在社会或组织中的主导地位。而这些被制度所强化的文化形态则是一个制度不同于另一个制度的本质特性。总之，文化和制度有着相互依存、相互制约的作用。制度是文化的体现和外化，而文化是制度的精神和灵魂。文化规定制度的方方面面，而反过来，被文化所规定的制度又会对这种文化形态不断强化，使之得到巩固和保障。

同样，学校文化与学校制度在学校发展过程中也相互作用，二者相互依存、相互制约，有着密切的联系，这种密切的联系也是由学校中的人作为中介而形成的。学校文化通过影响学校成员，形成一定的价值观和信念，从而规定着学校制度，是学校制度形成、发展和创新的理论基础和思想依据，解释学校制度的存在意义并提供学校制度的目标导向。已形成的学校制度又不断保障和强化它所赖以形成的学校文化，将其内化并渗透到学校内部的各个领域，乃至每个成员的心理和行为中，巩固和保持其在学校内的地位。因此，学校文化是学校制度的"精神性"根源，学校制度是学校文化在学校存在中的"体现"和"显化"。当学校制度和学校文化高度融合之后，就形成了学校的制度文化。

二、学校制度文化的内涵

（一）学校制度文化的含义

学校制度是学校对其成员的行为规范，显然，不同的出发点，会有不同的规定，从而形成不同的规范——制度文化。如，西方国家的中学在行为规定上比较强调灵活，认为自由有利于学生的发展；而东方国家比较强调管束，认为严格的环境有利于学生成长，这缘于东西。方不同的文化背景。对学校制度文化的理解因对其理论渊源的深入了解而逐渐明朗化，对其概念的界定主要有以下几种：学校制度文化是指渗透于学校各种组织机构和规章制度之中、被学校全体成员认同并遵循、体现学校特有的价值观念与行为方式。

学校制度文化是指社会期待学校及其各类成员具有文化，包括信念、价值观、态度及行为方式等，它体现着社会对学校在文化方面的要求，并通常以国家或政府机关所颁布的与学校及其成员直接有关的法律、章程、守则和规定等表现出来。

尽管众学者对学校制度文化的表述不尽相同，但基本含义还是比较一致的。本研究比较赞同的是学校制度文化，简言之，即由学校制度所承载、表达、衍生和推动的文化，它是一所学校渗透在体系架构、规章制度、工作流程、岗位职责中的价值观念和风格特色，也是在生成和执行各类制度过程中折射出来的价值取向和行为准则。它是有形的制度与无形的价值的有机结合，一方面以有形的制度作载体，另一方面以无形的价值在学校的诸多领域体现出来，不仅体现在制度本身，而且通过制度实施，体现在一切结构、组织、形式、过程、方法、技术、行为方式、人际关系、心理氛围之中。学校制度文化越发展完善，无形价值在上述各领域的体现与制度所承载和推动的文化越趋同。

（二）学校制度文化与学校制度

学校制度文化和学校制度是既有密切联系又有区别的两个概念。学校制度文化强调的是，在学校的教育教学活动中建立一种学校成员能够自我管理、自我约束的制度机制。这种制度机制使学校成员的生产积极性和自觉能动性不断得以充分发挥，而学校制度是学校为了达到某种目的，维持某种秩序而人为制定的程序化、标准化的行为模式和运行方式，它仅仅归结为学校某些行为规范。因此，可以说学校制度文化是在学校制度的基础之上，逐步完善起来的。

而两者的区别则在于制度文化是用文化学的方法对制度加以分析和解释，因此学校制度文化是将学校制度本身当作文化现象来对待。它假定作为文化的学校制度，不仅其非正式制度、内在制度或文化进化的规则与文化有关，而且其正式制度、外在制度或设计的制度均与文化有关，我们可以从学校制度的网络中去寻找学校文化背景或学校文化的内涵。然而，学校制度文化更加偏重于强调制度的文化层面与规则层面的内在一致性，即强调学校制度的价值观念、道德伦理、思想意识与学校制度的习惯、规范、规则的内在一致性。也就是说，学校制度与学校制度文化虽然非常相似，但学校制度文化作为学校文化的制度层面比学校制度带有更浓厚的文化色彩。学校制度文化与学校制度相比，始终关注学校文化中的制度文化与精神文化之间的相容性、协调性和互补性，如果学校制度文化缺少学校精神文化的协调与互补，就会趋于僵硬，趋于保守，或者变得效率低下。总之，学校制度文化将学校制度的分析纳入学校文化的范围，并且将学校制度作为文化分析的真正单元。也就是说，学校制度文化与制度的不同之处在于，学校制度文化并不是单独的制度分析，而是从文化整合的目的与手段着手，将学校制度看成是学校文化为充分适应环境而逐渐发展出的体系。

因此，学校制度并不必然地成为学校制度文化，要使学校制度成为学校文化的组成部分，需要相关成员的认同和内化。由于学校制度文化并不都是由学校自身规定的，因而它对学校来说，起码在起始阶段带有强制性，是一种"外在的文化"，或者说是"纯制度文化"，只有当这种"外在文化"被学校成员所认可、所接受，从而转变为学校"内在文化"时才能对学校成员的行为，对学校教育教学活动产生深层的影响。简言之，学校制度文化就是学校成员所实际遵循的制度规范，"在根本上是人们长期以来形成的对制度的价值判断和对待制度的方式"。

（三）学校制度文化与学校文化

"文化通常包含着多个层面，有二分法、三分法、四分法。二分法指物质层面和精神层面，三分法指物质层面、制度层面、精神层面，四分法则是在三个层面之后再加上行为习俗层面……学校文化与整个人类文化一样具有多种层面。"鉴于本文认为行为习俗归属于上文所定义的"制度"中，因此，笔者主张学校文化的结构包含物质文化、制度文化、精神文化三个层面。既然学校制度文化是学校文化的一部分，对其的认识，就离不开对学校精神文化、学校物质文化与学校制度文化之间关系的深入剖析，进而理解学校制度文化与学校文化的关系。

所谓学校物质文化，是由学校师生员工在教育实践过程中创造的各种物质设施的文化特征，是一种以物质形态为主要研究对象的表层学校文化。学校精神文化则是学校文化的深层表现形式，是指学校在长期的教育实践过程中，受一定的社会文化背景、意识形态影响而形成的为其全部或部分师生员工所认同和遵循的精神成果与文化观念，表现为学校风气、学校传统以及学校教职员工的思维方式等，可以说是学校整体精神面貌的集中体现。

学校制度文化与学校物质文化和学校精神文化是紧密联系的，德育教育背景下的中学校园文化建设研究。一定的制度文化以一定的物质文化为基础，并通过物质文化表现出来，同时又反映学校精神文化。学校制度文化是保证和规范学校各项活动顺利实施的基本条件，它使学校各项工作有章可循，并且是学校组织得以运行及向前发展的前提。作为学校制度文化来讲，它不仅是一种价值激励因素，也是一种利益刺激杠杆，它既要触及人的精神价值，也要触及人的名誉利益。正是制度的柔性教育和激励，特别是制度的刚性约束和转化，才使全体师生员工形成共同的价值观念、行为规范、思想态度。学校制度文化形成自觉接受管理、自我约束的内隐概念，这种内隐概念就是学校的精神文化。可以说，没有制度文化的刚性约束，单靠精神文化本身的教育引领，单靠物质文化的教育熏陶，新型的学校文化要想在学校成员身上得到切实的内化是不可想象的，学校要实现有序的良性发展也是不可能的，学校文化建设前行的速度、达到的高度、辐射的广度都将受到很大影响。因此，可以说学校制度文化是学校文化建设的保障机制。

三、学校制度文化的特征

与学校物质文化、精神文化相比，学校制度文化具有它自身的鲜明特征，主要体现在以下方面：

（一）共性和个性统一

学校的任务是全面贯彻党的教育方针，培养社会主义事业的接班人。为了加强对学校的领导和管理，保证学校完成党和人民赋予的光荣任务，党和国家制定了大量的教育方针、政策、法律、法规。这是学校制度文化的核心内容和灵魂，它规定了学校制度文化的特质和共性。但是，由于各学校在办学规模、培养人才的层次上各不相同，学校间的实际情况差异较大，作为学校制度文化的基础——学校制度各具特色，表现出学校制度文化的鲜明个性。尽管如此，学校制度文化的性质决定了学校制度必须服从于党和国家的大政方针，学校制度文化必须服务于培养跨世纪人才这一共同目标。

（二）强制性和自觉性统一

学校制度是一种规范，具有很强的约束力和一定的强制性。一切学校人员都毫无例外地必须遵循这些规范。这种强制性的要求过程是一个统一行动的过程，是强制性向自觉性过渡的一种过程。学校制度文化本身就是外在制度向个体内化的一种动态过程。学校制度文化的强制性并非终极目标，学校制度文化的自觉性才是我们追求的文化结果。强制性仅是达到高度自觉性的一种手段，没有强制性很难实现我们所希望的自觉性，学校制度文化的辩证统一过程即是它产生文化效应的过程。

（三）稳定性和变动性统一

学校制度文化随着学校制度的颁布、贯彻、执行即开始形成一个相对稳定的文化现象。师生的制度心理、制度意识、制度观念在一定的时空条件保持着相对的稳定。由此而形成的制度文化传统成为学校的无形财富，并影响一代又一代师生的精神风貌。在对学校制度的反复宣传、反复训练中，所培养的习惯和制度意识成为建设学校制度文化的良好心理环境。同时，学校制度文化的相对稳定性并不是绝对不变的，制度文化是社会文化环境的产物，学校制度文化受制于社会物质经济基础的影响。当教育的外部条件发生了新的变化时，学校制度就会及时修订，学校制度文化也随之在继承优秀的基础上补充新的内容。

四、学校制度文化的结构和功能

"文化不仅有其内容而且有其结构这一事实，现已获得普遍的认识。"学校制度文化作为学校文化的一个重要组成部分，也有其自身的结构与功能。

（一）学校制度文化的结构

一般而言，制度文化包括三个层面：一是传统、习惯、经验与知识积累形成的制度文化的基本层面，二是由理性设计和建构的制度文化的高级层面，三是包括机构、组织、设备、设施等实施机制层面。也有学者把学校制度文化分为以下三个部分：学校正式的规章制度、学校的非正式制度、学校的外部制度。本书从三个不同维度进行考察：

1.内向制度文化和外向制度文化

内向制度文化指学校内部用于自我管理的制度文化，包括学校管理制度文化、学校组织结构文化。学校管理制度有广义、狭义之分。鉴于研究需要，这里仅从狭义角度来考察，认为学校管理制度是指学校及其他教育机构对教育教学及其相关配套活动所制定的各种规章、规定、条例及实施细则的总称，它是调节与控制学校内部各种关系和部门及个人行为的规范。目前，我国中学的主要管理制度一般包括：全校性的管理制度、教导处的基本制度、总务处的基本制度、校长办公室的基本制度、教职工岗位责任制度、师生员工行为规则制度等。学校组织结构是指为了有效实现学校目标而筹划建立的学校内部各组成部分及其关系的形式。这种形式将确立学校各成员之间的沟通方式、工作规范以及学校管理人员的权利及责任范畴，通常包括正式组织结构与非正式组织结构。内向学校制度文化是学校制度文化最核心的组成部分。

外向制度文化指学校与政府、家长、社区等周边环境打交道所遵从的制度文化。之所以存在外向制度文化，是因为学校制度文化是建立在一定的经济基础之上的，制度观念、制度规则、制度物质设施、制度组织等无不受到经济基础的制约。比如，我国一些贫困地区存在的单班学校的制度文化与一般规模较大的学校在组织结构、管理制度方面就存在很大的不同。当然，制度文化与意识形态也有紧密的联系，制度文化的改变有待于人们观念的改变、思想的解放，人们对教育的认识和重视程度等都会影响学校制度文化的内容、形式与特点。此外，制度文化还与风俗习惯有着千丝万缕的联系，不少制度或多或少地包含着群众所遵循的风俗习惯。外向学校制度文化构成了内向学校制度文化的环境，研究外向学校制度文化就是要克服不利于学校制度发展的因素，从而促使学校制度文化正功能的发挥。

2.正式制度文化和非正式制度文化

前者是学校正式结构和正式制度表现出的文化，即"明规则"；后者是学校非正式结构和非正式制度表现出的文化，即"潜规则"。非正式制度文化又可分为顺向非正式制度文化和逆向非正式制度文化两类，前者指良性的或与正式制度文化相容的非正式制度文化，后者指不良的或与正式制度文化不相容的非正式制度文化。

3.静态制度文化和动态制度文化

前者指以文本形式存在的制度文化，它是制度文化形成的起点；后者指内化到人的行为上的制度文化，它是制度文化建构的归宿。学校制度文化建设的重要使命就是促进外向制度文化与内向制度文化协调配合，全方位地建设和弘扬正式制度文化，修正不良的非正式制度文化，最终使明规则最大限度地涵盖学校公共生活的各领域；潜规则向明规则方向尽可能地靠拢，是静态制度文化与动态制度文化最大程度的契合，制度的客观精神最大化地内化为人的主观精神，从而达到制度文化建设的较高境界，推进高水平学校文化的建设。

（二）学校制度文化的功能

学校制度文化是学校文化的重要组成部分，是学校文化的内在机制，是维系学校正常秩序必不可少的保障机制，有着不可替代的作用。学校制度文化的功能可以从不同的角度进行分类，诸如正功能、负功能和非功能，直接功能和间接功能，显性功能和隐性功能等，本文主要从作用性质角度，讨论学校制度文化的基本功能。

1.学校制度文化具有导向功能

导向功能即规范人们的行为，为人们的社会化提供行为模式。学校制度文化的导向功能包含两层意思：一是通过一系列规范使人们的行为纳入一定的轨道，以维持社会秩序，保证共同生活正常进行。二是它提供了社会的行为模式。行为模式就是指社会角色模型，即人们社会化过程中所追求的理想目标、行为的榜样和准则，如三好学生、学习标兵等。由于制度本身的可操作性，学校管理者可以通过制定制度、条文体现学校的办学目标、办学宗旨，对学校内成员的要求等，将管理对象的行为纳入特定的轨道，用以保证学校学习、生活的正常进行和良好的秩序。健全、成熟的学校制度文化能给予成员正确的生存、发展目标，特别是能激发教师工作和学习的积极性和能动性，激发教师潜能，使教师自主地向学校制度文化所要求和体现的目标努力。

2.学校制度文化具有约束功能

这是由学校制度文化的本质属性决定的。"没有规矩，不成方圆。"学校制度文化就是学校成员所实际遵循的各种规范，这些规范如同无形之网为人们的行为确定了界限，形成和维护着学校的秩序。由于学校制度文化的规章设置、仪式和传统的形成都渗透着学校的道德要求与教育意志，是一个有情感色彩的具体生动的环境，因此，学校制度文化能对那些不符合学校健康发展的价值取向、行为方式进行纠正和惩罚，以使学校成员形成对违背社会道德、社会规则的思想和行为的判断力、自控力，自觉抵制各种丑恶现象的侵蚀，也可以通过暗示、舆论、从众等对教师产生潜在的心理压力和动力，规范教师的价值观和行为方式，进而把外在文化转化为内在文化，从而主动接受学校的制度规范，不带有任何逆反心理。

3.学校制度文化具有激励功能

学校制度文化在约束人的同时也激励着人。如果只有约束没有激励，学校制度文化就纯粹成为束缚人的条条框框。学校的各项规范规定了在特定的情况下人们能做什么、不能做什么，该怎样做、不该怎样做，从而划定了一条行为的边界。这条边界标志了学校这个社会共同体认可的行为准则，在界线以内的行为，得到人们的许可、赞赏、鼓励；超越界线的行为，则受到人们的排斥、舆论谴责等。激励功能主要是通过提倡什么或反对什么、鼓励什么或压抑什么的规定，借助奖惩条件、群体压力、个人的道德修养等机制得以实现的。

4.学校制度文化具有教育功能

学校的各项规范规定了师生员工的言行，为他们的品质、行为、人格的自我评定提供了内在尺度，同时也对师生品德行为具有规范和约束作用。有什么样的规范，就会形成和强化什么样的人生观、价值观。建立和谐统一的规范体系，意味着从学习、生活、娱乐、工作各个方面，鼓励与学校文化相一致的思想行为，使奖励和惩罚成为学校文化的载体，使学校倡导的价值观念变成可见的、可感的、现实的因素，时时发挥着心理强化的作用。换句话说，使管理工作不断丰富其思想内涵，把思想政治工作渗透到管理工作的各个环节中去，发挥着教育的作用。

学校制度文化也有一定的负面功能。大量的、烦琐的、落后的学校制度往往是建立在约束、抑制个体的基础之上的，它是人身心发展的牢笼和桎梏，摧残人的创造性，使个人的批判意识、独立意识、怀疑精神、探究精神都受到压制，因而也就丧失了过民主生活的能力。因此，学校制度文化就像一把双刃剑，它既可能是营造有序而和谐的学校氛围的保障，也可能是造成压抑、沉闷的学校气氛的工具。学校制度文化功能的大小和性质取决于它的科学性、合理性程度。

五、学校制度文化建设有助于学校发展

学校制度文化建设的是现代学校制度文化。文化是一个动态发展的过程，学校制度文化也是一个动态发展的过程，它总是随着社会的变化而变化，随着教育的变化而变化。受中国传统文化中的整体思维、现实中潜在的权威取向以及现行科层制组织结构等因素的影响，烦琐、刻板、划一的规章制度在现今许多学校中仍不同程度地存在着。不可否认，我国学校制度体系除了受传统文化的影响，还带有明显的西方制度化教育的痕迹，并且制度化教育的施行度随我国工业化步伐的不断加快而日趋加大。这种以严格监督、严格控制、有效惩罚为具体手段，将师生个体生命的能动性、丰富性、潜在性禁锢于"命令—服从"的枷锁之中，使生命的意义与价值被边缘化，学校制度氛围必将使学校文化日趋离散。因此，传统的学校制度文化必须重塑，以适应现代社会历史潮流。

现代学校制度文化所关注的应是人的生存方式和生命意义，它是精神生活的守护神，它追求人的情感与精神的和谐发展，追求一切活动的价值与意义，追求生活的质量与人的完美，它赋予一切活动以生命与意义，优秀制度文化的缺失就意味着生命的贬值与枯萎。因此，作为新型的现代学校制度文化，它应认为人的价值高于物的价值，以人为本是它的核心理论，任何制度的建立都将人的价值放

在首位，物的价值放在第二位，归根结底是为了人的发展服务，它具有尊重人的基本特性，将人视为人的本身，而不是工具、机器或神。它认为团体的共同价值高于个人价值，倡导团队文化，认为缺乏合作价值观的学校，在文化意义上是没有吸引力的，也缺乏效率；它认为教育的价值是放在其他一切价值之上的，以教育的社会效益的良性循环作为学校发展的基础。

这种现代学校制度文化应引领与检点学校制度，其要义是将教学自主权还给教师，释放教师的全部潜能。完善学校契约制度，将教师定位于职业人，与学校间通过契约建立平等的关系，互赋权利与义务，学校各部门、各工作岗位责权利相统一。改善学校治理方式，在人力资源配置方面建立"校内人才市场"，在行政力量、学术力量、市场力量共同作用下完成最佳配置，并实施教师自我管理。加强对学校强势力量的监督，实现同心圆式的组织结构，圆心是学生，一切为学生，以促进学生充分、全面、终身、有差异发展为目标，外围是教师，再外围是后勤职工，最外面是领导。同心圆式的组织结构是真正体现服务的，学生是最终服务对象。完善学校管理制度，以质量为轴心，以人性化为主要方式，以契约性为主要手段，以团队合作为风格。

六、现代学校制度文化有助于学校发展

按照美国沙因教授的观点，文化是更深层地为组织成员所共享的基本假设和信念，它无意识地发生作用，并以一种被人们视为理所当然的方式规定着组织对自身及其环境的认识。当这种文化不能与时俱进、不断创新的时候，就会成为组织发展的障碍。相反，当它具有能够整合、积聚和倍增其他物质资源、精神以及人力资源的作用时，具有重要的"资本"作用。学校制度文化就是学校的一种社会资本。关于社会资本，弗朗西斯·福山的看法是："社会资本的定义简单地说就是一个群体成员共同遵守的、例示的一套非正式价值观和行为规范，他们便得以彼此合作。"但是，"共同遵守一些价值观和规范，这本身并不会产生社会资本，因为，价值观也可能是坏的。""能产生社会资本的规范必须包括一些美德，如讲真话，履行义务，互惠互利，等等。"它是由学术资本、智力资本和专业资本三个维度组成。学术资本与一所学校已经增进的能力相联系，这种能力即发展一种深沉的教学文化，并使家长、教师和学生将注意的焦点集中在这种努力上。智力资本涉及学校及其全体教职工在识别和解决问题方面，在改进教与学的途径和开发手段方面的学习、重新学习、探究和成长的能力。专业资本涉及团队精神的高度发展，这种精神使得广大教师在道德上与共同目标和共享的愿景沟通，并且作为共同分担教学实践工作的成员而彼此沟通。

一个内部具有广泛的可靠性和广泛信任的群体，与一个缺乏可靠性和信任的

群体相比，前者能够达到的成就比后者大得多。同样一件事情，有的学校需要事先做很多思想工作和协调工作，而有的学校却可以非常顺畅、迅速地办好。为什么？我想是与健康优秀的制度文化有关。

在现代学校制度文化这种优秀的文化环境中，教师以平等的尊重的姿态面对学生，并坦然承认学生的创造性和个性，真诚地向学生学习，学生将拥有更强的学习兴趣和信心，以及不断追求进步与创造的动力和勇气，在教师的人格和学识的潜移默化中得到社会主流文化的熏陶和感召，培养成有理想、有道德、有文化、有纪律、个性健康发展的高素质文化人格，最终成为赢得社会广泛认同的文化人。教师之间能够开放地交流，真诚地批评与鼓励对方，教师就能够更加坦然而安全地面对自己的不足，并通过彼此的互助与合作寻求改进的方案。校长能够时刻为教师提供支持，鼓励教师创新，并为教师的大胆尝试和个人提高创造机会与条件，教师会更加热爱和投入自己的工作，并在工作的过程中获得自身的成长。总之，在优秀的学校制度文化下，广大师生会拥有更好的学习资源、发展机会和空间以及良好的心理氛围，学校将成为令人愉快的学习与工作场所，也是生命得以张扬、价值得以彰显的空间。

第四节　校园文化中的学校精神文化建设

一、学校精神文化建设的内涵

（一）学校精神文化的基本内涵

精神文化是人类在物质生产和社会实践中形成的各种意识观念的集合，如社会制度、伦理道德、文学艺术、价值体系、科学技术等。学校精神文化是在学校教育、教学实践、师生互动、校园文化等过程中形成的精神文化，也是学校的人际关系、心理氛围、校园风气、校园伦理、价值观念等内容的总和，它集中体现了学校的培养目标与办学理念。通常可以从心理、理念、形象三个层面解读学校精神文化，从心理层面看，学校精神文化是指师生的感觉、思维、现象等心理过程以及性格、气质、情感等思想意识。从理念层面看，学校精神文化是师生的思想认识、价值倾向、行为方式、学校风气等形成的"文化效应场"。从形象层面看，学校精神文化是学校的文化形象、整体风貌、社会评价等。

（二）学校精神文化的人本意蕴

人是文化的存在……离开了文化世界，人就可能成为一种动物。所以，文化始终是哲学家关注的基本命题。在工具理性遮蔽一切的后现代境遇下，人文精神、人本关怀等遭到了冷遇和遗弃，人们的精神生活变得越来越"贫瘠"，于是，精神文化成了哲学家关注的重要命题。哲学家科斯洛夫斯基从工具理性与人文精神的尖锐对立中引出了"精神文化"的概念范畴，并将精神文化定义为与物质文明与技术文化相对立的文化价值，从而表达了人类对精神世界与伦理生活的再发现。就学校精神文化而言，斯普兰格认为，应以现实的人为起点考察文化的本质，学校文化的存在价值不在于传递知识，而在于唤醒人的生命和灵魂。显然，如果学校精神文化建设偏离了"以人为本"的价值取向，忽视了学生的心理成长、个性发展和生命体验，就会偏离学校教育的本质，堕入工具理性和功利主义的窠臼。因而，学校精神文化建设应以学生、教师等现实的人为出发点，关注人的情感、尊严、理想、价值和生命体验，并将以人为本融入精神文化建设的各个层面，建构尊重人、关心人、发展人的教育机制、教育模式、教学体系、文化环境等。

二、中学校园精神文化建设策略

（一）文化资源分析

1.学校文化传统资源

学校文化是学校在长期的教育实践和与各种环境要素的互动过程中创造和积淀下来的。它是为其成员认同和共同遵循的信念、价值、假设、态度、期望、故事、逸事等价值观念体系，也是制度、程序、仪式、准则、纪律、气氛、教与学等行为规范体系，还是学校布局、校园环境、校舍建设、设施设备、符号、标志物等物质风貌体系。学校传统文化是在学校发展的历史过程中逐渐形成的，几乎每所学校的传统文化都具有独特的个性色彩，都是学校宝贵的精神财富。任何学校进行学校文化建设和精神文化提炼，都必须先进行"文化寻根"，也就是从学校的发展历史中寻找文化的发展轨迹。这不仅是研究学校文化传承的源头，也是学校精神文化建设的基础性工作。

2.地域文化资源

广义地讲，地域文化是一定地域的人们在长期的历史发展过程中通过体力和脑力劳动创造的，并不断地加以积淀、发展和升华的物质和精神的全部成果和成就。它包括物质文化和精神文化，反映了当地的经济水平、科技成就、价值观念、宗教信仰、文化修养、艺术水平、社会风俗、生活方式、社会行为准则等社会生活的各个层面。狭义的地域文化专指地域精神文化，指的是人们在长期的历史文化发展中所逐步形成的特定地域内的风俗习惯、人文心态、民族艺术、思想意识、道德规范、价值观念、思维方式的总和。

由于学校精神文化具有明显的地域性特征，学校的兴办、发展、壮大、招生、教学等都受到地域文化的明显影响。所以在提炼精神文化时，必须考虑利用好地域文化资源，让地域文化进入中学校园，在学校精神文化中彰显出地域文化特征。

（二）文化资源整合

1.继承学校文化传统

许多中学办学历史悠久，办学经历曲折复杂，其"文化寻根"工作相比其他类型只会显得更加重要，也更加复杂和繁重艰难。学校传统文化的继承不是简单的单线承接与传递，而是一个需要选择、扬弃和创新的复杂过程。具体来说，需要处理好以下三个关系。

（1）处理好学校主流文化和支流文化的关系。不少中学的"文化寻根"相对较为复杂，要深入挖掘，厘清脉络，在既把握主流文化，又吸收支流文化的思路下，以包纳融合之法，才能找到文化主源。这是中学找寻自身文化根性时的重点。

（2）处理好吸收精华和舍弃糟粕的关系。一些中学办学历史悠久，文化传统历久弥新，应该吸取；一些中学师资力量不足，或因社会环境等因素所致，所以需要对自身的文化资源加以重新认识，进而细加选择与扬弃，让落后文化在实践检验中被自然淘汰。

（3）处理好传统继承和文化创新的关系。学校传统文化的存在为我们提供了丰厚的文化资源，是学校的宝贵财富，需要我们继承；同时，需要我们在不断创新的过程中为传统文化注入新的内容，使之在不断地更新和充实过程中持续发挥育人功效。

2.彰显地域文化特色

地域文化品种繁多，外延宽广，内涵丰富，难免会有芜菁并存、玉石杂糅现象。"合适的才是最好的。"对地域文化资源，学校必须在认真学习研究的基础上进行合理选择，彰显地域文化精华。具体做法是处理好以下三个关系。

第一，处理好地方特色和学校的关系。学校精神文化建设在选取文化资源时要全面研究地域文化特色，既要考虑是否具有鲜明的地方特色，是否具有地方文化的代表性；又要检验其是否能够体现学校本身的特点，是否符合中学的文化根性。

第二，处理好形象呈现和价值体现的关系。进入中学校园的地域文化，既需要充当学校对外宣传的形象识别符号和鲜明的旗帜，帮助学校在域外树品牌，成名校；也需要挖掘地域文化丰富的文化内涵，发挥其文化功能，来引导学生、规范学生，"教化"学生，体现其育人价值。

第三，处理好师生认可和文化融合的关系。作为文化资源进入中学校园的地域文化，一方面必须是师生耳熟能详、十分喜欢、高度认可的；另一方面还要考虑是否能代表本校的独特精神气质，是否和该学校的办学特色和发展方向相融合。

（三）基本建设路径

1.基于学校传统文化资源的建设路径

此建设路径适用于办学历史悠久、文化积累丰富的中学或者由多校兼并组合的新中学。许多中学办学历史悠久，精神文化资源丰富。这些学校精神文化的建设应该在继承传统的基础上，融合学科文化共性，引进社会文化，吸收地域文化精华，赋予传统文化新的内涵。

2.基于地域文化资源的建设路径

此路径适合于大多数中学。现在许多地方都在挖掘地域文化，提炼地方精神，打造地方文化品牌。吸引地域文化进入校园，融合学校文化、学科文化和社会或行业文化，建设具有鲜明地方特色的学校精神文化，有利于学校创品牌、成名校。

第四章 学生成长中的法治教育实践

第一节 中小学生法治教育的历史演变

2020年12月颁布的《法治社会建设实施纲要（2020—2025年）》提出，要建设信仰法治、崇尚公平正义、保障权利、守法诚信、充满活力、和谐有序的社会主义法治社会。守法是中小学法治教育的重要目标，但单一的守法策略是否有利于培育社会主义现代化公民，推进法治的一体化建设？自1985年"一五"普法规则颁布以来，我国中小学法治教育的重心有哪些变化？中小学法治教育应该如何处理学法和守法的关系？本文试图针对以上问题进行探讨。

一、中小学法治教育发展历程回顾

改革开放以后，民众的守法意识不断增强。从1985年的"一五"普法规划到2016年的"七五"普法规划，三十余年的普法教育，基本让法律走进了千家万户。教育是深入推进全民守法的关键。学法是知法的前置环节。学法并非要求人们精通法律，而是期冀人们通过学习相关的法律知识，树立正确的法治意识，运用法治思维和法治手段解决生活问题，进而更好地守法。知法分为主动知法和被动知法。主动知法是指民众以积极的态度参与法律的学习，形成法治理念和法治意识。被动知法是指民众被动地接受法律知识的灌输。中小学法治教育属于青少年法治教育的一部分，关注中小学法治教育的发展，就是关注国家未来法治建设的走向。通过梳理1985年以来的有关规范发现，我国中小学法治教育的工作重心发生了明显的变化。

（一）1985—1995年：中小学法治教育以"守法"为主

1982年《中华人民共和国宪法》第二十四条规定，"国家在群众中普及法制教育"。这是法律层面较早关于法制教育的重要表述。值得说明的是，学界基本认同法制教育是法治教育的早期发展阶段，前者侧重静态的法律知识传授，后者注重法律知识传授与法治实践的结合。

针对涉及法制教育的相关规范（见表4-1）进行关键词检索，发现1985—1995年间，"守法"一词出现的次数明显高于"学法"（见图4-1）。客观地说，这一时期我国中小学法治教育以守法为主，主要表现有三。第一，中小学重视纪律教育。"树立遵守法律和纪律的观念"，接受有关"自由和纪律之间的教育"，培养"惜时守信"的习惯，皆为中小学法治教育的纪律性体现。第二，中小学落实德育。德育所关注的品行修养是推进中小学法治教育的基础条件。1990年的"二五"普法规划提出，要进一步完善学校的法制教育体系，1995年国家提出强化道德教育。第三，中小学注重宣传宪法和刑法等有关法律常识，违法必究的观念深入人心。1979年和1982年全国人大分别通过了《刑法》和《宪法》。1985年的"一五"普法规划提出，重点向中小学生启蒙法制教育，"普及宪法和刑法"。1991年的相关文件指出，小学生应"遵守交通规则，过马路走人行横道，不违章骑车"。1994年的《中学生日常行为规范》指明，学生应增强法制观念，"懂得什么是正确的行为，什么是错误的行为"，提高明辨是非的能力。值得注意的是，图4-1中出现的数次"学法"主要针对的是领导干部。

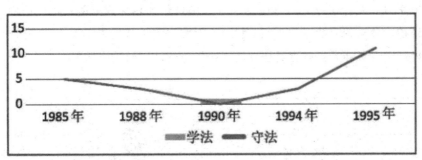

图4-1　1985—1995年关于"学法"和"守法"出现次数统计情况

表4-1　1985-1995年涉及法制教育的相关文件一览

《关于改革学校思想品德和政治理论课程教学的通知》（1985）
《关于向全体公民基本普及法律常识的五年规划》（1985）
《中学德育大纲（试行）》（1988）
《关于改革和加强中小学德育工作的通知》（1988）
《关于在公民中开展法制宣传教育的第二个五年规划》（1990）
《小学生日常行为规范》（1991）

《中国教育改革和发展纲要》（1993）
《中学生日常行为规范》（1994）
关于《中国教育改革和发展纲要》的实施意见（1994）
《中共中央关于进一步加强和改进学校德育工作若干意见》（1994）
《中学德育大纲》（1995）
《关于加强学校法制教育的意见》（1995）

（二）1996—2010年：中小学法治教育初现"学法"浪潮

1996—2010年涉及法制教育的相关规范如表4-2所示。"学法"与"守法"两个关键词出现次数的统计反映出，这一时期我国中小学法治教育初现"学法"浪潮（见图4-2），主要表现有二。

第一，普法的工作要求发生变化。1996年的"三五"普法规划要求，"一切有接受教育能力的公民……努力做到知法、守法、护法，依法维护自身合法权益"。而2001年的"四五"普法规划要求，"一切具有接受教育能力的公民……努力做到学法、知法、守法、用法、护法"。2006年的"五五"普法规划要求，"广大公民自觉学习法律，维护法律权威"。从上述工作要求的变化来看，"学法"已成为知法、守法的前置程序。单纯的"知法"并不能生动地传达法律的价值和精神，更谈不上形成内心风尚。

第二，中小学开始注重培养、增强学生的权利义务意识。2002年和2007年相关规范提出，要培养中小学生的权利义务意识、守法用法意识，借助课外活动帮助学生学习、践行法律。值得注意的是，2004年的相关规范侧重培养中小学生的民族精神，故未提及"学法"。虽然2010年的相关规范也未提及"学法"，但提出了完善国民教育体系和教育类法律法规，推进依法治校的主张。

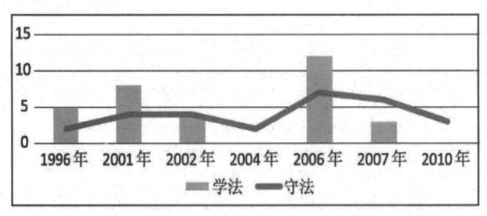

图4-2　1996—2010年关于"学法"和"守法"出现次数统计情况

表4-2　1996—2010年涉及法制教育的相关文件一览

《关于在公民中开展法制宣传教育的第三个五年规划》（1996）
《关于在公民中开展法制宣传教育的第四个五年规划》（2001）
《公民道德建设实施纲要》（2001）
《关于加强青少年学生法制教育工作的若干意见》（2002）
《关于进一步加强和改进未成年人思想道德建设的若干意见》（2004）
《关于在公民中开展法制宣传教育的第五个五年规划》（2006）
《中小学法制教育指导纲要》（2007）
《国家中长期教育改革和发展规划纲要（2010—2020年）》（2010）

（三）2011—2021年：中小学法治教育兼具"学"与"守"

2011年中国特色社会主义法律体系正式建成，深入学习、宣传社会主义法律体系和国家基本法律成为"六五"普法规划的工作重点。2011—2021年，涉及法治教育的相关规范如表4-3所示。这一阶段，中小学法治教育中"学法"和"守法"共同推进，主要表现有二。

第一，中小学普遍关注学生法治意识的培养和守法习惯的养成。2014年相关规范提出，要推动全社会树立法治意识，深入开展法治宣传教育，把法治教育纳入国民教育体系，在中小学设立法治知识课程。2011年的"六五"普法规划、2016年的"七五"普法规划和《青少年法治教育大纲》等分别提出，要培养全民树立宪法意识、人权意识、守法意识、契约精神等。2021年相关规范要求，深入推进全民守法，做社会主义法治的忠实崇尚者、自觉遵守者和坚定捍卫者。

第二，中小学开始注重案例教学和法治实践的结合。《青少年法治教育大纲》提出，教师应充分利用案例教学和实践教学，帮助学生了解基础的行为规则。2020年印发的文件提出，要健全青少年参与法治实践机制。2021年出台的《关于加强社会主义法治文化建设的意见》主张，要持续举办全国学生"学宪法讲宪法""宪法晨读"等系列活动，以增强中小学生的宪法观念。（见图4-3）

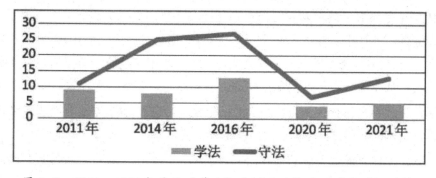

图4-3　2011—2021年关于"学法"和"守法"出现次数的统计情况

表4-3　2011——2021年涉及法治教育的相关规范一览

《关于在公民中开展法制宣传教育的第六个五年规划（2011—2015年）》（2011）
《中共中央关于全面推进依法治国若干重大问题的决定》（2014）
《关于认真学习贯彻落实党的十八届四中全会精神深入开展法治宣传教育的意见》（2014）
《青少年法治教育大纲》（2016）
《关于在公民中开展法治宣传教自的第七个五年规划2016—2020年》（2016）
《法治社会建设实施纲要（2020—2025年）》（2020）
《法治中国建设规划（2020—2025年）》（2021）
《关于加强社会主义法治文化建设的意见》（2021）

二、中小学法治教育发展的理论困境

1985年以来，中小学法治教育的发展都与学法、守法有关。如果中小学法治教育长期坚持单一的守法策略，究竟是利大于弊，还是弊大于利？是否有必要坚持"学"与"守"并进的教育策略？本文试图从亚里士多德的守法观入手进行分析，以期获得答案。

（一）现实推定：人是需要进行法律教育的政治动物

亚里士多德认为，人的灵魂德性包括理智德性和道德德性两部分。前者通过教导而发展，需要经验的打磨和时间的沉淀。后者通过习惯而养成，需要反复练习。而人的灵魂由三部分组成，即有理性的部分和无理性的部分，以及介于二者之间的部分。人欲获得幸福，就必须使自己的实践活动符合理性发展。亚里士多德认为，理智德性是个人能获得的最圆满的德性，但资源的稀缺性决定了并非每一个人都能成为具备理智德性之人。或者说，在他看来，只有"好人"才具备理智德性。柏拉图人治方案的失败，提点了亚里士多德，即放弃至高至善的培养方案，转向最低限度的德行培育。

在亚里士多德看来，每一种事物的生长都以彰显其本性为目的。城邦是一切共同体自然生长的结果，其存在的目的是达到至善，帮助人们过上优良的生活。但城邦关键在于"邦"而非"城"，"城"只是共同居住的形式要件，"邦"才是实质要件。"邦"意味着人们以共同生活为基础，产生了某种统一公正和友爱判断标准的需求。他认为，任何共同体中都存在某种公正和友爱。人在何种范围的共同体内活动，就会在何种范围内产生公正和友爱。所有的共同体都是城邦的组成部分，也就是说，城邦存在不同形式的公正与友爱。

那么，如何才能让多种共同体之间形成关于公正和友爱的一致判断？亚里士多德认为，只有当城邦公民对共同利益产生共同认知，选择同样的行为来实现其共同意见时，城邦才能获得政治的友爱，即团结。问题是，公民如何才能对共同利益形成清晰认知，并自发能动地实现共同意见？要知道人会有某种程度的自私，即便是小范围内的友爱，也难以将其消灭，更不用说转化为对更高一级共同体的至爱了。亚里士多德认为，人如果想要抑制欲念，形成对共同利益的认知，就必须在法律的指引下发展德行。如果一个人不是在健全的法律下成长的，就很难使他接受正确的德行。这种"正确的德行"不是柏拉图人治方案中苦苦追寻的理智德行，而是作为最低限度的善的道德德行。

道德德行通过后天实践生成。亚里士多德认为，人欲发展道德德行，就必须不断地学习。但是，谁来承担教育的责任？或者问，教育能否成为责任自负的领域？在他看来，人不仅是城邦的一员，还是家庭的一分子。家庭是孩子接受教育的初土，承载着培养孩子正确伦理和政治观的重任。如果孩子仅接受家庭教育，那么，城邦只会有"你的""我的"之分，而没有"共同的"。因此，最好有一个共同的制度来关心公民的成长，而共同的关心总是通过法律来建立制度，有好的法律才能产生好的制度。立法者要做的是塑造公民的习惯，使之更好。于是，可以看到，亚里士多德再次让立法者承担起用法律培育人们道德习性的重任。

（二）法治：良法之治和服从之治

亚里士多德认为，人难免受到情感的影响，法律是排除恣意的有效手段。与其将法律交由一人审议，毋宁交由众人，因为参与公务的人们已受过法律的训练，具备良好的判断力。在他看来，公民有参与议政和行使司法职能的权利，其重要素质取决于立法者制定的教育政策的培养。

法治包括良法之治和服从之治。良法之治要求立法者制定符合正义的法律。"城邦以正义为原则。由正义衍生的礼法，可凭以判断是非曲直，正义恰正是树立社会秩序的基础。"服从之治要求公民普遍遵守法律。亚里士多德认为，在理想政体中，公民拥有统治者和被统治者的双重身份。因此，公民需要接受两种教育，即统治者的教育和被统治者的教育。两种教育分别对应人的老年和青年。经验使老年人生出了慧眼，可以专司统治。青年人依赖感情生活，需要在法律的教育下不断熏陶灵魂的德行，故须接受被统治的教育。老年是青年自然发展的后续阶段。所以，城邦公民必须接受两种教育。

（三）好人还是好公民

好人和好公民是否具备德行上的一致？在亚里士多德看来，好人必然是好公民，但好公民不必然是好人。好人必然具备善人应有的品德，但好公民不然。好公民本质上是为城邦服务的，他们的品德应符合城邦政体之需要。那么，是否应该要求好公民成为好人？以水手和船舶为例，公民为水手，城邦为船舶。水手们的品德依职分而定，有些品德为全体公民共有，而有些品德只能他人专有。品德无论是共有还是专有，全体水手的共同目的就是保障航行安全。这就如同统治者、被统治者及城邦之间的关系。成为好公民是所有生活在城邦中的人所具备的"共有品德"，但成为好人是统治者的"专有品德"。也就是说，好公民是一种生而为人就必须努力达到的道德底线，而好人是一种位于底线之上，不断鼓励人去追求向善的永无止境的道德上限。所以，不必苛求好公民必须成为好人。

在亚里士多德看来，好人和好公民能在共和政体中实现最大程度的统一。但矛盾之处在于，共和政体实行公民轮番执政，即公民具有统治者和被统治者的身份双重性。而统治者和被统治者之间的品德矛盾实际为好人与好公民之争。人究竟应该成为好人还是好公民？他认为，统治者是具备完善德行，即理智德行之人。但并非每个人都有机会和能力发展成为具备理智德行之人。尽管如此，多数人仍可选择成为好公民。

（四）结果导向：出走的人

亚里士多德对好公民推崇备至，然其实际提倡的是道德德行。前述提及，道德德行为最低限度的善，立法者要做的就是通过法律将这些善德灌输于公民的思想中。法治是良法之治和服从之治的统一。判断一个政体是否具备权威性，关键看其订立的法律是否得到人们普遍的遵守。然而，单一的守法不可避免地造就绝对服从权力的臣民。如果人长期处于单一守法的状态，则易变为对政治冷漠和能力受限之人。这些对公共善缺乏基本认知和思考之人、缺失公共精神之人，在某种意义上被视为出走的人。一味服从的人只会将法律视为冰冷的文字，缺失参与性的"公民"无法正确感知自身作为国家主人的地位和责任。对于他们而言，国家和社会的建设是"你们的"，而非"我们的"。

如果中小学法治教育长期坚持单一的守法策略，培育的将是一个个僵硬服从政治和法律之人。即便这些人经由所谓的教育被引入国家视为正确的轨道，但其已丧失了生而为人所追求的自由。这种自由不是歌颂极端个人主义的病态自由，而是一种唤醒个人自身的优异和卓越的自由，一种经历美好事物的自由，一种在共同体当中才会发出璀璨星光的自由。片面强调守法的重要性实际是工具理性的表现，而中小学法治教育应是一种体现人文关怀的教育，一种注重行为本身所代表价值（公平、诚信等）的教育，一种追求人全面发展的教育。

三、中小学法治教育重心变化的成因

（一）中国特色社会主义法律体系的形成提供制度自信

2011年我国形成了以宪法为统帅的中国特色社会主义法律体系，国家各方面基本实现了有法可依。中国特色社会主义法律体系的形成为中小学法治教育的发展提供了全方位、多层次的制度支撑，使中小学法治教育不囿于1985—1995年以守法为主的被动状态，自信推进学法和守法的共同发展。另外，中小学法治教育的教学资源也受益于社会主义法律体系的完善，以及多行业的实务操作。

（二）法治国家、法治政府和法治社会建设的迫切需要

党的十九大提出，到2035年基本实现社会主义现代化。法治作为现代国家治理的基本方略，正在呼唤一场由表及里、由此及彼、从观念到行为的变革。法治的一体化建设需要中小学法治教育提供优秀的人才支持。中小学法治教育的重心变化反映了法治建设对于"人"的现代化的迫切期待，尤其是对真诚信仰法治、崇尚公平正义、富有参与性的人的期待。

（三）多元文明的碰撞影响中小学生的价值观塑造

近些年来，一些西方国家试图通过多种渠道对我国中小学生进行思想渗透或文化输出，比如，享乐主义和极端个人主义。由于身心发展的限制，中小学生容易受到不良文化的诱惑。如果国家层面未能高度重视和应对这些问题，势必影响经济发展和改革进程，破坏社会主义现代化建设。中小学法治教育重心的转变，反映了帮助中小学生在思想领域建立防御屏障、形成深厚的民族认同和真诚的法治信仰的必要性。

（四）单一的守法观无法适应法治公民的培养需求

事实上，我国已实施了七个五年普法规划，中小学生在某种程度上也受到了法律的熏陶，但一般的、片面强调守法重要性的普法活动，无法真正实现法治的育人功效。法治教育的本质是促进人的全面发展，实现理智与情感的并重。儿童是未来的政治参与者，良好的法治教育不仅可以帮助儿童客观、全面地认识自己，还能发展使儿童成为合格公民的一系列能力。亚里士多德虽然强调人是需要法律进行教育的政治动物，但他也为儿童的全面成长设定了其他课程。这些课程培育的能力既是公民参与国家建设的"筹码"，也是国家得以强大的重要原因。单一的守法策略容易限制人的发展，无法适应法治公民的培养需求。

四、中小学法治教育发展的建议

（一）中小学法治教育应坚持"学""守"共进

近三十余年来，我国中小学法治教育的重心发生了显著变化。在制度不完善的早期，中小学法治教育奉行法律工具主义，即通过法律的教育达到全民守法的目的。通过几十年的制度建设，法律的完善促进了中小学法治教育向法律目的主

义与法律工具主义并重的方向发展，即在通过法律进行教育的过程中，既重视发挥法律的人文关怀，又不忽视法律的工具价值。中小学法治教育培养的合格公民不仅要有守法的能力，还要有在未来参与公共事务的能力。学法利于中小学生形成对社会主义法治国家的高度认同。值得注意的是，学法是一个阶段性的过程，青少年时期的法治培育尤为重要。另外，中小学不能忽视守法的教育。法律的权威来自人民的真诚信仰，如果只学不守，法治的建设永远都是纸上谈兵。因此，中小学法治教育的发展应坚持"学""守"共进。

（二）中小学法治教育应结合道德教育

法律与道德紧密联系。一方面，道德的丰富内涵是法律汲取价值的主要渠道，许多法律规范是以社会公认的道德原则为基础的，例如《中华人民共和国民法典》中的诚实信用原则、绿色原则等；另一方面，法律通过立法等方式引导道德健康有序地发展，例如民法典将见义勇为行为纳入法律调整的范围，使得见义勇为行为人享有损害赔偿或补偿请求权。基于法律与道德的密切关系，中小学法治教育应当重视与道德教育相结合。中小学生不仅要通过德育树立正确的人生观、世界观和价值观，还要借助德育培养法律意识和参与公共事务的能力，成为好公民。

（三）中小学法治教育应注重法治实践

《青少年法治教育大纲》强调，要建设综合性的青少年法治教育实践基地和专项的法治教育基地，安排相当比例的法治实践内容，让学生在真实的法治实践情境中进行学习。中小学法治教育不仅要注重法律知识的传授、法治观念的培育，还要关注法治实践活动的开展。法律的生命在于实施。与其让教师重复讲解知识，毋宁让学生亲身体验。最好的法治教育是参与。学生只有参与法治实践，才能实现理论与实践的完美结合。

1985——2021年，我国中小学法治教育关于学法和守法的历程大致分为三个阶段。这三个阶段形象地反映了我国中小学法治教育的变化与发展。亚里士多德将儿童视为未来国家建设的参与者，致力于用法律和其他教育塑造富有积极性的合格公民。然而，现代社会也要警惕国家权力的运行，避免民众成为只会服从的臣民。我国中小学法治教育不仅要培养合格的公民，更要培养肩负民族复兴重任的接班人。如何结合法律和其他教育，培育和发展儿童成为"人"或合格公民的一系列品质和能力，是接下来中小学法治教育面临的一大挑战。法治教育不是防止人变坏，而是促进人变得更好，这才是人接受教育的初衷和目的。

第二节　中小学法治教育社会大课堂的开展

2016年笔者承担的北京市"法治教育进课堂"示范校建设实践研究，使笔者明确地认识到，中小学法治教育课堂应当是"大课程观"下的课堂，不仅包括国家课程，即小学与初中的"道德与法治"、高中"思想政治"的课堂，也包括学校在执行国家课程和地方课程的同时开发的适合本校的课程，即校本课程的课堂，还包括法治综合实践课的课堂和法治校园文化的隐性课堂；此外，法治教育有必要突破学校课堂的限制。教师应鼓励学生参与法律服务活动，把所学知识运用于社会实践，将课堂教学延伸到课外，构建法治教育的社会大课堂。

一、校园法治文化建设

学校开设法治课程，学生就能具备法治的精神与素养吗？如何突破现有的学校教育教学管理模式，体现法治的精神与理念，让师生在常态的学习生活中逐步确立遵守规则的观念？

国学大师钱穆先生曾指出："一切问题，由文化问题产生。一切问题，由文化问题解决。"我们要寓法治于校园文化建设中。

（一）校园法治文化的重要意义

校园文化（campus culture），是学校的精神文化和物质文化的总称，体现在显性课程和潜在课程（亦称隐性课程）两方面。显性课程指学校规定学生必须掌握的知识、技能、思想观点、行为规范等。潜在课程指校园建筑、文化设施、文化生活、绿化、美化和校风、教风、学风、人际关系、心理气氛等，其中学校的风气、文化生活、人际关系和心理气氛又是校园文化的深层结构和核心内容。与显性课程的明确性和强制性相对照，潜在课程有其特点：①潜在的规范性。无论是校园建筑、文化设施还是校风，都潜在地蕴含着一定的价值观念、行为规范、精神境界，使生活于其中的受教育者通过感觉而了解应当如何调节自己的心理和行为。②非强制性。不是通过强行灌输、纪律约束，而是通过陶冶和感染，潜移默化地影响人的思想、情感和生活，净化人的心灵。③作用的持久性。即使生活环境变化或迁移，已形成的价值观念、行为习惯仍能长期保持。潜在课程可以抵消或增进显性课程的作用。协调显性课程与潜在课程的关系，是优化校园文化的重要环节。

现代学校制度建设带来了学校管理模式的新一轮变革和学校管理能力的进一步提升，这些都需要通过培育和发展学校法治文化来实现。法治文化是校园文化的重要组成部分，发挥着不可替代的育人功能，通过上述校园文化的特点，我们可以得知校园法治文化之于中小学生法治素养培养的重要意义。西方谚语有云："法律的力量应当跟随着公民，就像影子跟随着身体一样。"《青少年法治教育大纲》特别将校园法治文化建设作为青少年法治教育的实施途径："要全面落实依法治校要求，把法治精神、法治思维和法治方式落实在学校教育、管理和服务的各个环节，建立健全学校章程、相关规章制度，完善学生管理、服务以及权利救济制度，实现环境育人。"校园法治文化的建设，让学生浸润在法治的环境中，时刻感受着法治精神的存在，有助于学生法治观念、法治思维的养成。

（二）校园法治文化建设

校园法治文化蕴含着法治的基因，承载着法治的价值，是在特定的治校理念及规范制度确立和运行的过程中形成的一种校园文化形态和师生生活方式，是中小学法治教育的重要组成部分，也是中国社会主义法治文化建设的重要组成部分。一般来说，校园法治文化包含三个层面：物质层面、制度层面、观念（精神）层面，从物质层面到制度层面再到精神层面是一个逐步递进、逐步深化的过程。在文化发展由表及里的历程中，"物质文化因为处于文化系统的表层，因而最为活跃，最易交流；制度文化和行为文化处于文化系统的中层，是最权威的因素，因而稳定性大，不易交流；精神文化因为深藏于文化系统的核心，规定着文化发展的方向，因而最为保守，较难交流和改变"。

1.校园法治文化的物质层面

环境对教育活动和教育对象的品德、意识的形成和发展有着重要的影响。英国现代人事管理之父罗伯特·欧文认为"'人是环境的产物'，他一生中每一时刻所处的环境和他的天生品质使他成为什么样的人，他就是什么样的人"。马克思辩证地认为，"人创造环境，同样，环境也创造人"。青少年法治教育要营造校园法治文化氛围，注重校园法治环境建设。

在物质环境方面，中小学校要为法治教育创造必要的物质条件——配备合适的教师，提供开展法治教育的场地、资金、设备等，保障法治教育的资金投入。法治校园文化建设中包含硬件设施的建设，如大兴区孙村中学是大兴区青少年法治教育基地，有着得天独厚的法治教育硬件设施——法治长廊、综合性陈列展厅、公共安全教育展厅、禁毒教育展厅、网络安全教育展厅，还有一个设备齐全的模拟法庭教室。

虽然大多数学校不能像大兴区孙村中学那样有丰富的法治教育硬件设施，但至少可以采用在校园内设普法橱窗、进行法治知识广播等方式营造法治校园文化。在校园场景布置中，应留出有关法治教育的一角，提供法治图书、画册，开辟法治教育的隐性课堂，便于学生学习、了解法律内容，感受法治文化的熏陶，实现法治教育的常态化。有条件的学校还可以建造模拟法庭教室，作为开展法律辩论、模拟庭审等法治教育活动的固定场所；要不断创新法治宣传载体、丰富法治宣传形式——通过新媒体平台，利用校园网、学校公众号等创建校园法治教育平台，学生、教师都可以参与其中，在平台上发布法律知识、探讨热点法律问题、进行校园法律咨询服务等，形成法治教育的隐性课堂，引发学生对法律知识、法治问题的兴趣，营造良好的法治宣传氛围，通过法治文化氛围的熏陶来增强法治教育的实效性。学校还可通过开展法律专家讲座、法律读书活动、法律知识竞答、法律文化展览、法治电影展播和庭审观摩等活动来进一步丰富校园法治文化活动。北京大学附属中学职工学校就曾开设法治课，帮助学校后勤员工等加强法律修养，通过提高全体成员法律素养，为学生成长营造良好法治环境。

2.校园法治文化的制度层面

（1）健全学校规章制度，坚持程序正义，完善民主监督机制，依法治校。中小学应根据国家法律法规，结合本校实际，制定和完善校内各种规章制度，让学校的教育教学在法治轨道上运行。这是实现依法治校的前提。

学校章程是为保证学校的自主管理和依法治校，根据教育法等法律法规的规定，按照一定程序，以文本形式对学校重大的、基本的事项做出全面规定的规范性文件。章程是中小学教育教学和办学活动的基本依据，是构建现代学校管理体制和运行机制的必然要求。学校应当严格依照法律规定的内容和程序起草、制定并施行章程。章程内容应当涵盖学校办学和治理过程中的基本问题，制定过程中应当充分保障教职工的民主参与权利。

以学校章程为中心建立起学校规章制度的同时，为推进校园法治文化建设，还必须制定严格的执行程序，让程序正义贯穿依法治校的全过程，避免一些人为因素对制度的破坏；要健全校园民主监督机制，让"权利制约权力"，使"权力"得到有效监督，最大限度地保护广大师生员工的合法权益。

（2）杜绝以班规校纪之名行侵犯学生权利之实。学校的规章制度应当与国家法律法规的更新和学校办学的发展程度相适应，保证规章制度的适时性和有效性，更要保证学校规章制度的合法性。要把法治文化融入校规校纪制定、实施、遵守、监督的各个环节。校规校纪不仅仅是刚性的规则条款，更是承载了广大师生共同价值取向和精神信仰的风尚和文化。

以身作则是最好的教育方式，教师对孩子进行法治教育，在言传之后更要充分发挥身教的示范作用。教师在课堂上对学生言之谆谆，课后更要给学生做遵守法律的榜样，如要做到不侵犯他人隐私、遵守交通法规、不体罚学生等。如果是"语言的巨人，行动的矮子"，知行不能合一，那么如何能培育学生的法治观念、让学生树立法治信仰、培养具有法律素养的公民？

笔者在某中学看到一份班规：①语文背诵、默写，每天早上7：05必过；②英语单词听写，每天上午11：00之前必过；③上课不能低头、趴桌子。解决策略：不合格的通知家长，过来看着背；家长有事过不来的，打车送回家。下面是学生的签名及所按手印。这份班规中存在若干法律问题，比如，学生的休息权如何保障呢？诚然，教师也非常辛苦，要比学生更早到校。还有，要求家长看着学生背，这样学校是否履行了教育的义务？家长过不来，则打车把学生送回家，那么学校的教育义务何在？家校配合难道是这样配合的？这份班规如果是学生自己制定的，那么学生的法律意识有待增强。由于这份班规贴在教室的墙壁上，任课教师特别是班主任不可能看不见，视而不见就是对这份班规的默认，班规中存在这么多法律问题，教师却并未对此提出建议，可见教师的法治意识也亟待提高。人是环境的产物，这种班规熏染出来的学生，很难有很强的法律意识。学校的班规、校规随时都可以反映出法治是否真正地存在于在校园文化中。切忌以班规校纪之名行侵犯学生权利之实。这样非但不能培养学生的法治意识，反而有不良的"示范"效应。

（3）校园法治文化制度之落地生根。中小学法治教育应是具体的，学校应将法治精神融入学校管理之中，要注重从学生身边的小事抓起。中小学法治教育必须着眼于学生自身的成长，学校应实行民主管理，各项规章制度的制定中应当有学生的参与，而且必须是有学生的主动参与，促进学生在行动中实现对校园与社会生活的贯通。

班级事务、校园事务与学生息息相关，是教学中可利用的主要资源之一，也是学生从校园走向社会的一种过渡性活动。在班级事务、校园事务中，教师应当融入法治理念，坚持学生的主体地位，培养学生的主体意识、参与意识和规则意识。学校的决策应当广泛征询教师、学生的意见并及时公开信息，接受师生的监督。制定校规、评选先进及进行各种选拔时，必须让每位教师、学生都有表达意见的机会，认真听取少数人的意见。在班级层面，要制定班规；学生要能够参与决定班委的竞选规则、竞选程序、评选先进的流程，参与春游、秋游时间、地点的决策等，从中感受民主的氛围、程序的价值；在具体生活小事中，要让学生感受公平公正的法治理念，学会用法治的思维方式去解决生活中的问题。

3.校园法治文化建设的观念层面

（1）把法治教育与对个体的尊重和理性的启迪结合在一起。要重视校园中平等环境的建设，将自由、平等、公平、正义的法治理念树立为中小学生的价值追求，植根于校园文化建设中。要尊重个体，平等对待教师与学生。学校管理者要平等对待教师，使教师的地位得到保障，教师的劳动受到尊重；尊重学生，将他们作为平等主体看待。学校的一切工作、教师的一切教育教学活动均应以学生为中心，一切为学生的全面发展服务。要让学生的权利得到保障，学生的人格受到尊重，学生的创造力受到保护。对违反学生守则和校规、校纪或犯有错误的学生，应耐心批评教育，帮助他们改正错误，不轻易处分；不以停课、劝退等形式剥夺学生学习的权利。

（2）将诚信意识植入中小学生的思维方式中。诚信不仅是基本的道德规范，是法律原则，更是法律义务。西方国家已将诚信纳入法律体系两千多年，在中国的法律体系中，诚信也已经逐步成为法律义务。但长期以来，人们更多地把诚信仅仅看作道德问题，而没有从法律的视角看待诚信。因而目前学校教育中虽不乏针对中小学生的道德诚信教育，却严重缺乏法律方面的诚信教育，这导致中小学生在观念上不把诚信当作法律义务来对待，容易做出不诚信行为，严重背离社会主义法治要求。

要加强法律方面的中小学诚信教育，不能只享受权利而不尽义务。要建立一整套依法治校的诚信规则，强制规范诚信行为，促使中小学生形成诚信意识，牢固树立有权利就有义务的观念。

（3）强化精神引领，将法治观念的种子植入校园精神文化建设当中，将法治精神融入中小学生的价值追求。只有让法治理念内化于心、外化于行，法治才能成为师生自觉的选择与共同的行为方式。要结合升旗、成人礼、"十四周岁法治成人礼"等仪式，从学校的核心价值与理念中挖掘法律价值。要在教师的榜样示范中、在学校管理的细节中、在校园文化的实践中凸显"法治"的核心价值，将法治精神融入校训、办学宗旨、办学理念、校风、教风、学风当中，促进法治教育的开展，通过丰富的课程体验和校园生活体验，实现从法治课程到法治文化，再到法治精神的全校渗透，使师生逐步形成遵法学法守法用法的法治素养，形成良好的法治思维和习惯，最终使之内化为坚定的法治信仰。

二、中小学法治教育的家庭实施

在人一生所受的教育中，家庭教育是最基础的。良好的家庭教育应当包括对青少年的法治教育。家长有义务采取措施，发挥家庭的法治教育功能，把孩子培养成人格健全、遵法守法的现代公民。

（一）家庭教育的法定义务

1.家庭教育

《教育大辞典》认为，家庭教育（family education）指家庭成员之间的相互教育，通常指父母或其他年长者对儿女辈进行的教育，其主要任务是在儿童入学前，使他们的身心健康发展，在德、智、体、美、劳诸方面奠定初步基础，为接受学校教育做好准备；在儿童入学后，紧密配合学校，督促他们完成学校规定的学习任务，继续关心他们的身体健康，让他们发展正当的兴趣爱好，培养良好的思想品质；针对生活中出现的矛盾，家庭成员间进行相互开导和帮助。家庭教育是整个教育事业的重要组成部分，具有以下几种不可代替的特点和作用：

（1）奠基性。0—8岁是智力发展的关键时期，儿童主要是在家庭中度过的，父母是子女不可更换的、相处时间最长的第一位"教师"。父母及其他家庭成员的思想、品行、性格、习惯对子女潜移默化的影响，为他们一生的发展奠定了基础。

（2）感染性。父母子女具有天然的亲情，"同言而信，信其所亲"，有独特的相互感染、教育的能力。

（3）针对性。家长与子女朝夕相处，"知子莫若父"，可以准确地针对子女存在的问题和其个性特点因材施教；子女也可针对父母的脾气秉性帮助父母学习。

（4）长期性。与学校、社会教育相比，家庭教育更具持久性、连续性，有利于培养牢固的良好品德和习惯。

（5）灵活性。家庭教育面向个别成员，可以结合日常生活中的活动随时进行，内容具体，方法灵活，富有实效性。

（6）社会性。家庭是社会的细胞，家庭教育深受社会影响，同时也影响社会。

党的十八大以来，习近平总书记在不同场合多次谈过要"注重家庭、注重家教、注重家风"，如《在会见第一届全国文明家庭代表时的讲话》中指出："家庭教育涉及很多方面，但最重要的是品德教育，是如何做人的教育。""无论时代如何变化，无论经济社会如何发展，对一个社会来说，家庭的生活依托都不可替代，家庭的社会功能都不可替代，家庭的文明作用都不可替代。无论过去、现在还是将来，绝大多数人都生活在家庭之中。我们要重视家庭文明建设，努力使千千万万个家庭成为国家发展、民族进步、社会和谐的重要基点，成为人们梦想启航的地方。"

2.家庭教育义务的政策法律规定

家庭是社会的基本细胞，是人生的第一所学校。从上述对家庭教育的界定中，可知家庭教育的特征及其重要性。不仅如此，家庭教育还具有法律上的强制义务，家长必须依法履行监护职责。

《中华人民共和国义务教育法》第三十六条规定："学校应当把德育放在首位，寓德育于教育教学之中，开展与学生年龄相适应的社会实践活动，形成学校、家庭、社会相互配合的思想道德教育体系，促进学生养成良好的思想品德和行为习惯。"

《中华人民共和国宪法》规定"父母有抚养教育未成年子女的义务"；《中华人

民共和国民法总则》和2021年1月1日起施行的《中华人民共和国民法典》之第二十六条第一款规定："父母对未成年子女负有抚养、教育和保护的义务。"

《中华人民共和国婚姻法》第二十一条规定："父母对子女有抚养教育的义务。"第二十三条规定："父母有保护和教育未成年子女的权利和义务。"

《中华人民共和国未成年人保护法》第二章专章规定了"家庭保护"，明确了父母在家庭保护中的职责，如第十条第一款规定"父母或者其他监护人应当创造良好、和睦的家庭环境，依法履行对未成年人的监护职责和抚养义务"，第十二条第一款规定："父母或者其他监护人应当学习家庭教育知识，正确履行监护职责，抚养教育未成年人。"

《中华人民共和国预防未成年人犯罪法》规定："政府有关部门、司法机关、人民团体、有关社会团体、学校、家庭、城市居民委员会、农村村民委员会等各方面共同参与，各负其责，做好预防未成年人犯罪工作，为未成年人身心健康发展创造良好的社会环境。"其中还规定："未成年人的父母或者其他监护人对未成年人的法制教育负有直接责任。学校在对学生进行预防犯罪教育时，应当将教育计划告知未成年人的父母或者其他监护人，未成年人的父母或者其他监护人应当结合学校的计划，针对具体情况进行教育。"其中第十四条规定未成年人的父母或者其他监护人和学校应当教育未成年人不得有旷课、夜不归宿、携带管制刀具、打架斗殴、辱骂他人、强行向他人索要财物、偷窃、故意毁坏财物等不良行为；第十五条规定未成年人的父母或者其他监护人和学校应当教育未成年人不得吸烟、酗酒。《中华人民共和国预防未成年人犯罪法》中多个条款规定了父母在预防未成年人犯罪方面的责任。

不仅如此，针对家庭教育的专门立法也已提上日程。2010年的《国家中长期教育改革和发展规划纲要（2010—2020年）》指出："充分发挥家庭教育在儿童少年成长过程中的重要作用。家长要树立正确的教育观念，掌握科学的教育方法，尊重子女的健康情趣，培养子女的良好习惯，加强与学校的沟通配合。"其中第二十章明确提出："制定有关考试、学校、终身学习、学前教育、家庭教育等法律。"2011年国务院印发《中国儿童发展纲要（2011—2020年）》，其中指出要把德育渗透于教育教学各个环节，贯穿于学校教育、家庭教育和社会教育各个方面。其中关于儿童与社会环境的部分里提出的主要目标有："适应城乡发展的家庭教育指导服务体系基本建成。儿童家长素质提升，家庭教育水平提高。……保障儿童参与家庭生活、学校和社会事务的权利。"在关于儿童与社会环境的部分中提出的主要目标有："将家庭教育指导服务纳入城乡公共服务体系。普遍建立各级家庭教育指导机构，90%的城市社区和80%的行政村建立家长学校或家庭教育指导服务点。建立家庭教育从业人员培训和指导服务机构准入等制度，培养合格的专兼职家庭教育工作队伍。加大公共财政对家庭教育指导服务体系建设的投入，鼓励和支持社会力量参与家庭教育工作。开展家庭教育指导和宣传实践活动。多渠道、多形式持续普及家庭教育知识，确保儿童家长每年至少接受2次家庭教育指导服务，参加2次家庭教育实践活动。加强家庭教育研究，促进研究成果的推广和应用。为儿童成长提供良好的家庭环境。倡导平等、文明、和睦、稳定的家庭关系，提倡父母与子女加强交流与沟通。预防和制止家庭虐待、忽视和暴力等事件的发生。"2016年11月，中华全国妇女联合会联合教育部等九部门共同印发《关于指导推进家庭教育的五年规划（2016—2020年）》，提出到2020年要基本建成适应城乡发展、满足家长和儿童需求的家庭教育指导服务体系。

可见，履行监护责任是家长的法定义务，开展家庭教育指导、建立家庭教育指导服务体系是政府和社会的义务。

3.法治教育中家庭教育的重要意义

许多对未成年人违法犯罪案件的分析显示，"问题儿童"大多来自"问题家庭"，未成年人违法、犯罪与家庭教育中监护失职、家长法治意识淡薄、父母教育方式不当有密切关系。许多成年人的习惯性犯罪，也与青少年时期的家庭生活经历有关。家庭是人们出生后所接触的最早的环境，所以在法治教育中，家庭教育起着至关重要的作用。著名教育家苏霍姆林斯基曾指出："教育的效果取决于学校和家庭的教育影响的一致性。如果没有这种一致性，那么学校的教学和教育过程就会像纸做的房子一样倒塌下来。""学校和家庭，不仅要一致行动，向儿童提出同样的要求，而且要志同道合，抱着一致的信念，始终从同样的原则出发，无论在教育的目的上、过程上还是手段上，都不能发生分歧。"家庭教育是贯穿人一生的教育，而在家庭教育中，父母又起着决定性的作用。家庭教育是家事，也是国事。良好的家庭风气和家庭教育，不仅对于个人成长作用极大，能够帮助孩子迈好人生的第一个台阶，扣好人生的第一粒扣子，而且对于维护整个社会的健康发展也起着非常重要的作用。

（二）中小学法治教育在家庭中的实施

1.学校是中小学法治教育在家庭中实施的有力支撑

当前中国处于社会转型期，家庭教育的功能逐渐弱化。在农村，家长对留守儿童疏于教育是一个严重问题；在城市中，由于年轻人忙于工作，孩子隔代抚养的情况也很普遍。"根据北京市海淀区法院去年的审判实践来看，50%以上的少年犯来自单亲、继亲或婚姻动荡家庭，未成年人犯罪与家庭结构残缺、家庭监护缺失、教育方式不当密切相关。"著名教育学者谢维和认为"家庭教育中存在的各种可能的风险，使得家庭教育指导服务成为一种非常重要而且是非常专业化的教育工作"。我国政府一向重视对家庭教育进行指导的问题，不仅构建了家庭教育的社会支持体系，而且加强了对其的政策制定与法律保障。如《中华人民共和国教育法》第五十条第三款规定："学校、教师可以对学生家长提供家庭教育指导。"《中华人民共和国未成年人保护法》第十二条第二款规定："有关国家机关和社会组织应当为未成年人的父母或者其他监护人提供家庭教育指导。"

《中华人民共和国预防未成年人犯罪法》第二十四条规定："教育行政部门、学校应当举办各种形式的讲座、座谈、培训等活动，针对未成年人不同时期的生理、心理特点，介绍良好有效的教育方法，指导教师、未成年人的父母和其他监护人有效地防止、矫治未成年人的不良行为。"《关于指导推进家庭教育的五年规划（2016—2020年）》则进一步提出"建立健全家庭教育公共服务网络，依托城乡社区公共服务设施、城乡社区教育机构、儿童之家、青少年宫、儿童活动中心等活动阵地，普遍建立家长学校或家庭教育指导服务站点，城市社区达到90%，农村社区（村）达到80%。在中小学、幼儿园、中等职业学校建立家长学校，城市学校建校率达到90%，农村学校达到80%。确保中小学家长学校每学期至少组织1次家庭教育指导和1次家庭教育实践活动，幼儿园家长学校每学期至少组织1次家庭教育指导和2次亲子实践活动，中等职业学校每学期至少组织1次家庭教育指导服务活动"的要求。

"很多国家设有家长课程，例如德国在每个学期都给家长开设一两次课程，每次2到4个小时，让家长了解自己的孩子到这个年龄阶段应该被施以什么样的教育方法。有些国家甚至把家庭教育课作为高中必修课，让十七八岁的学生在结婚之前学习怎么养孩子、怎么教育孩子等基础知识。""英国的养育令则规定，如果孩子不上学，发现两次就让家长上培训班，接受培训是一种法律责任。"我们也要强化家庭教育的责任，制定出台有关家庭教育的法规或条例，将家庭教育纳入法治化发展轨道，真正实现学校教育、社会教育、家庭教育的三位一体，使之共同构成法治教育体系。

当今学校绝不是一个封闭的教学单位，而是一个面向社会、需要承担相关社会职责的主体。学校的家庭教育指导工作既要围绕学校的中心工作自成体系，又要主动为建构家庭教育社会支持系统、整合社会资源做出积极的贡献。

2.中小学法治教育在家庭中实施的策略

（1）法律工作者、法治教育工作者在家庭中要有普法、释法的自觉。公检法等部门的法律工作者、高校的法律教师、中小学道德与法治课教师及所有的法律工作者、法治教育工作者也是生活在家庭中的。在居家生活中，他们应当成为普法宣传员，成为家庭法治教育中不可忽视的强大力量。在北京市小学道德与法治教育"讲我的故事"活动中，东城区西中街小学张弘弦同学演讲的题目就是《我家的法治老师》，这位同学介绍了自己身为警察的妈妈在日常生活中给孩子讲法治小常识的故事。其中提及，有一次，当张弘弦想去援助"受到欺负的朋友"，与对方理论时，当警察的妈妈讲了一个"聚众斗殴被判刑"的真实案例，帮助他化解了小伙伴之间即将发生的冲突，也使得这位小学生由衷地感叹道："我也是头一次意识到法治就在我的身边，成长的道路虽然漫长，紧要的却只有几步。遵守法律，不触碰法律底线，才是对我们自己最好的保护。"再如，有一些孩子的父母是律师，经常为朋友、邻居讲解法律问题，孩子时刻浸润在法治教育的家庭环境中，也会接受很好的法治教育。

笔者在家庭中也对孩子实施法治教育，教育孩子要学会自我保护，这种教育效果显著。当大人外出时，孩子会检查防盗门锁是否锁好；行走在马路上，孩子会走人行道，会严格听从红绿灯指挥，不做横穿马路的行为。在刚上小学时，笔者的孩子看到那么多家长带着小孩闯红灯，也不愿等候，可是长期教育下来，孩子现在就有了非常强的规则意识、法律意识。可见，法治教育的实施主体不仅包括学校，家庭也应成为法治教育实施的主体。而且，家庭中的法治教育是随时随地、潜移默化的，更有助于学生掌握生活中的法律，形成法治思维方式。

（2）父母要注重言传身教，做孩子的行为模范。中小学生的法治教育是法治素养的养成教育。"养"即过程，"成"即效果。遵法守法的习惯和能力都是在不断重复、不断强化中形成的。父母的言传身教，影响着中小学生的守法习惯。在家庭中实施法治教育时，学生不仅能获得具体的法律知识，还能在家庭中耳濡目染。父母言传身教的影响要比学校和社会的宣传教育作用大得多。北京八中的林子逸同学就谈了他对家庭法治教育的看法，认为"法治教育与家庭有莫大的关系"，"在'全面依法治国'的社会背景下，做一个守法的公民，是对孩子做人的'底线'教育。从小家抓起、从小事做起、从小启迪，父母的作用无可替代"。

家长作为未成年人的第一任老师，给予孩子的是一种先入为主的引领，家长对家庭成员的礼让尊重，在社会生活中对不同群体给予的尊重，比如，对保洁员、快递员礼貌相待，能够在孩子幼小的心灵里种下职业平等、尊重他人的种子。还有的家长教育孩子遵纪守法，也只是出于把孩子培养成一个"好人"的朴素想法，但在社会生活实践中，这却奠定了孩子形成规则意识的基础。

当然，我们需要通过家长课堂、社会宣传教育等多方面、多渠道对家庭进行引领，使家长明确自身的监护人职责，使其对孩子的教育由自发上升到自觉。在社会生活中，家长不仅要从道德上对社会现象加以评判，还要教导孩子从法律的角度看待问题，在法律的框架下行动，从而引导孩子多角度理解问题，在涉及法律的问题上要以法律为先。同时，家长也要认识到家庭不是法外之地，孩子不是家长的所有物，家长要以身作则，尊重孩子的人格，尊重孩子的隐私权等各项权利，形成民主平等的家庭氛围，切实保障《中华人民共和国未成年人保护法》中赋予未成年人的参与权，使其作为家庭的主人参与家庭事务的讨论与决定，从家庭生活实践中感悟公民的权利与义务。

孩子是家长的一面镜子，他们的行为习惯很多是从父母那里观察模仿而来的，因此，家长必须以身作则，遵纪守法，身体力行，时时处处做孩子们的表率，这样才能赢得孩子的尊敬和信任，才能让孩子从父母与他人的交往中、父母与孩子的相处中学习与人相处的道理和规则，在与他人的交往中形成良好的习惯，让遵守规则的意识成为自觉，让遵守规则成为孩子的生活方式。遵守法律不仅是一种法律义务，也是一种道德义务，守法本身就是一种"善"，是一种对社会、对他人、对自己、对法律的尊重与负责，只有懂得守法的真谛，守法才会成为自觉。如果大多数家庭中的父母能很好地担任这一角色，那么整个社会将会在几年或十几年后在一代高素质、受正确规则引导的青年的建设下和谐发展，依法治国的目标将水到渠成。

（3）家长要留心法治教育的家庭教育模式，选择合适的时机对孩子进行教育。家长可以安排适当时间，让孩子观看有益于身心健康发展的法治电视节目，引导孩子树立法治理念，参观法治教育展等。当然，这是要在孩子愿意的情况下进行的。进行有效的法治家庭教育，离不开良好的亲子关系。良好的亲子关系是教育的前提，尤其是进入青春期后，如果孩子的逆反心理非常强，一般的话就有可能听不进去，家长如果再进行"说教性"的法治教育，那么只会适得其反。此外，家长对孩子进行法治教育时必须择机而行。比如，在孩子因为与同学的交往问题寻求家长帮助时，家长可以进行平等尊重的人格教育与友善待人的道德教育；在孩子碰上同学考试作弊的问题，应给予其诚信方面道德与法律的教育，在家长与孩子的聊天中实现教育的目的。家长是孩子成长中的助手，在孩子成长的过程中，要学会助推孩子的法律素养、道德修养、政治素质等综合素质的提高。

3.中小学法治教育家庭实施的特点

家庭教育是学校教育和社会教育的基础。家庭教育最主要的目标是培养孩子的习惯、道德、品性和兴趣，其中也包括情感、态度、价值观，以促进青少年健康成长。而家长的不当行为会潜移默化地影响自己的孩子。在课上笔者曾经问学生："你们闯过红灯吗？"学生几乎异口同声地说："我不闯，但我爸妈带着我闯。"可见，家长的"示范作用"对于中小学生来说是影响非常大的。如何减轻家长不良示范的作用？这就需要发挥家庭教育的强大功能。家庭教育不仅指父母或其他年长者对儿女辈进行的教育，而且指家庭成员之间的相互教育。中小学生在学校学习法律知识的同时，要做个小小的宣传员，将学习的法律知识、法律思维方式传达给家长，促使家长转变行为。在中小学法治教育的家庭实施中，双向性——

长辈与晚辈的相互教育显得格外突出，这是中小学法治教育在家庭中实施的一大特点。

法治教育在家庭中实施时是双向的。一方面，家长遵法守法的意识和行为会潜移默化地影响中小学生。俗话说："什么样的家庭，培养出什么样的孩子。"家长们应当倾尽全力做崇尚法治信仰的父母，建造具有法治思维和习惯的家庭。另一方面，中小学生在家庭法治教育中的作用也不可小觑，中小学生可以通过以在学校、社会等多渠道学到的法律规则、法治理念"反哺"家长，反过来纠正家长在社会生活中的不当乃至不法行为，从而增加父母的法律知识，提高父母的法律意识。

在北京市小学道德与法治教育"讲我的故事"活动中，小学生们在真实的社会生活中，从身边发生的故事里发掘了许多真实的法治教育案例，着实给父母、教师上了一课。比如，有的孩子提及，为了防范妈妈偷看日记，要买带锁的笔记本，这涉及未成年人隐私权的话题。学生从法律的角度指出父母要尊重未成年人的隐私权，又从未成年人的角度，谈及如何与父母沟通、交流的问题。学生还通过对《中华人民共和国消费者权益保护法》的学习，懂得了如何用法律捍卫自己作为消费者的合法权益，进而改变了家长一味忍气吞声，不知、不敢维护自己合法权益的现象。

家庭是社会的细胞，要想教育和培养全社会成员对宪法和法律的信仰，大力弘扬现代法治精神，在全社会形成崇尚宪法和法律、维护法治尊严和权威的良好氛围，在家庭中进行法治教育是很必要的。拥有法治思维的家庭、社会成员越多，就越能够促进法治社会的建设。

三、中小学法治教育的社会实践

法学是一门实践性很强的学科，实践性课程在法学教育体系中占十分重要的地位。它强调以理论知识促进学生进行实践性活动，让学生以实践活动来消化和理解理论知识。法律观念的确立来自公民对社会法律的感知，中小学法治教育不仅包括学校的法律课，更应包括社会生活中的法律实践，它们是行为的感召，是具体的示范，是日常生活经验的积累。

（一）中小学法治教育社会实践的意义

"每一项法律规则，都可以被认为是社会为了使它的成员在他们的行动中不致发生冲突而建立起来的一道道屏障或一条条边界。"对于法治信仰的培育、法治思维的养成以及法治素养的培养来说，教育是重要的基础，具体生活中的践行则可能更有效。

法律的权威源自人民内心的拥护和真诚的信仰。在社会生活实践中，中小学生通过参与社会生活，通过自己的亲身经历，能够切实感悟社会生活离不开法律，只有自觉守法、遇事找法、解决问题靠法，只有在法律的框架下行事，才能实现对权利的保障，实现对社会秩序的维护，实现公平正义，使人们在内心深处建立起对法治的信仰和尊崇。

有鉴于此，我国通过立法切实为中小学生法治教育开拓实践基地，从法治教育社会大课堂的角度保障中小学法治教育的切实有效实施。2016年9月1日教育部等七部门提出的《关于加强青少年法治教育实践基地建设的意见》中指出，要针对当前学校法治教育存在的法律知识传授为主、教学模式单一、教育资源不足等问题，切实转变法治教育方式，充分利用校内外教育资源，形成以法治观念养成为中心，实践教学、探究学习等多种模式相结合的法治教育格局，全面提高青少年法治教育的针对性、实效性。

（二）中小学法治教育社会实践的策略

中小学法治教育社会实践，从参与的方式看，可以简单分为"请进来"和"走出去"，"请进来"即让社会资源人士进入课堂，实现"课堂中的社区"；"走出去"即开发"社会中的课堂"，学生走出课堂，在社会中进行法治教育的实践。

1."请进来"

青少年法治教育是一项复杂的社会系统工程，学校应全面整合社会资源，使其有效地进入教学环节，主动寻求法官、检察官、律师等社会专业人士的支持，特别是充分利用高校法学教师、法学专业学生这支法治专门队伍和法治志愿者服务队伍，并对法律志愿者的教学效果进行评估，从而更好地提升中小学法治教育效果。

为强化法律实践在中小学法治教育中的重要作用，我国出台了相关的法律文件，并给出操作路径。如《青少年法治教育大纲》指出："青少年法治教育要充分发挥学校主导作用，与家庭、社会密切配合，拓宽教育途径，创新教育方法，实现全员、全程、全方位育人。"要广泛组织和动员国家机关和社会力量支持和参与青少年法治教育工作，建立社会法治教育网络。法院、检察院、公安机关、司法行政机关等国家机关和律师协会等社会组织要深入学校开展法治宣传教育，与教育部门、学校合作开发法治教育项目；有关行政部门要按照"谁执法、谁普法"的原则，利用学校法治教育平台，为学校提供相应的法治教育资源和实践机会，鼓励法律工作者、研究人员以各种形式参与青少年法治教育，为学校开发法治教育课程、开展专题法治教育活动提供支持。

（1）"请进来"之法治专题讲座。现在，有些学校采用与地方法院合作的形式，或者以聘请法治副校长、法治教育校外辅导员等多种形式，让法律专家、学者进校园。法官、律师、检察官等法律专业人员可结合社会热点与学校的现实需求，如防范校园欺凌、处理校园伤害事故等为学生、为教师开设法治教育专题讲座。这种讲座具有即时性、针对性、指导性，扩大了校园法治教育的课堂。

（2）"请进来"之制度化建设。"请进来"的重点不在于学校一学期或一学年内请法官、检察官等到学校进行多少次法治教育讲座，更重要的是要建设法治师资队伍，形成法治教育方面的制度体系，使之成为学校课程体系的重要组成部分。比如，北京市第十八中学附属实验小学就充分利用了社会教育资源，聘请了北京市第二中级人民法院的法官作为法治教育校外辅导员，在法治主题队会上经常请来北京市第二中级人民法院的法官，以法官说法的形式，为少先队员释法。这些法官不仅给小学生释法，而且为教师普法，经常解答教师在教育教学中遇到的法律问题，为学校全面开展法治教育，提供了有力的保障。

以"请进来"的方式，让教育行政人员、法官、检察官、律师、高校法学师生等参与中小学法治教育，不论是开专题讲座，还是参与校园课程教学，都不仅仅传播了法治知识，更重要的是使法治精神、法治因子融进学校，成为校园法治文化的重要组成部分。

2. "走出去"

《青少年法治教育大纲》指出，各级教育部门和学校要积极组织学生参加法治社会实践活动。各地要根据实际，积极建设综合性的青少年法治教育实践基地，在司法机关、相关政府部门或者有关组织、学校建立专项的法治教育基地。在学生社会实践活动中，要安排一定比例的法治实践内容，让学生在真实的法治实践情景中进行学习。学校要充分利用各种社会资源，加强与社区的合作，组织学生进行社区法治服务活动。有条件的高等学校可以设立大学生法律援助中心，利用"三下乡"活动组织学生进入社区、街道开展法治宣传，普及法律知识，使学生在实践中学法、用法。

教育部等七部门提出的《关于加强青少年法治教育实践基地建设的意见》中指出，充分利用各种法治教育资源，支持实践基地建设。司法行政部门要发挥对普法工作进行综合协调的职能，按照"谁执法谁普法"的要求和相关法律规定，统筹组织和大力支持各有关部门提供针对青少年的普法教育资源，以多种形式参与实践基地建设。

（1）到法治教育基地参与实践。中小学生到法治教育实践基地学习，提高法治素养是"走出去"的重要组成部分。伴随着《青少年法治教育大纲》《关于加强青少年法治教育实践基地建设的意见》的提出与施行，法治教育基地相应地也不断建立起来。

如2016年5月24日，由北京市西城区团委、西城区教委、西城区司法局、西城区法院共同建立的北京市西城区青少年法治教育基地成立；同年12月1日，北京市东城区法治宣传教育领导小组办公室、东城区法院、东城区司法局、东城区教委在东城区法院正式成立青少年法治教育实践基地。2017年12月4日东城区青少年法治学院成立，依托东城区职业大学法律专业的师资力量和行政执法培训基地的资源，在东城区职业大学内部作为专门机构独立运作。要着力构建多方力量汇聚的平台，推进普法教育内容的体系化、规范化建设，让青少年学法、知法、用法，逐步了解如何治理国家和社会。2017年5月，由北京市法治宣传教育领导小组办公室、民盟北京市委、北京市戒毒管理局共建的戒毒法治宣传教育基地正式启动，北京市戒毒管理局及部分戒毒场所与有关单位、学校、企业签订了毒品预防宣传合作共建协议。2017年12月4日，北京市青少年法治教育中心成立。

除了让学生参与法治教育基地的实践外，还要进一步培育法治文化和法治氛围，如通过国家宪法日、重大纪念日、民族传统节日等契机，开展法治文化活动；将法治元素纳入城乡建设规划设计，利用博物馆、图书馆、文化馆、社区文化中心等，开展法治文化项目建设；充分利用普法宣传新地标，如北京的沈家本故居、顺义区宪法广场、密云区法制公园，上海的"山阳故事说·平安"主题体验馆，重庆市垫江法治文化公园等，让学生在社会生活中时刻感受法治，受到法治文化的熏陶。

（2）到更广阔的社会中进行法治实践。对中小学生的法治教育，最终要落实到学生的法治信仰、法治思维和守法习惯上。积极参与法治实践，是让中小学法治教育落地生根的最佳方式。在我们的社会生活中，法治教育和规则教育是大范围存在的，而中小学生的法治经历和经验也是非常丰富的，只是在一定程度上，学生不明白其经历与法治的关联。因此，学校、社会、家庭有必要给学生搭建法治教育的平台。有了这个平台，学生会强化其法律意识。比如，2016年"法治教育进课堂示范校建设实践研究"中，为调动学生学法用法积极性，我们联手《法治与校园》杂志，在通州四中（法治教育示范校）成立《法治与校园》法治小记者站。此活动开拓了学生的法治教育实践领域，为学生进行课外法治活动搭建了平台，培养了学生的法律意识，推动学生从法治教育的学习者成长为法治教育的宣传者、法治思想的传播者，努力回馈社会。2017年3月，北京市教委启动了设立《法治与校园》学生记者站的活动，活动范围遍及全市各区，共有85所中小学，846名中小学生被授牌。这些都极大激发了广大中小学生参与法治学习、关心法律时事、进行法治宣传的热情，每位小记者在日常的学习采访中，都敏于求知，学思并举，努力让遵法、守法成为自身的自觉行为和生活习惯，推动自觉学法、守法、讲法的教育环境的形成。

以赛促学,是促进中小学生参与法治实践的有效方法。通过集中开展大赛的形式,我们可以给青少年学生一个展示、发挥才华的机会和平台。2017年北京组织了面向北京市小学教师和学生的"北京市小学道德与法治教育'讲我的故事'"评选及展示活动。在这次评选中,笔者真实地感受了学生对于法律的领悟,发现法律确实存在于学生的生活之中。全国"学宪法讲宪法"演讲比赛、青少年学生法治知识网络大赛等,不仅掀起了全国学生学习宪法的热潮,更使对宪法的学习贴近社会生活,落到生活实处。

法治教育是以学生为主体的教育,学生的主体性不仅体现在学习法律和依法治校中,他们在法治教育过程中的角色定位也不仅是学习者,还是参与者、践行者、传播者。学生甚至可以超越其作为普法活动客体的身份,成为普法活动的主体。我们可以将青少年普法活动与学生的社区实践活动相结合,使学生成为社区普法和家庭普法中的"宣传员"和"行动者"。北京市顺义区龙湾屯中心小学校是北京市顺义区东北部的一所农村小学,它用红领巾小广播"编织"了空中普法网。学校不仅依托红领巾广播站对学生进行法治教育,并且从校内延伸到校外,对学生家长和全镇进行法治宣传。因此红领巾广播社团被北京市少工委、北京人民广播电台评为"优秀红领巾广播站",中央电视台及北京日报等多家媒体都报道过其社团活动。可见,中小学生参与社会法治服务是不分城市和乡村的。参与法治实践,能够使中小学生拥有的法治知识"活起来"、法治意识强起来,使他们将法治知识回馈于社会,推动法治社会的建立与完善。

四、法治教育网络平台的充分利用

在新媒体时代,要特别注重发挥新媒体在法治教育中的重要作用,构建完整的青少年法治教育体系,正如《青少年法治教育大纲》指出的那样:"注重发挥课外活动、社会实践和网络文化的重要作用,加强政府部门、学校、社会、家庭之间的协调配合,形成校内校外、课内课外、网上网下相结合的教育合力。"

(一)青少年法治教育网络平台的现状

新媒体时代,信息的开放性和交互性空前发展,网络成为人们生活中不可或缺的重要组成部分。借助网络传播的开放性和普及性进行法治宣传教育,是中小学法治教育的一个重要路径。

现在,各新闻媒体都有网络门户网站,各级政府网站等也都承担着一定的法治宣传教育功能。如北京市教育委员会网站上设有"北京教育普法"二级页面,其中设置了工作文件、法治资讯、以案释法、宪法学习、电子刊物及资料下载栏目。

2013年1月7日，为推动青少年普法工作的展开，利用网络媒体和信息技术丰富校园法治教育，教育部全国教育系统普法领导小组办公室主办、北京外国语大学承办的全国青少年普法网正式开通。教育部全国青少年普法网是专门针对青少年学生开展法治宣传教育的专业化公益性网站。网站集合图片、文字、视频、动画、课件、电子书、游戏、社区及管理系统等新媒体资源，旨在为中小学师生开展法治教育提供全方位的支持和帮助，力图成为贴近学生、服务教师、协助学校、帮助家长的法治教育资源中心和学习平台。教育部全国青少年普法网是推进学校法治宣传教育工作的一项重要举措。教育部将进一步加大青少年法治教育的工作力度，组织高校专家学者、司法机关及各种社会资源共同参与和支持青少年法治教育，并将充分利用这一网络平台，组织和动员中小学教师制作法治教育课件、展示法治教育成果，汇集和传播符合青少年身心特点的内容新颖、形式生动的优质法治教育资源，为中小学深入开展青少年法治教育提供有力支持。

此外，教育部办公厅颁布的《2017年教育信息化工作要点》中特别强调，要推进网络法治教育，加强普法网络建设，与中国医师协会、中国律师协会等单位合作，为学校提供法律、安全预警等在线咨询服务，开展青少年法治教育教师网络培训，继续举办全国学生学宪法讲宪法活动，扩大优秀法治教育资源覆盖面，并且明确了教育部政法司为责任单位。

应该说，青少年法治教育的网络平台从政策法规到具体操作都有依据和实施的范例，这为形成青少年法治教育的社会合力和良好氛围奠定了基础。

（二）新媒体时代青少年法治教育网络平台的充分利用

1.创新网络平台的应用形式

随着平板电脑进校园和智能手机的普及，在中小学法治教育中除了利用现有的法治教育网站外，有条件的学校还可以自己开办门户网站，或者创建QQ群、开通博客，利用飞信、微信、校园公众号等网络即时通信工具推送与青少年成长相关的法律内容、学生要了解的法律知识，开展丰富多彩的法治宣传教育活动。现在法院、检察院、律师事务所等单位所设的微信公众号还不被广大中小学生知晓，如《法治与校园》官方微信公众号、校园与法公众号等。学校要加大宣传的力度，让法治知识实现"指尖上"的传播。新媒体强调影音、文字信息的整合，其法治宣传教育的内容和形式要适合中小学生年龄认知特点，能够充分调动学生学习法律的积极性，使学生对法治意识、法律知识的学习突破传统的课堂教学，使法治教育从灌输式、被动式向情感共鸣、自觉接受方向转化。

2.增强青少年法治教育网站的实效性

网络只是信息传播的载体，信息资源的汲取和共享才是人们使用网络的目的。

要发挥法治教育网站的优势，就必须有丰富的法治教学信息资源的支持。现有的青少年法治教育网站从形式到内容都比较吸引中小学生，但仍有改进的空间。

比如，这些网站可以增强互动性。例如，找法律专业人士在网站值守，从事法律义务咨询，通过在网络上对话，对学生、教师在学习（教学）中、生活中遇到的法律问题进行实时解答，这无疑可以提高学生的参与度。这种互动性，也将吸引更多的教师、学生积极地参与其中，增强法治教育网站的的实效性。

此外，还可以建立一种有效的沟通机制，通过热线、论坛等形式让教师、学生参与对法治话题的讨论，让他们针对面向社会的立法热点提出建议，引导学生积极行使公民权利。针对青少年的法治教育网站不仅应成为学生学习的又一课堂，还应成为学生参与社会法治实践的场所，应最大限度地开发和利用法治教育网络平台。

3.实现网络平台与学校法治教育的有效对接

不从事法治教育的人士可能至今都不知道上述青少年法治教育网站，尽管它们已经运行了很长时间，其原因就在于这些法治教育网站没有实现与中小学生法治教育的有效对接。

目前，我国的中小学生利用网络自主学习的能力还有待提高。一方面，教师、家长担心学生上网"过多"形成对网络的依赖甚至"网瘾"；另一方面，虽然强调学生在学习过程中的主体地位，支持学生用计算机辅助自主学习是教学改革最重要的内容之一，但从中国的教育现状看，在这一点上教育工作者做得还远远不够。

我们可以借鉴英语学习中借助网络辅助学习的情况，使法治教育专业网站成为中小学法治教育的重要资源，相应增加网站的板块，适时更新法治教育内容，实现青少年法治教育网站与青少年法治教育的有效对接。比如，网站可以针对"道德与法治"课程的法律内容，结合法治主题班队会等活动，增加法治教育的主题和素材，使青少年法治教育网站成为中小学法治教育中教师、学生的有用参考。

2020年，新型冠状病毒肺炎疫情改变了人们的生活方式，拓宽了法治教育的网络空间。大、中、小学不同层次、不同主题的法治讲座和大量的直播、录播课程得到共享。网站可以借此机会整合各种法治教育资源，分级分层，满足中小学生的不同需求。

此外，网站还可以找出一批适合新媒体宣传的法治电影、法治电视剧、法治动漫和法治微电影等，将视频作为法治教育的组成部分、进行法治文化宣传的重要内容。党的十九大报告提出"建设社会主义法治文化"，这就意味着要发挥法治文化的渗透力、吸引力和感染力，用新时代法治文化的力量去涵养法治信仰，诠释法律知识和法治精神。在进行无声的法治教育的同时，要触发学生更深的思考。比如，我们可以将历届评选出的法治微电影优秀作品在网上播放，如北京市小学道德与法治教育"讲我的故事"活动在网络直播之后,其视频就可以放在更大的网络平台上播放,充分发挥此次活动对中小学法治教育的引领与辐射作用;我们还可以以此为契机,鼓励和引导更多的教师、学生留意身边的法,在教学中讲"我与法的故事",在课外时间借助手机制作一些简单的法治宣传公益广告等,在学习和亲身实践过程中增强法治意识,形成课上课下、校内校外、网上网下一体化的法治教育新格局。

第三节　中小学法治教育的实施保障

中小学法治教育是一项系统工程。中小学法治教育体系应以中小学生为主体,以学校、家庭和社区为客体,涵盖课程设置、实践活动、法治教育基地建设、优秀师资团队建设及良好的法治社会氛围建设等方面;学校、家庭、社会应形成合力,构筑三位一体的法治教育网络,共同承担起提高青少年法治素养的重任。

一、中小学法治教育的制度保障

中小学法治教育的实施要在法律的框架下进行,要形成协同推进青少年法治教育的长效机制,实现中小学法治教育工作的制度化、规范化。

(一)建立健全协同推进青少年法治教育的制度

《青少年法治教育大纲》指出,各地要在党委、政府的统一领导下,建立由教育部门牵头,司法部门、共青团和有关部门、组织等共同参与的青少年法治教育工作机制,联合制定青少年法治教育工作规划,明确责任分工,确定工作步骤,协同推进青少年法治教育。

目前,协调推进青少年法治教育的措施已初具格局,已实现协调推进青少年法治教育的制度化。《北京教育系统法治宣传教育第七个五年规划(2016—2020年)》重点任务分工方案根据北京教育系统法治宣传教育工作领导小组各成员处室的职责,明确了"七五"法治宣传教育的重点分工,规定了任务完成的节点。例如,开展"法治知识进课堂"基地校建设,在各区、学校地方课程或者校本课程中设置法治知识课(必修或选修),加强专门课程建设的经验总结和交流,这些工作由政策研究与法制工作处和基础教育二处负责,完成时限是2020年12月。

要继续健全法院、检察院、公安机关联系中小学的制度,让法官、检察官、公安干警走进中小学担任法治副校长,为师生开展法治宣传教育。比如,2018年9月1日,最高人民检察院检察长、北京市第二中学法治副校长就为全校师生上了特殊的第一课——"学法懂法用法,做社会主义法治的崇尚者、遵守者、捍卫者"，在学生心中播下法治的种子。又如，有的法官、检察官、干警走进中小学校开展"防拐骗、防性侵""防治校园欺凌"等专题法治教育，或调研中小学生面临、经历的法律问题，开发制作《我是一个小美丽》等普法微动画，普及法律常识，帮助学生树立自我保护意识。

要继续践行法律进校园，形成多部门、多组织参与的推进青少年法治教育的长效机制，完善中小学法治教育一体化的参与体系，将走进中小学的青少年法治教育工作作为该部门、组织年度考核的重要内容，推进其在实践中不断创新，将对青少年的法治教育落至细节、落至小处、落至实处。

（二）落实中小学法治教育的内容和课时保障

《青少年法治教育大纲》规定了各学段的法治教育内容，指出"法治教育要与德育课程紧密结合，要适时、相应修订中小学德育课程标准，完成本大纲要求的教学内容。小学低年级要在道德与法治课中设置专门课时，安排法治教育内容；小学高年级要加大法治教育内容在道德与法治课中的比重，原则上不少于1/3；初中阶段，在道德与法治课中设置专门教学单元或集中在某一学期以专册方式实施教学，以此保证法治教育时间。高中教育阶段，思想政治课要设置专门的课程模块，可以采取分册方式，将法治教育作为思想政治课的独立组成部分，或者加大法治教育选修课的课时"，并将这些内容具体落实到法治教育的国家课程、地方课程与校本课程中。中小学应将法治教育纳入学校总体发展规划和年度工作计划，重点在师资配备、课程实施、经费支持、制度机制等方面予以保障，做好法治教育的落实工作。

（三）完善中小学法治教育的评价制度

中小学法治教育评价是我国青少年法治教育的短板。我国青少年法治教育一直未能建立起科学的评价体系。长期以来，在实践中形成了一种不成文的评价规则，似乎学生道德与法治课的成绩就是对中小学生法治教育的评价结果，而中小学生的犯罪率就是衡量学校法治教育工作成果的指标。目前，发挥评价的导向、反馈、激励、改进功能，改革并完善中小学法治教育的评价机制，建构法治教育大课程观下的评价制度刻不容缓。

从评价的内容看，中小学法治教育的目标体系应成为中小学法治教育的评价指标体系，我们可以从法治知识、法治能力及法治价值观三方面评价法治教育的效果。对于法治知识理解的评价，除了采用道德与法治课程考试的评价方式外，建议与国家教育质量监测同步进行，客观呈现学生的法治知识水平，并将之作为学生综合素质评价的重要内容；法治能力与法治信仰、态度、法治思维、法治价值观的评价则应侧重采用形成性评价的方式，与学生的实践活动相结合，以此合理确定学生的法治素养等级。

从评价的方式看，在以考试方式测试的同时，还可以采用问卷法、访谈法、观察法等多种形式，考查学生在真实情境中自发流露出来的法治情感和在解决现实问题中所表现出的法治意识水平、法治价值观。

从评价的主体看，进行评价的人应包括具有法律专业知识、法治思维的教育专家、学校教师、行政管理人员及学生，这样可以多角度、全方位、客观公正地评价学生的法治素养水平。

此外，要将学校中法治教育的实施情况作为依法治校情况的重要部分，纳入学校的年度考核范围；还要将之作为预防青少年违法犯罪和"平安校园"创建工作的内容，纳入综合工作考评中。县级以上各级人民政府教育督导机构要将学校法治教育实施情况纳入教育督导范围，帮助学校推进法治教育工作。

二、中小学法治教育的队伍保障

教育的根本在于培养人，法治教育的根本在于培养具有法治素养的人。教师的法治意识、法治素养对学生法治意识的形成有着潜移默化的感染、熏陶作用，对全面提高学生的法治素养有着最直接的示范和导向作用。因此，中小学法治教育的实施离不开专业的法治教师，专业的法治教师队伍是中小学法治教育实施的关键因素。

（一）中小学法治教师在中小学法治教育实施中起关键作用

德国民主主义教育家第斯多惠说："正如没有人能把自己没有的东西给予别人一样，谁要是自己还没有发展、培养和教育好，谁就不能发展、培养和教育别人。"从法治教育国家课程的角度来说，当下该课程名称由原来的"思想品德"变更为"道德与法治"，相应增加了法律教学内容，但讲授课程的教师基本未变，教师的知识储备基本未变，授课教师绝大多数是思想政治教育专业毕业的，没接受过系统的法治知识、法治思维训练。很多教师在讲授法律课时不出现知识性错误，已属不易。教育部副部长朱之文在《培育青少年宪法精神种下法治的种子》中指出："专业法治教师缺乏是目前我们面临的一个比较大的困难（很多地方没有一名专业的法治教师）。"可见，师资匮乏是制约法治教育发展的关键性因素。在此现实下，提升教师的法治素养，提高教师的法治教育教学能力，就成为确保中小学法治教育实施的重要方法。

有鉴于此，我国政府多次从政策、法律层面对培养中小学法治教师的方式加以规范：2013年《教育部办公厅关于全面加强教师法制教育工作的通知》中指出，"加强教师法制教育十分急迫"，"教师的法律素质是提高青少年法制教育质量的关键"，"探索教师法制教育的多种形式。在教师资格考试中进一步加强法律相关内容的考核。实施中小学教师全员法制培训，通过国家和地方分级培训的方式，争取用3年的时间，确保全体教师接受不同层次、不同形式的法制培训。中小学校长国家级培训和中小学教师国家级培训将法制内容列入培训课程，地方各级教育行政部门分级组织培训班，确保全部中小学校长和法制教育教师都能接受系统的法制培训。积极推进校长依法治校能力培训基地和法制教育教师培训基地建设，为教师法制培训提供支持和服务"，"中小学校要通过专题培训、法制报告会、研讨会等多种方式，确保每位教师每年接受不少于10课时的法制培训"。

2016年7月教育部印发《全国教育系统开展法治宣传教育的第七个五年规划（2016—2020年）》，指出要全面提升教师的法治观念和法律素养，将法治教育纳入"中小学幼儿园教师国家级培训计划"，深入开展中小学骨干教师全员法治培训，培养一批法治观念强、法律素养高、法律技能强的优秀教师。"配齐法治教育课教师，在核定的编制总额内，中小学要配备1至2名专任或兼任法治教育课教师。"

《青少年法治教育大纲》指出："要大力加强法治教育师资队伍建设，逐步建设高水平的法治教育教师队伍。通过多种途径，保证每所中小学要至少有1名受过专业培养或者经过专门培训，可以胜任法治教育任务的教师。建立中小学法治教育骨干教师培养机制，完善对法治教育教学成果的支持和奖励制度。提高全体教师的法治素养和法治教育能力，充分挖掘各学科教学内容的法治内涵，提升教师群体的法治意识。"

（二）中小学法治教师的培养路径

教师的法治态度、法治知识、法治教育的方法与技能与学校法治教育的效果直接相关。目前承担中小学法治教育的教师是原品德与生活、品德与社会、道德与法治、思想政治课的教师，他们中绝大多数人都并非法律专业毕业生，因此构建法治教育的专业教师队伍是必要的，但不是一蹴而就的。解决法治教师师资问题最理想的方案：一是招录法律专业的毕业生充实教师队伍，二是对现有教师加大培训力度，如利用寒暑假有计划组织道德与法治课教师到有关院校、机构进行法律知识培训，鼓励现有道德与法治课教师接受法律专业教育，彻底解决中小学道德与法治课师资短缺和教师法律专业知识不足问题。从北京市法治教师的现状看，解决该问题将是一个长期的目标，不可能在短时间内实现。

目前，教师应具备的法治素养和教师实有的法治素养还是有差距的，即应然与实然的状况是有差距的，因此教师需要接受培训。

笔者在长期从事的法治教师培训（原思想品德课教师的法律课程培训）以及

教师的法治通识课程培训中，特别是近五年对中小学法治教师的"道德与法治学科法律教学的课程研修"专题培训中，初步探索出一条适合中小学法治教师的培训方法——采用研训一体的培训方式，使教师由课程的实施者变成课程的开发者和实施者，强化教师的法治意识，提高其法治教育教学能力。

比如，围绕"初中道德与法治学科法律教学的课程研修"培训主题，我们以初中道德与法治课、《青少年法治教育大纲》要求为主线，设计了全年240学时的"双理论+双实践"培训课程结构。双理论即"法学理论+法律教学理论"；双实践即"法学实践+法律教学实践"。

以问题为中心，以实践为导向，我们采用参与式讲座、示范观摩、实践学习、现场诊断、同伴互助、读书自学、网络交流、研究反思等方式促进道德与法治教师法律教学能力的提高。

概括实践中法治教师的培训方式，有以下几点可供借鉴。

1.总体上的嵌入式培训

法治教师很难向法学本科生那样接受系统的法学教育，即使参与过政法类大学的法治骨干"种子"教师培养，也与法学专业学生学习的内容不同，应对法治教师开展持续的、嵌入式的培训。聆听一两个法学教授的法律讲座固然重要，但对于教师来说，更需要的是直接对教师的教学有引领和帮助的、结合中小学教材中法律内容的讲座。这样的讲座基于教材、基于课堂、基于学生和教师的实际问题，能够把握法治教师教学的脉搏，具有针对性和实效性。

比如，我们进行课程设置时，要充分听取参加培训的教师的建议和意见，在培训中将对参训教师学情的调查贯穿始终，不断听取教师的反馈意见。在讲授具体的法律专业知识前，应将教师们对法律知识的困惑之处、在法律实务中的疑问进行梳理，在请法律专业教师做讲座前，应将课程标准、《青少年法治教育大纲》、《道德与法治》教材相关内容及参训教师的问题一并反馈给授课教师，保证授课教师的教学活动有的放矢，而非只讲授自己专业中"高大上"的法学理论。

再如，模拟法庭教学也是法治教师面临的一大难题。有的教师自己并没有亲身实践，既没有去法院旁听过，也没有作为民事诉讼当事人参加庭审的经历，如此一来，指导模拟法庭的难度可想而知，即便有现成的模拟法庭庭审案例，教师也不知如何指导，有时甚至会误导学生。连法庭审判区原被告的位置，有的教师也不是很清楚。为此，我们为学员教师设计了模拟法庭的体验式学习课程。模拟法庭教学培训是法学理论与法学实践的高度结合，采用"高校教师+律师"双师制的教学模式。笔者和律师一起备课，研究模拟法庭教学，从初中原《思想品德》教材中的案例入手，带领受训教师从法学理论的角度对案件加以丰富和完善，结合案例讲授相关的法学理论，介绍相应的法律规定，引导教师进行法律关系的分析，指导教师撰写诉讼文书（起诉状、答辩状），并评析诉讼文书需要改进的地方，讲解民事诉讼一审程序，让教师参与模拟法庭实践，笔者和律师做点评。模拟法庭中的诉讼文书（起诉状和答辩状）由教师撰写，其他的法律文书有的是教师撰写的，也有一些由我们和教师共同完成，这种参与式学习增强了道德与法治教师的法律专业技能，推动了中学法治实践课程的开展。

2.法治课堂诊断

在对法治教师的培训中，专业知识讲座只是其中的一个环节，更重要的是要走进法治教师的法律教学课堂，通过课堂观察，现场"把脉"，进行教学诊断，结合教师的实际问题给予指导。

在多年前的教师培训中，有教师曾说："讲研究课时千万别讲法律，一讲法律就容易出错。"的确，在教师的法律授课中，有的教师由于自身法律知识不足，在对真实案例进行改写时，会犯知识性错误；有的教师在授课中，在教学评价时很难保证将法言法语运用准确；有的教师还会因为教材的误导，产生对基本法律知识的错误理解。此外，教师法律意识的不足，在教学中体现得也比较明显。比如，中国国情中的经济制度、民族制度等都属于宪法的内容，但鲜有教师能从法律的视角在讲解它们时对其加以分析。

3.参与法治实践

法治教师培训涉及法学理论与实务、教学理论与实践等方面。带领教师了解法律实务是其中必不可少的一个方面。我们曾组织教师去法院旁听、走进检察院和强制隔离戒毒所。在法院旁听的过程中，教师近距离接触法律，详细完整地了解庭审的过程，学习相关法律知识，感受法律的权威和法律对公民合法权利的保护，体会法律的公平公正，从而使自身受到教育。到检察院参观学习，教师也能收获心灵上的震撼——走进讯问室、暂押室，教师能切实感悟到法不可违，违法必究。参观未成年人讯问室，教师会发现，其环境布置的与成年人讯问室截然不同，里面是圆桌，有书籍，有沙盘，有少年犯罪嫌疑人改过自新的愿望树，这些能让进入未成年人讯问室的人感到其中蕴含的真诚、温暖与希望，真切感受我国对未成年人的司法保护。通过与检察官的座谈和交流，教师对于检察院的职责、工作有了更深入的理解和更直观的感受。在对强制隔离戒毒所的参观考察中，教师看到了干警从心理、身体等方面对强制戒毒人员全方位戒治的情况。通过戒毒人员的现身说法和干警的介绍，教师对禁毒的意义也多了一些真实的感悟。

法治实践课程改变了教师对公检法的刻板印象，教师看到了威严之下未成年审判庭法官、检察官的温情；教师对法律的理解不再仅仅从文本而来，这种体验式学习切实扩展了教师的视野，增加了教师的法律实践知识，解决了教师教学中不易回答的法律实务问题，还有助于教师培养法治情感、树立法治信仰，为教师实施法治课堂教学增添了底气。

4.构建学习共同体

法治教师培训中，不仅要做现场的观摩与研讨，在专家引领的同时还应建立法治教师培训的学习共同体，打破时空的限制，将法治培训由课堂延伸到课外，线下延伸到线上，实现了培训讲师与参训教师的即时互动与交流。比如，可以建立培训班的微信群、QQ群，通过微信、QQ，法治教师能够提出自己在法律教学中把握不准的问题，专家、培训者则或者给予解答，或者与其共同探讨。同时，针对同一问题，不同教师可能有不同理解，学习共同体成员可以在研究群里对此进行讨论、交流。此外，每个成员都可以在群里分享有价值的教学资源，进行资源共享。法治教师在教学中互助共赢，交流反思，也有助于自身的专业成长。

5.长久的培训

法治教师培训是一项长久的工作。与其他知识不同，法律知识具有很强的时效性。为了回应社会进步、经济发展的挑战，法律需要更新。因此，中小学法治教师的培训也不是一次就能完成的。在培训过程中，教师的知识得到更新，技能得到提升，观念得到转变，从而能够深化对法治教育理念、目的、方法、内容的理解和把握，这有助于法治教育目标的达成。

6.创设平台，助推法治教师成长

在教师培训中，培训单位通常会设立优秀成果奖和优秀学员奖，表彰解决工学矛盾，积极参与培训的教师所做的努力。此外，我们还可以为法治教师发展搭建更广阔的平台。北京市教师法治教育基本能力大赛就是很好的范例。

2017—2019年，北京市教委连续举办三届中小学教师法治教育教学基本能力大赛。大赛按照初赛—复赛—决赛的赛程进行。初赛在区内完成，由法治教师进行法治课的说课比赛。每个区在初赛的基础上选拔优秀法治教师进入复赛环节。复赛由现场说课和答辩两个环节构成。现场说课环节占15分钟，由进入复赛教师自选课程进行说课。答辩环节有两项内容，即法治知识问答和现场答辩，其主要从法治教师的法治教育理念、法治教育目的的设计与方式方法的选择、法治教育过程中的指导与调控和教师的法治素养等几个方面考查教师。决赛则将复赛的法治知识问答变更为法治情景问答。如果说复赛侧重考查教师对法治基本知识的掌握，那么决赛则进行了更全面的考查。决赛结合社会热点、教师在教育学生时遇到的问题等设计题目，既考查了教师对基本法律知识的了解，又考查了教师运用法治思维分析处理问题的能力。

这样的比赛意义重大，对教师法治素养成长的促进作用不可小觑，不仅为法治教师的成长搭建了平台，使优秀的法治教师脱颖而出，发现了若干法治教育的"种子选手"，而且让参赛教师在初赛—复赛—决赛的赛程中蜕变与成长。以比赛为契机，教师潜心研究法治教育，实现对自身实施法治教育基本能力的主动锤炼，增强了法治意识，在教学中自觉地传递法治精神，培养学生的法治思维，为使法治成为人们的生活方式而努力；在一次次比赛中，参赛教师也实现了对其他中小学法治教师的引领和示范，吸引了更多教师投身法治教育。

三、中小学法治教育的物质保障

（一）合适的教材

法治教材是中小学法治教育实施的前提，但中小学法治教育的实施目的不同于高校法律专业人才的培养目的，故中小学法治教育教材在教材内容的选定、教材的审查监管方面都呈现出自己的特点。

1.推行中小学法治教育的合适教材

（1）中小学法治教育课程与教材的独立设置之辩。随着十八届四中全会"把法治教育纳入国民教育体系，从青少年抓起，在中小学设立法治知识课程"的提出，是否应当独立设置中小学法治教育课程成为人们关注的话题。

有些人主张中小学应独立开设法治课，认为现阶段中国中小学教育的课程体系中，法治教育只是道德与法治（原思想品德）课的一个组成部分，未能获得相对独立的地位，目前学校里缺乏分年龄、分年级的法治教育教材，也缺乏专业的师资力量和课程资源，法治教育的成果亦难以纳入现行教育的评价体系之中。在赋予法治教育独立的地位后，法治教育作为一门独立的课程，既能够配备专业背景的师资，也可以开发利用体现学生成长规律与法治教育规律的课程资源，这样能确保法治教育落到实处。

笔者也曾有过让中小学法治教育独立设课的设想，也曾认为使用专门的法治教育教材有利于法治教育的落实。但理性分析后，笔者发现，固然中小学法治教育独立设课对中小学法治教育的实施有着重要意义，但现阶段中小学法治教育在相当长的一段时间内不太可能独立设课。首先，从学生学习的角度来说，如果中小学法治教育独立设课，那么各个年级、各个学期势必都要开设法治课程，这样的话每周应上几节课？学生的学习时间是否充足？这样是否会加重学生的课业负担？其次，从专业教师队伍的角度来说，谁来实施法治教育课程？一时间从哪里调集那么多专业法治教师？现阶段从课程上说，是道德与法治教师承担了实施法治教育的重任。笔者曾就中小学法治教育的单独设课问题询问过初中的道德与法治课教师，教师非常欢迎独立设置法治课的构想，因为将道德与法治课程中的法律内容抽出去，可以大大减轻道德与法治课教师进行法律教学的压力。法治教育如果单独设课，其内容会与原"思想品德""品德与生活""品德与社会"课程的内容产生一定的冲突。其实，法治教育的实施也不仅在于教材，更在于教师；不在于教材中法律内容的集中化，更重要的是教师要能够用一双"法眼"来看待原来的教学内容，挖掘生活中司空见惯的法治教育点，增加学生对法律的感悟，提高学生的法治素养和道德素质。综合考虑，笔者认为将中小学法治教育融入道德与法治课程，在现行政策法律框架下是遵法守法的表现，并且是切实可行的。

（2）适合中小学法治教育的教材特点。首先，法治教育教材要适合不同年龄、不同年级学生阅读。比如，现在我们开设的道德与法治课程在六年级上册、八年级下册专册进行宪法教育。同样是宪法教育，两个年级教材的侧重点却不同。编写法治教育教材时，应以社会主义核心价值观为指导，以宪法精神为主线，突出国家意识、公民意识等重点，有机结合中小学生生活经验和现实问题，进行整体规划。小学专册重在启蒙，结合社会生活，以讲故事的形式编排。这个阶段的国家意识教育重在突出国民身份的认知问题，让学生了解中国共产党的领导地位和中国的社会主义制度，初步认识宪法地位和权威等。公民意识教育重在让学生认识公民基本权利和义务，了解维护权利的途径和方法，知道要敬畏法律、遵纪守法等。初中专册重在让学生增强理解和初步认同法治，结合案例分析，以讲规范为主要的教学方式。这个阶段的国家意识教育重在让学生尊崇宪法权威，知道依法治国的基本方略和宪法确定的基本国家制度，初步了解国家机构的职权。公民意识教育重在让学生加深对公民基本权利和义务的理解，知道权利义务的关系，认识国家尊重和保障人权的意义，初步形成尊重自由平等、维护公平正义的意识等。

其次，教材的内容要符合学生的认知水平，处在最近发展区内。法治教育要遵循青少年身心发展规律，贴近青少年生活实际。教材中要科学安排教学内容，合理确定教学重点和方法，注重知行统一，坚持将知识落实到行为上；通过思辨性的提示，教材不仅要告诉学生法律对各种问题是怎么规定的，更要启发学生思考法律为什么要做这样的规定。有人说中小学阶段法治教育应主要停留在"是什么"的程度，但通过教材中的表述让学生思考"为什么"，对于法律的学习、法治思维的养成、法治精神的培养无疑具有正向激励作用，有助于学生树立法治信仰，出于对法律的热爱而理性地守法。

再次，应在现有《道德与法治》教材中明确表述法治教育的内容，给教师以引领。应改变过去只有具有法律意识的教师才能够自发地进行法治教育的状况，在教材引入法治教育点，在案例、文章的选择及其内容的选定上有意识地对教师的授课加以引领，或者在教学参考用书中进行相关指导。尽管教师不是教教材而是用教材教，教师不可能置教材于不顾，教材依然是教学的重要依据。

最后，中小学法治教育教材中内容的选择要贴近学生生活，且具有正向性。

中小学法治教育教材中所设计的活动要形象、生动，贴近学生生活实际，要从生活实践中提炼案例，注重将核心理念、重要概念与学生生活实践结合，使之与学生的理解能力相适应。此外，教材内容的选择要具有正向性，使社会主义核心价值观融入案例和其他教学内容中。

2.切实保障中小学法治教育教材的科学性、规范性

法治教育离不开法治教育教材和学科教材这些媒介。让法治教育融入教材的字里行间是让其被学生吸收和内化的重要前提。很少有教师在使用教材时有质疑教材科学性的意识和勇气，且教师缺少相应的法律知识，也很难看出教材中的知识性问题。而学生学习教材时，也大多将其视为准确无误的。因此，我们建议对《道德与法治》教材进行整体审查，避免其在法律基本概念、法律术语的使用上出现瑕疵、不一致的地方甚至知识性错误，误导教师和学生。

（二）经费保障

中小学法治教育的重要性决定了政府应当在其实施中承担起主要的责任。政府应负责统筹、扶持、拓宽融资渠道，为中小学法治教育增加经费。学校要将法治教育纳入学校工作总体规划和年度计划，将所需经费纳入年度预算。各级财政应当把中小学法治教育经费纳入财政预算中予以安排。

各级教育部门和有关部门要统筹安排相关经费，支持青少年法治教育，提高法治教育实践基地的数量和质量；增强教育普法网站的建设力度，及时更新，使其成为学生身边的法律顾问；加大法治教育教学研究，建设教师法治教育平台，增强教师法治培训的实效性。具备条件的地方，可以通过由政府购买服务等方式，为学校开展青少年法治教育提供优质的教学、实践资源。

要积极动员全社会力量，鼓励企业、事业组织和公民个人设立公益性基金或者专门基金会，支持青少年法治教育工作，保证法治实践课程的开展。如设立风险保障基金，每年拨出一定的资金，专门用于学校在法治方面的民事赔偿，结合校方责任险，减轻学校、家庭的经济负担，当年未赔付资金可以滚动到下一年使用，保证专款专用。

四、中小学法治教育的环境保障

1.法治社会环境的培育

中小学法治教育的实施离不开社会环境，从根源上说需要营造社会法治教育环境。法治社会必须具备信仰法治的人、厉行法治的社会秩序，而此二者的形成都有赖于法治社会环境的存在。如果整个社会都弥漫着不信法、不讲法、不守法的氛围，那么何谈法治社会建设？缺少法治的社会环境，中小学生又如何才能具

有法治意识、养成法治行为习惯？

我国正处于社会转型期，由传统熟人社会向现代的陌生人社会转变，民族文化传统中与"人治主义""人情主义"相联系的"重成事，不重立规矩"的思维习惯依然存在，一方面认同规则的重要性，另一方面一旦发觉规则对自己不便时，便容易开始考虑怎样超越它、绕开它，通过走"后门"、托人情、拉"关系"等方式，使自己成为规则、程序和秩序中的"例外"。因此，目前许多人对法律仍然缺乏一种基本的信任感和认同感，在处理问题过程中，常常在法律之外进行价值取舍和评判，全社会的规则意识尚在形成之中，法治社会的建立任重道远。我们应该科学理性地对待中国的传统文化，认识它们在我国社会生活中的影响，在尊重、弘扬优秀传统文化的同时，对几千年来遗留下来的专制思想、官本位思想、等级特权等封建遗毒进行批判。要理直气壮地宣扬与人类社会文明相适应的观念，为社会文明的进步提供有力的文化支持。

合适的法治文化必须是源于本土的。中国缺少法治传统，在法治建设中既要吸收和借鉴世界各国的先进成果，又要尊重和挖掘本土资源。以公平正义和法律至上为核心的法治精神是法治文化的基调。崇尚法治，尊重法律本身，实质是人们尊重法律给人们的社会生活和社会关系及人的行为做出的规制和指引，以期实现社会的公平正义。

真正的法治社会环境，不是依靠法律从外部强制规约建成的，而是靠社会成员内心尊崇规则建成的。徒法不能以自行。我们需要营造良好的法治文化环境，促使人们按照法律规则做事。政府要优先守法，权力要尊重权利、保障权利，法治要成为国家牢靠的制度安排；要培育公民的法治精神，对各类社会矛盾，要引导群众通过法律程序、运用法律手段解决，推动形成办事依法、遇事找法、解决问题用法、化解矛盾靠法的良好法治环境，从而为青少年法治教育奠定坚实的社会基础。

2.三位一体的法治教育合力

一段时间以来，很多专家探讨过基础教育中存在的"5+2=0"的问题。其中，"5"是指学生一周之中5个学习日在学校接受的正面教育，"2"是学生双休日回到社会后接触的消极、负面的影响，"0"是指教育效果。中小学法治教育中也存在同样的问题，即学生5天在学校接受的正向的、规范的法治教育，在2天的双休日或者课余时间就会被社会上不遵法、不守法的现状销蚀掉。因此，中小学法治教育的实施，绝不能只就未成年人谈未成年人，我们要看到，中小学法治教育是一个社会系统工程，需要学校、家庭、社会形成合力，需要整个社会上法治文化、法治环境的支撑。

笔者看过这样一篇文章——《荷兰：法治教育和规则教育无处不在》。其中介绍，在荷兰的小学里，交通规则、公共秩序及基本法律概念是一门必修课。比如，在小学毕业前，所有学生必须通过一个专门测试，即自行车上路测试。测试时，学校会选择一条两千米左右的路，有交叉路口、红绿灯、人行道等。测试包括如下内容："自行车灯是不是亮的？在交叉路口是不是遵循规则？左右转弯时有没有用手势示意？"这个测试很重要，因为每天骑车上学是荷兰中小学生的习惯，只有天气很不好时或特殊时期他们才会坐车。教师引导学生的方式之一就是鼓励他们接触社会、学习与不同的人打交道、积累工作经验，而不是整天待在学校和家里。在他们看来，在教孩子道理的同时应该支持他们实现自己的想法，孩子的亲身实践比长辈的经验更重要。

其实，这样的教育理念和教育方式在我们的中小学法治教育中不仅存在，而且得到广泛的应用。中小学法治教育绝不是单纯的法治知识教育，其侧重的是对学生法治意识、法治习惯的培养。然而，日常生活中常见的横穿马路现象中就能暴露出多方面的问题：第一，学校的规则教育、法治教育在强大的社会现实面前不堪一击。当然，也不乏遵守《道路交通安全法》的学生，相信随着法治教育的深入，这样的学生会越来越多。第二，目前家长的法治意识薄弱。有的家长自身素质不高，从没想过自己的行为对孩子会有什么影响；有的家长有"法不责众"的观念，这会成为学生守法的掣肘。所以，对中小学法治教育进行评价时，除了对学生本人进行评价外，还可以尝试把学生法治教育的家庭成果转化作为法治教育评价的重要指标，以中小学法治教育为切入点，带动对家长的法治教育。第三，横穿马路的执法成本高，应该如何执法其实是个问题。第四，法律所蕴含的公平、正义理想，应该是人们内心所确信的一种超越生命本身的价值，为维护其神圣性，许多人甚至愿意付出生命的代价。而中国古代封建社会里的严刑峻法，在人们看来仅仅意味着一套强制性的、以暴力机器做后盾的、必须遵守的行为规则。人们惧怕那样的法律，不敢违抗法律，对法律没有任何情感；一旦暴力监管缺席，人们便会毫无顾忌地破坏规则、攫取利益。这种传统思维方式也是当下社会某些问题产生的根源。一个横穿马路反映出的这几方面问题，正印证了中小学法治教育要想取得成效，需要学校、家庭、社会组成合力——要发挥学校教育的"主阵地"作用，发挥家庭在法治教育中的先导作用，而良好的政治、人文、法治环境（包括立法、行政、司法、守法等的环境）的保障也是必不可少的。

中小学法治教育的实质是培养对社会主义法治道路的价值认同、制度认同，是对法律至上的信奉和坚守，它体现为一种依法而为的行为模式、一种循法而动的思维习惯、一种崇法守法的生活态度。中小学法治教育培养的是具有法治素养的公民，这些公民既懂得主张自我权利，又懂得尊重他人权利，既有规则意识，又有契约精神，信仰法治，将法治作为价值取向和精神追求，能够在法治状态下生活，把法治作为行为习惯和基本的生活方式。学生在学校、家庭、社会中生活，只有家庭、学校、社会形成合力，才能使中小学法治教育真正落到实处。

3.中小学法治教育与道德教育有机统一

美国法律史上伟大的人物霍姆斯说过："法律是我们道德生活的见证和外在积淀。它的历史就是一个民族的道德发展史。"伯尔曼指出："正是在受到信任因此而不要求强力制裁的时候，法律才是有效率的；依法统治者无须处处都仰赖警察。"他认为，人们服从法律主要不是由于强制力的制裁，信任、公正、信实性和归属感较强制力更重要，真正能阻止犯罪的还是守法传统。公民的守法传统和意识的培育与养成依赖于公民道德水平与道德修养的提升。

习近平总书记指出："法律是成文的道德，道德是内心的法律，法律和道德都具有规范社会行为、维护社会秩序的作用。治理国家、治理社会必须一手抓法治、一手抓德治，既重视发挥法律的规范作用，又重视发挥道德的教化作用，实现法律和道德相辅相成、法治和德治相得益彰。"

法律是调整社会关系的重要手段，但并不是唯一的手段。在处理复杂社会问题时，除运用法律调整外，还应运用政策、纪律、规章、习俗、道德及其他社会规范，在需要综合治理的场合，法律有时也不是首选的手段。要以法治体现道德理念，强化道德对法治的文化支撑作用，实现良法和美德的相辅相成。我们要特别注意，在强调中小学法治教育的时候，也要清晰地认识到，中小学法治教育不是唯法独尊、孤立进行的，而是与中小学的道德教育、政治教育、心理教育等相结合的，要增强学生法治意识的内在道德支撑、内心认同。法律具有内在的道德性，只有那些合乎道德、具有深厚道德基础的法律才能为更多人所自觉遵行。同时，要通过法律的强制性来强化道德的作用，确保道德底线不被突破，推动全社会道德素质的提升。法治教育与道德教育应当相辅相成，法治教育是他律的道德教育，道德教育是自律的法治教育。道德教育通过公序良俗、道德信仰等方式来感化人们，让大家有认同感，从内心遵守、维护道德，把法律规范转变成内在的道德义务，为法治教育奠定基础。道德教育能帮助中小学生树立对法治的信仰，对法律价值和法律精神的追求，对公平正义的坚信，对守法的高度自觉和理性认同。

一种信仰的确立，一种思维的形成，需要一个相当长的过程，法治教育任重而道远。中小学法治教育旨在培养拥有现代法治素养的公民，对于促进整个社会法治素质的提高意义深远。"中小学法治教育的路径与实施策略"的研究与实践，为构建校内校外、课内课外、网上网下相结合的全方位法治教育网络、实现法治教育优化做了初步的尝试与探索。

第五章 学生成长中的国学教育与学生核心素养发展

第一节 "中国学生发展核心素养"的提出

2014年，教育部研究印发《关于全面深化课程改革落实立德树人根本任务的意见》提出："教育部将组织研究提出各学段学生发展核心素养体系，明确学生应具备终身发展和社会发展需要的必备品格和关键能力。"中国共产党第十八次全国代表大会召开以来，党中央、国务院多次强调要把"立德树人"作为教育的根本任务，作为培养学生核心素养的根本出发点。"立德树人"是发展中国特色社会主义教育事业的核心，是培养德、智、体、美全面发展的社会主义建设者和接班人的根本。立什么德，树什么人，是中国共产党提出来的培养学生核心素养教育方针的宏观目标。如何全面贯彻党的教育方针，落实"立德树人"的根本任务；如何适应世界教育改革的发展趋势，提升我国教育国际竞争力；如何全面推进素质教育，深化教育领域综合改革；如何加快我国实现人力资源强国的步伐等都成为当前教育最为迫切的任务。在这样的背景下，"立德树人"的具体化、细化研究是连接宏观教育理念、培养教育目标与具体教育教学实践的关键环节，也是建构科学的教育质量评价体系、推进教育问责的重要基础和依据。2013年，北京师范大学接受中国教育部关于研究中国学生发展核心素养的任务，成立了核心素养研究课题组，对"立德树人"的教育目标进行细化研究。历经3年的研究，该课题组于2016年9月发布了《中国学生发展核心素养》（简称《核心素养》），提出"要坚持以马克思主义为指导，充分体现社会主义核心价值观，系统落实党的教育方针，充分吸收中华优秀传统文化的营养，洋为中用，批判性借鉴核心素养国际研究的构建方法与合理成分等原则"，从而提出了中国学生发展核心素养的总体框架。

　　"学生发展核心素养"指的是学生应具备的、能够适应终身发展和社会发展的必备品格和关键能力。它是关于学生知识、技能、情感、态度、价值观等多方面要求的结合体；它指向过程，关注学生在其培养过程中的体悟，而非结果导向。同时，核心素养具有稳定性、开放性与发展性等特性，其生成与提炼是在与时俱进的动态优化过程中完成的，是个体能够适应未来社会、促进终身学习、实现全面发展的基本保障。中国学生发展核心素养的总体框架和基本内容是：在以"全面发展的人"为核心的基础上，分为文化基础、自主发展、社会参与这三个方面，综合表现为人文底蕴、科学精神、学会学习、健康生活、责任担当、实践创新六大要素。在六大要素下，又分别提出十八个基本要点，即人文积淀、人文情怀、审美情趣、理性思维、批判质疑、勇于探究、乐学善学、勤于反思、信息意识、珍爱生命、健全人格、自我管理、社会责任、国家认同、国际理解、劳动意识、问题解决、技术应用。各素养之间相互联系、互相补充、相互促进，在不同情境中整体发挥作用，从而培养"全面发展的人"。

　　《中国学生发展核心素养》的发布意义重大。首先，《中国学生发展核心素养》是紧紧围绕党中央、国务院提出的"立德树人"的教育目标建立起来的。"立德树人"是学生发展核心素养的关键所在，是发展中国特色社会主义教育事业的核心所在，是培养德、智、体、美全面发展的社会主义建设者和接班人的本质要求，而《中国学生发展核心素养》的构建，则进一步细化、深化了"立德树人"的基本内容，将"立德树人"落到实处，解决了"立什么德，树什么人"的根本问题。其次，《中国学生发展核心素养》的构建使多年来提出的素质教育更加具体化。1999年发布的《中共中央、国务院关于深化教育改革，全面推进素质教育的决定》明确提出"实施素质教育，就是全面贯彻党的教育方针，以提高国民素质为根本宗旨，以培养学生的创新精神和实践能力为重点，造就有理想、有道德、有文化、有纪律的德智体美等全面发展的社会主义建设者和接班人"，自此，素质教育成为我国教育改革与发展的重要指导思想，而《中国学生发展核心素养》是对素质教育内涵的解读与具体化，是全面深化教育改革的一个关键方面。素质教育是基于单纯强调应试教育提出的，旨在培养全面健康发展的人，而"素养"是指在教育过程中逐渐形成的知识、能力、态度等方面的综合表现，强调学生素养发展的跨学科性和整合性。"学生发展素养"的提出可以使素质教育目标更加清晰，内涵更加丰富，也更加具有指导性和可操作性，同时也是对素质教育的反思与改进。再次，《中国学生发展核心素养》的提出进一步深化了当前中国的教育改革。《中国学生发展核心素养》是"核心素养研究课题组"在深入研究现行课程标准的基础上提出来的。课程标准是国家课程的纲领性文件，是国家对基础教育课程的基本规范和质量要求，也是教材编写、教学、评估和考试命题的依据，是国家管理和评价课程的基础。它反映国家对不同阶段的学生在知识与技能，过程与方法，情感、态度与价值观等方面的基本要求，规定各门课程的性质、目标、内容框架，提出教学和评价建议。所以课程标准中规定的基本素质要求是教材、教学和评价的灵魂，也是整个基础教育课程的灵魂。《中国学生发展核心素养》对每个阶段、每门课程的课程标准进行深入研究后，得出我国现行课程标准重视对学生核心素养的培养，体现素养的发展性，同时也看到了课程标准存在的不足，如存在对社会参与、人文素养强调的程度不够，对跨学科和创新能力、解决问题能力关注不够，对人文关怀、伦理道德的关注不够等诸多问题。《中国学生发展核心素养》在这些问题和不足方面进行高度反思，经过系统设计育人的目标框架，落实从整体上推动各教育环节的变革，提出了通过课程改革、教学实践、教育评价落实核心素养的一系列途径，最终形成以学生发展为核心的完整育人系统。

从北京师范大学核心素养研究课题组发布的《中国学生发展核心素养》内容来看，其非常重视人文精神的孕育，特别突出中国元素和中华优秀传统文化。《中国学生发展核心素养》所坚持的原则是"坚持以马克思主义为指导，充分体现社会主义核心价值观，系统落实党的教育方针，充分吸收中华优秀传统文化的营养……"，由此可见，"吸收中华优秀传统文化的营养，突显人才培养的民族特色"成为建构中国学生发展核心素养主要依据之一。核心素养研究课题组主要研究人员林崇德先生更进一步指出中国学生发展核心素养其实就是"构建中国化的学生发展核心素养"。

从《中国学生发展核心素养》的总框架来看，"人文底蕴""责任担当"两大板块，具体明确了人文积淀、人文情怀、审美情趣以及"社会责任""国家认同"等要求。在涵育人文素养方面尤其重视中华优秀传统文化，比如"人文积淀"部，提出"具有古今中外人文领域基本知识和成果的积累；能理解和掌握人文思想中所蕴含的认识方法和实践方法等"。《中国学生发展核心素养》在培养人文素养的同时，还特别突出中国元素，比如在"国家认同"中提出"具有国家意识，了解国情历史，认同国民身份，能自觉捍卫国家主权、尊严和利益；具有文化自信，尊重中华民族的优秀文明成果，能传播弘扬中华优秀传统文化和社会主义先进文化……"同时，综观整个《中国学生发展核心素养》，中华传统文化几乎融合在所有要点中，如在学会学习、健康生活、实践创新等内容里几乎都可以找到中华优秀传统文化的精髓。可以说，中国元素和中华优秀传统文化融合在各个核心素养的要点之间，相互支持，相互融合共通，具有完整的科学性，更符合中国教育的特点。

由此可见，中国传统文化是建构中国学生发展核心素养内容的强大的文化土壤和文化力量。这是核心素养课题组从历代教育规律中总结出来的，也是当下培养教育中国学生的迫切需求。20世纪80年代中国传统文化逐渐复兴以来，全国各大、中、小学逐渐开始重视和传承中国优秀传统文化，中国优秀传统文化也日益成为党和国家加强学生素质教育的重点主题。近年来，党和国家更是将加强中国传统文化对学生人文素质的培育列入人才培养工作的重点。党的十八大报告中指出：教育的根本是立德树人，"立德树人"本身就是中国传统文化培养人才的基本要求和根本目标。2013年召开的十八届三中全会对"立德树人"又提出了具体要求：既要加强社会主义核心价值观教育，又要完善中华优秀传统文化教育。习近平总书记指出："中华优秀传统文化是中华民族的精神命脉，是涵养社会主义核心价值观的重要源泉，也是我们在世界文化激荡中站稳脚跟的坚实基础"。习总书记在中央党校建校80周年、十二届全国人大第一次会议闭幕会、全国宣传思想工作会议、欧美同学成立100周年庆祝大会等多个场合多次强调了中华优秀传统文化的重要性："中国传统文化博大精深，学习和掌握其中的各种思想精华，对树立正确的世界观、人生观、价值观很有益处。学史可以看成败、鉴得失、知兴替；学诗可以情飞扬、志高昂、人灵秀；学伦理可以知廉耻、懂荣辱、辨是非。"在2013年12月30日中共中央政治局第十二次集体学习时的讲话中，习总书记更进一步指出要用中华民族的优秀传统文化引导全民的基本素质养成："对中国人民和中华民族的优秀文化和光荣历史，要加大正面宣传力度，通过学校教育、理论研究、历史研究、影视作品、文学作品等多种方式，加强爱国主义、集体主义、社会主义教育，引导我国人民树立和坚持正确的历史观、民族观、国家观、文化观，增强做中国人的骨气和底气。"在此基础上，2017年2月15日，中共中央、国务院颁布了《关于实施中华优秀传统文化传承发展工程的意见》，全方位指出要树立中华传统文化的核心思想理念，要大力宣传中华传统美德，要努力弘扬中华人文精神，从而提升我国人民的基本素质。

中华优秀传统文化是中华民族的根和魂，是中华民族最根本的精神基因，是中华民族生生不息、发展壮大的丰厚滋养，因此，在中国学生素养的综合培育过程中，中华优秀传统文化的确可以担当教育、引导学生的使命。"素养"一词在中国传统文化中早有提出，早在《汉书·李寻传》中就记载："马不伏历（枥），不可以趋道；士不素养，不可以重国"，其中的"素养"，指的就是"平时的修养"，强调的是对人格和品德的修砺，其中凝聚着中华优秀传统文化的道德规范、思想品德和价值取向。道德修养是我国基础教育和高等教育阶段人才培养的重要内容，是学生素养指标体系的核心，是学生能适应终身发展和社会发展需要的关键所在。除此之外，中华优秀传统文化中有丰富的家国情怀、社会关怀、人格修养、文化修养等要素。文化修养包含人文历史知识、求学治学方法、创造科技发明、审美鉴赏能力、追求人文情怀等内容；家国情怀和社会关怀包括爱国情感、民族精神、心怀天下、奉献社会、仁民爱物、忧患意识等内涵；人格修养包含的内容就更为广泛和深入：仁者爱人、自强不息、关注生命、乐观开拓、厚德载物、以人为本、尊老爱幼、尊师重道、节俭朴素、居安思危、诚实守信、勤劳创新……因此，加强中国优秀传统文化的教育，促进大、中、小学生的核心素养发展，是当前中国教育义不容辞的使命，是立德树人的重要举措。

第二节　中华优秀传统文化教育是学生文化基础的主要来源

中国学生发展核心素养，以"全面发展的人"为核心，主要分为文化基础、自主发展和社会参与三个方面，由此可见，文化基础是核心素养的重要部分。"文化是人存在的根和魂。文化基础，重在强调能习得人文、科学等各领域的知识和技能，掌握和运用人类优秀智慧成果，涵养内在精神，追求真善美的统一，发展成为有宽厚文化基础，有更高精神追求的人。"《中国学生发展核心素养》提出，文化基础的内涵包括两个方面，即人文底蕴与科学精神，其中人文底蕴又包括三个层面：人文积淀、人文情怀、审美情趣。《中国学生发展核心素养》认为：人文积淀的重点是"具有古今中外人文领域基本知识和成果的积累；能理解和掌握人文思想中所蕴含的知识方法和实践方法等"；而人文情怀则是"具有以人为本的意识，尊重、维护人的尊严和价值；能关切人的生存、发展和幸福等"；审美情趣则是"具有艺术知识、技能和方法的积累；能理解和尊重文化和艺术的多样性，具有发现、感知、鉴赏、评价美的意识和基本能力；具有健康的审美价值取向；具有艺术表达和创意表现的兴趣和意识，能在生活中拓展和升华美等"。由以上陈述可见，作为中国教育环境下的学生核心素养，其人文底蕴的构建是建立在中华优秀传统文化的基础之上的。

一、中华优秀传统文化教育可以全面丰富学生的人文积淀

《中国学生发展核心素养》提出的"古今中外人文领域的基本知识和成果"，以及"人文思想中所蕴含的认识方法和实践方法"，其中就包含中华优秀传统文化。中华传统文化是指以中华民族为创造主体，于清朝晚期以前在中国这块土地上形成和发展起来的，具有鲜明特色和稳定结构的，世代传承并影响整个社会历史的宏观古典文化体系。广义的传统文化有着丰富的内涵，包括传统文化思想、传统艺术、民俗与禁忌、传统医术等。狭义的传统文化则主要为中国传统文化思想，这是中国传统文化的核心与实质。中国传统文化思想包括了自夏、商、周三代至清末近五千年历史长河中产生与发展起来的传统文化思想与观念，主要表现为以儒家、道家、佛教为主流的三教文化传统，其中孔子所开创的儒家文化思想

居于核心和主干地位。毫无疑问，其中优秀的文化思想，尤其是传承至今且具有现代适应意义的理念精粹，蕴含了诸多对人才培养和教育的思考，对建构中国特色的学生核心素养指标具有重要启示。这样一个悠久的，具有包容性的，并且不断摈弃糟粕，不断提纯和重释的学术体系，其拥有广泛的人文社科知识是必然的，它能带给学生全面、广博的人文积淀。

中华优秀传统文化教育可以让学生学习中国哲学。中国是一个哲学大国，从有"轴心时代"的春秋时期开始，儒、道、法、墨、名、兵家等就层出不穷，这些流派的思想构成了整个中国传统哲学的构架，并对后代的哲学思想起到了至关重要的作用。以先秦哲学为例，哲学思想教育可以让学生以儒家精神指导个体与社会的关系，以道家思想化解个人与社会的冲突，以墨家思想来限制纵欲和启发理性精神，以法家思想来制约中国传统宗法制度中的血缘认同，等等。而从汉至清代，每一个朝代都有特有的哲学体系，如两汉经学、魏晋玄学、唐代新儒学、宋明理学、清代的经世之学等。中国历代哲学思想以伦理道德为核心，是立德树人的很好途径。

中华优秀传统文化教育还可以让学生明史。中国是历史记述最完备的国家，从先秦时期的《尚书》《春秋》《左传》《国语》《战国策》开始，一直到明清时代，官方修史，私学撰史就层出不穷，从而形成了完备的《二十四史》。历史是中国传统文化教育的重要内涵，学生们在系统的历史学习过程中，可以通过《尚书》学习古代帝国的治国思想，可以从《春秋》了解到"微言大义"，可以从《左传》学习文学与史学的典范性创作，可以从《史记》知晓正直、光辉的民族精神，可以从《汉书》感受到深情的爱国主义情怀……而从更深层次来看，史学教育可以让学生透过历史认识到更深刻的人性内涵，以古鉴今，以他人识自己，以过去通未来。习近平总书记在2013年12月26日纪念毛泽东同志诞辰120周年座谈会上的讲话中指出："一个民族的历史是一个民族安身立命的基础。不论发生过什么波折和曲折，不论出现过什么苦难和困难，中华民族5000多年的文明史，中国人民近代以来170多年的斗争史，中国共产党90多年的奋斗史，中华人民共和国60多年的发展史，都是人民书写的历史。历史总是向前发展的，我们总结和吸取历史教训，目的是以史为鉴、更好前进。"由此可见，历史教育还承载着国家命运如何书写和发展的重任。

中华优秀传统文化教育还可以让学生具有文学底蕴。中国文学文体丰富，有诗词、辞赋、戏曲、散文、小说等多种文体。我们以诗词、戏曲、小说为例。中国是诗的国度，古典诗歌是我们中华民族文化的艺术瑰宝，在形式上，从最初的《周易》《诗三百》，到绚烂抒情的楚辞，质朴丰富的汉乐府，自我觉醒的《古诗十九首》，一直到唐诗、宋词、元曲等，形式纷繁，艺术创作不拘一格。而在内容上，从集体到个人，从情、景到人事，提供了相当丰富的知识与事实，表达了极其深邃的意境与哲理，抒发了丰富的情感与怀抱。对于学生来说，古典诗词可以让他们在学习中感受到中国绚丽多彩的语言、体会到中国文字特有的音乐美和韵律美，并在古典诗词中了解到不同的文化与人事，体悟到"言不尽意"的高远的人生哲理和意境。诗词教育给学生带来整体人文的提升是显而易见的。戏曲也是中华传统文化中一个重要的范畴，是中国传统文化的重要载体，在教育功能上有着不可替代的文化价值。在历史上，教育主要是通过官办学校和私立学校进行，除此以外，家庭教育、社会教育也是十分重要的形式。从一定意义上来看，戏曲家班是一种艺术化的家庭教育形式，它作为大众文艺、通俗文艺，自始至终得到广大百姓的喜闻乐见，最后逐渐成为中国文学创作的一种艺术形式，被收录于古代文学史中。这些戏曲与历朝历代的诗歌文赋等体裁一样，学生通过学习，可以体会到中国古代文化的综合美感。小说也是如此，中国传统小说有两大系统，即文言文小说和白话小说。在对小说的学习过程中，学生可以追溯中国小说的源头，了解中国的神话、寓言故事、史传文学、说话艺术。可以从中国古代文言小说的重要形式——"唐传奇"感受到曲折的情节、丰富的人物、传神的细节、典雅的语言等诸多文化底蕴。而元明清时代出现的优秀小说创作就更不消说，它体现了中国独有的民族特色和文化内涵，是让学生了解中国历史、文化和人性的重要途径。

我们只是从单向的几个角度介绍了中华优秀传统文化给学生带来的人文积淀，实际上，看似单向的知识体系蕴含和构架的却是更宏大、广博和深远的人文知识系统。中华优秀传统文化包含着我们生活的方方面面，除了哲学、历史、文学之外，还包括教育、宗教、艺术、典章制度、伦理道德、语言文字、天文地理、科学技术、农学医药、文化典籍、文化宝藏，乃至衣食住行、社会风尚、民间习俗……它给学生带来综合的人文知识储备和内涵，影响着学生在自我成长、社会生活、国家服务等过程中的认知和实践方法。

二、中华优秀传统文化教育是培育学生人文情怀的重要途径

《中国学生发展核心素养》指出，培养学生的文化基础、文化底蕴其中一个重要的环节就是培养"人文情怀"。北京师范大学"核心素养研究课题组"经过对当前各阶段课程标准的深入研究后指出，当前课程标准存在一些问题和不足，其中之一便是"受工具理性影响，我国课程标准中关于学习、语言等工具性素养被提及的频率非常高，而关于尊重和包容、伦理道德等体现人文情怀的素养被提及的频率则非常少"，从而认为培养学生的"人文情怀"是当下学生发展核心素养的迫切任务，由此将培育"人文情怀"列为"文化基础"的重要组成部分。如果说人

文积淀主要关涉学生对知识体系的学习和认知，那么人文情怀则关涉学生对自身、人类的态度，就是要探讨如何尊重、理解、关心、爱护自身和人类。在教育体系中，应该说只有把学到的知识转化成一种对待自身、人类的态度，学生才算是通过人文教育而具有了教养。从此意义上讲，《中国学生发展核心素养》在人文积淀之后拥有人文情怀应该是知识积累后的更高目标，是教育的理想和追求。

什么是人文情怀？《中国学生发展核心素养》指出，"具有以人为本的意识，尊重、维护人的尊严和价值，能关切人的生存、发展和幸福等"，它包含着对人的价值、尊严和自由创造能力的肯定，倡导人的自由本性和解放，以对人生意义和人类命运的终极关怀为宗旨。

近年来，以传授知识技能为主，培养学生竞争意识和竞争能力的应试教育大行其道，忽略了对学生人格、人性、道德、意志、心理承受能力等方面的完善和培养，以至于当代大学生人文情怀能力相对比较薄弱。例如，在物欲横流的现代社会，人们越来越把权力、财富与金钱作为衡量人生成败和生活质量的唯一标准，致使社会发展畸形，人性日益扭曲，自由、尊严、人格在物质面前变得脆弱不堪，这在一定程度上影响到了学生的生活观和价值观。近年来，当代大学生对生命意义和价值的漠视越来越泛滥，不仅不敬畏自己的生命，对其他生命的漠视和践踏也愈演愈烈。再者，囿于富足的生活条件和人生经历，当下大学生对于国家目前存在的危机明显认识不足，缺乏居安思危意识，与他们需要承担的历史使命具有很大的差距……在这种情况下，对当下学生"人文情怀"的培养和教育就越发显得至关重要。

《中国学生发展核心素养》"人文情怀"的提出，是基于中国传统文化的特点提出来的。人文精神与人文关怀是中国传统文化中具有系统理论框架的哲学思想，也是中国传统文化在发展过程中追求的最高境界。以追求人本精神、境界提升为宗旨的中华传统文化，在当今学生"人文情怀"教育缺失的局面下显得尤为重要。

首先，中国传统文化尊重生命与尊严，追求精神自由与人格独立等人文思想在当下仍发挥着重要作用。例如儒家先贤以关怀"人"为出发点，提出了"仁者爱人"，并以血缘关系为起点，由远及近，提出了"爱己""孝悌""泛爱众""以民为本"的思想，力图构建一个和谐大同的社会。儒家思想还提出了更高的人文追求，即进一步提出了"仁民万物""万物一体"的生命意识和宇宙关怀，由此形成一种宏观的生命理念与生命关怀意识。再如墨家的"兼爱"，也同样对人类生存状态表现出了极大的关怀。在墨家学术里，"兼爱"不仅是一种手段，更是一个目标，意在构建一种互利互爱、相互关怀的人文环境。这些传统文化思想对培养学生关爱自己、关爱家人，由此关怀民生、社会、国家具有重要作用，甚至还能让学生怀有更广阔的生命意识和宇宙关怀。一个人具有人文情怀，首先就是尊重个体，由尊重个体生命、尊严进而尊重他人的生命和尊严，这些都能在中国传统文化中找到理论支撑和经典范例。在中国传统文化中，由尊重生命、尊严进而发展到更高人文关怀的境界，那就是对精神自由与人格独立的追求。例如先秦的道家就提出"贵己""无为"等思想，直白地表现个体生命的重要性，体现了道家珍视生命的人道主义精神以及强烈的人文关怀意蕴。更难能可贵的是道家提出了对"精神生命"的关注，即向往人格独立和精神自由的"性命双修"说。追求精神生命的超越与永恒，成为道家生命关怀的重要内容和终极目标。道家关注个体精神、关注人格独立的思想对后代影响深远，进而引发了魏晋时期人的自觉、自醒时代的到来，从而出现了竹林七贤、陶渊明、谢灵运等一大批关注个体精神，塑造耿介人格的优秀文人。这些思想和文人典范对培养学生在崇权力、尚金钱的社会洪流中保持精神自由、人格独立的品质具有重要作用。

其次，中国传统文化关心人类命运的忧患意识，对培养学生的悲悯情怀具有重要意义。在中国传统文化思想中，各家各派都对社会、人类的人文关怀表现出了极大的关注，这就是"忧患意识"。"忧患"一词最早出于《周易·系辞下》："易之兴也，其于中古乎？作易者，其有忧患乎？"自此后，春秋战国时期的文献典籍都表现出了深远的忧患意识。如《诗经》中的"黍离"之悲、儒家孔子对春秋时期"礼崩乐坏"的哀叹与担忧，孟子的"生于忧患，死于安乐"，道家的"持而盈之不如其已，揣而锐之不可长保，金玉满堂莫之能守，富贵而骄自遗其咎"的感慨，范仲淹的"先天下之忧而忧，后天下之乐而乐"的呼唤，以及欧阳修的"忧劳可以兴国，逸豫可以亡身"的警戒，都体现出了历史使命赋予知识分子的强烈的责任感。忧患意识作为中华民族的优秀文化，贯穿了整个中国历史，影响了中华文明几千年的历程，对近代中国的发展和当代社会主义改革开放和现代化建设都起到了极大的推动作用，哪怕在国家稳定、经济发展、国富民安的当下，其存在的意义也是不言而喻的。

《左传》说："居安思危，思则有备，有备无患。"对当代的学生进行忧患意识教育，由此引导他们拥有关心人类、国家命运的悲悯情怀是非常必要的。我国目前正处于发展的重要战略机遇期，在全面建成小康社会的进程中，滋生出的一系列社会问题不可小觑；从国内来看，贫富差距、食品安全、环境污染、西方的文化侵略等问题层出不穷；从国际来看，西方社会对中国发展的阻挠和扼制越演越烈，因此需要我们培养当代学生关心民生幸福、国家发展、人类生存的忧患意识，引导他们辩证、全面地看待国家的成就与问题，清醒地看到面临的困难与挑战，由此增强他们的使命感、责任感，积极地投入到实现"中国梦"的伟大实践中。

三、中华优秀传统文化教育是滋养学生审美情趣的丰沃土壤

《中国学生发展核心素养》提出："审美情趣的重点是具有艺术知识、技能与方法的积累；能理解和尊重文化艺术的多样性，具有发现、感知、欣赏、评价美的意识和基本能力；具有健康的审美价值取向；具有艺术表达和创意表现的兴趣和意识，能在生活中拓展和升华美等"。中华优秀传统文化教育始终贯穿着对受教者审美能力和审美情趣的关注，当下的中华优秀传统文化教育更注重通过以艺术知识学习、艺术方法积累、艺术技能培养、艺术鉴赏为媒介，培养学生的审美意识，提高学生的审美能力，丰富学生的审美情趣，进而形成学生的审美创造力，达到美化心灵、语言、行为和人生境界的目的。

艺术美始终是中华优秀传统文化的重要内涵之一。早在中国原始时代，远古图腾与原始歌舞那种野蛮却虔诚，谨严而热烈的艺术形式，在它们具有神力魔法的舞蹈、歌唱、咒语中展现，凝聚着原始人强烈的情感、思想、信仰和期望。"诗，言其志也；歌，咏其声也；舞，动其容也；三者本乎心，然后乐气从之。"（《礼记·乐记》）可以说，从中国文明伊始，美就并行诞生了，这种美与中华优秀传统文化双生双长，每一个阶段都绽放出不同时代的魅力。如春秋儒道互补时代，儒家注重艺术为社会政治服务的实用功利性，道家注重人与外界超功利的审美关系，两者交织发展、并行不悖地影响着人们的意识观念与艺术精神。而战国至汉代的楚汉浪漫主义则形成又一伟大的艺术系统，其浪漫与古拙交织、细腻与气势并存、现实与神怪同台的特有的艺术气息，极有气魄地为我们留下了琳琅满目的艺术瑰宝。至于后代，魏晋的人性觉醒，以《古诗十九首》始，经过建安七子、竹林七贤、太康文学、陶渊明、谢灵运田园山水诗等唤醒了人们对日常时世、人事、节侯、自我的全方位的美的观察和抒怀。盛唐的艺术高歌，则以初唐诗人歌唱宇宙与生命的回环流畅之美，边塞诗人感慨国家情怀的高蹈豪壮之美，山水田园诗人勾画的幽静之美，以及李白、杜甫笑傲王侯、蔑视世俗的人格之美等，为我们奏出了一个时代痛快淋漓的艺术强音。宋元的山水意境，以两宋山水画家既重视忠实的细节描画，又追寻诗意的气韵精神为代表，为我们建立了"气韵生动"的美学原则。直到明清时期引发出既有市民文艺，又有浪漫洪流，既有感伤艺术，又有现实批判的全方位的艺术思潮。这些都是中华优秀传统文化在精神上对美的极致追求，而这些艺术形式与艺术精神又全方位渗透在中国传统文化的各个领域，指导着各个艺术领域的发展。比如具有理性与浪漫、思辨与超脱并行的中国哲学；对称恢弘和流畅飞动兼而有之的中国建筑；或轻盈华美，或婀娜多姿，或婵娟春媚，或云雾轻笼，或精神洒落，或高谢风尘的中国书法；以及集各种形式、情感之美于一体的中国音乐与中国绘画……中华优秀传统文化中蕴含

的艺术之美包含着对自然与社会美的再现，对人性与人格美的描摹，对道德与生命美的勾画，对永恒、妙悟、韵味、性灵等独特美感的塑造，是全方位的美的集中体现。可以说，中华优秀传统文化中的艺术美在世界艺术长河中占有极其重要的地位。

由此可见，在实施中华优秀传统文化教育的过程中，我们以中国优秀传统美学为切入点，让学生了解古代各类艺术的起源、发展和成就，感知艺术的本质和特点，欣赏、评价不同艺术形式的美，洞察艺术家的审美趣味和审美理想，这些对学生审美情趣的培养和提高是毋庸置疑的。

首先，中华优秀传统文化教育能让学生关注到国家、政治、社会、群体的大我之美。对国家、社会、群体、政治的忧患情怀一直是中国传统文化所宣扬的高格之美。从《诗经》中的《大雅》《小雅》，到屈原的《离骚》；从《春秋》《左传》处处蕴含的家国之忧，到《史记》中对西汉浮沉的记载；从贾谊《过秦论》对汉代帝王的训诫，到范仲淹"先天下之忧而忧"的士大夫情怀……家国情怀一直是中国传统文化贯穿始终的旋律。中国传统文化教育恰恰能让学生在这些真实、厚重的作品中感受到这些忧患意识、家国意识，从而产生主人公般的爱国深情。这种"大我"之美，对学生正确的人生观、价值观的形成是非常重要的。

其次，中华优秀传统文化教育能使学生形成正直的人格与道德美。中华优秀传统文化注重培养人的完美人格与道德精神，只有正直的道德与人格精神，才会构建和谐的人际关系和社会结构。关于这一点，我们在后面"中华优秀传统文化教育是培养学生责任担当的重要手段"中会有详细论述，不再赘述。

再次，中华优秀传统文化教育能让学生善于发现自我，体会日常美的一面。中华优秀传统文化教育既能让学生树立宏大的家国情怀，也擅长引导人善于发现日常之美，发现自我情感的丰富与深情。就从中国经典文学作品来看，从《诗经·国风》先秦民众对自我爱恨情仇的全方位歌唱，到汉乐府底层人民对汉代丰富生活的歌咏，到东汉《古诗十九首》下层文人对自己内心情感的抒怀，一直到魏晋南北朝时期文人群体性的自我觉醒……在这些作品中，个体的日常琐事、喜怒哀乐都充分展现出来，真实而自然、朴实而感人。中华优秀传统文化不仅仅只关注国家、社会、群体，还同样关注个体生命的"情"，这就引导学生在时刻关注国家、群体、社会与自我的关系的同时，也不忘记将审美的视角转向自我、歌唱自我。

最后，中华优秀传统文化教育还能让学生发现自然之美。中华优秀传统文化讲求"天人合一"，也就是注重人与自然的亲和与交融，这在中国传统文化中有充分的体现。中国传统文化从魏晋时期开始关注山水，他们一方面"向外发现了自然，向内发现了自己的深情"，通过发现自然之美来发现自我心灵与之相应和的纯净之美，从而进一步探讨人与自然的关系。从此以后，在中国古典诗词、音乐、绘画、园林等各个方面，都全方位体现出对自然美的关注和描画，表现出对自然的审美思维高度。不言而喻，我们通过中华优秀传统文化教育将这些传授给学生，让学生一方面体悟古人塑造出的自然灵趣，另一方面也让他们挖掘出现实的自然之美，培养高洁的审美情趣。

中华优秀传统文化教育不仅能培养学生的审美能力，还能滋养出美的创造能力。在中华优秀传统文化教育过程中，我们从中华文化资源宝库提炼题材、汲取养分，把其中能体现真、善、美的艺术形式与时代特点相结合，来培养学生进行艺术创作，那么必然会提高他们的艺术创作能力，产生更多的优秀的作品。

第三节　中华优秀传统文化教育是学生参与社会的精神引领

《中国学生发展核心素养》的第三大版块就是"社会参与"，认为学生应该有责任担当和实践创新精神。其中社会责任、国家认同与国际理解是学生责任担当的核心内容；而劳动意识、问题解决与技术应用则是实践创新的核心内容。这些内容大部分都与中华优秀传统文化的精神内核相吻合。

一、中华优秀传统文化教育以重德修身为宗旨，培养学生的责任担当

中华优秀传统文化教育的重点就是"人学"，也就是重点培养人的道德修养和人格规范，解决怎样修身、怎样与人相处的问题，从而解决人与社会、国家之间的关系。中华优秀传统文化承载着许多传统美德和高尚情感，诸如尊师好学、崇尚节俭、爱护自然、遵循规律、重视实践、任人唯贤、珍惜友情、乐观开朗等等，这些都与《中国学生发展核心素养》对"社会责任"强调的品质不谋而合。

《中国学生发展核心素养》对"社会责任"有详细的界定，这些字眼都是以当代人的语言表述出来的，但是仔细推敲，却与中国传统文化中提出的"修身，齐家，治国，平天下"等观念不谋而合。如《中国学生发展核心素养》指出，如若能承担社会责任，首先要"自尊自律，文明礼貌，诚信友善，宽和待人"，这是对学生能融入群体和社会的基本道德素质的要求，也就是中国传统文化中提到的"修身"；其次，《中国学生发展核心素养》提出要"孝亲敬长，有感恩之心"，这实际上就是"齐家"；而"热心公益和志愿服务，敬业奉献，具有团队意识和互助精神；能主动作为，履职尽责，对自我和他人负责；能明辨是非，具有规则与法治意识，积极履行公民义务，理性行驶公民权利；崇尚自由平等，能维护社会主义公平正义"的提出，实际上就是每一个个体为达到社会和国家的和谐所能做到的"治国"行为；最后提到的"热爱并尊重自然，具有绿色生活方式和可持续发

展理念等行动"实际上就是和平年代每一个人能够"平天下"的具体行为规范。

"自尊与自律",实际上就是中国传统文化所提倡的讲德行,重修养,即"修身"与"克己"。在中国传统文化中,讲德行、重修养是中国儒家文化主要推崇的核心思想。"修身"与"克己",早在《周易》《大学》《中庸》《论语》《荀子》等儒家典籍中常见,最初指的就是磨炼自身、约束自己的意思。儒家提倡的道德体系就是通过修身养性,改变个人,从而适应、维护社会、国家的正常秩序。个人首先通过学习增强自我约束力,成为合格的家庭成员,进而成为合格的社会成员。儒家把整个国家看成一个"家",所以合格的家庭成员才是基本的道德伦理角色。家庭成员—社会成员—国家公民,构成儒家的道德修养评价的统一对象。所以孔子提出"修身"和"克己"。"自天子以至庶人,壹是皆以修身为本。"(《礼记·大学》)而自尊就是要有独立的意志和人格精神。中国传统文化对于"为人之道"的认识,首先就是要肯定自己,维护自己的尊严。"一箪食,一豆羹,得之则生,弗得则死。呼尔而与之,行道之人弗受;蹴尔而与之,乞人不屑也。"(《孟子·告子上》)这就是说生命是宝贵的,但是比生命更宝贵的是人的尊严。人格的尊严在于道德的自觉,有道德自觉的人才是一个高尚的人。

《中国学生发展核心素养》中提到的"文明礼貌",实则就是中华优秀传统文化中自古以来由"礼"而生发的一系列行为准则。中国自古就被称为"礼仪之邦",可见"礼"在传统文化中的重要地位。"礼"是中国儒家思想体系的重要内容,孔子、孟子、荀子都强调"礼"对节制人的行为、修身成德和维系社会秩序的重要作用,其内在蕴含了尊敬、节制、谦让、和谐的精神,这对提升人的文明素养和维护社会秩序发挥了积极的作用,对于当下学生能表现礼敬谦和、遵守规范、举止文明有重要的影响作用。"诚信友善,宽和待人"实则就是中国儒家学说反复强调的"仁"与"诚""信"。"仁"是中华传统文化就人与人之间的关系提出的和谐共生原则。"仁"即爱人,它以血缘之爱为基础,最终体现为推己及人的"仁民爱物",就是要抱有"泛爱众而亲仁"的宽厚情怀,体现了我国古人的一种宇宙情怀和极高的价值追求。"诚""信"也是中国传统文化非常推崇的品质,对中国传统文化精神的塑造产生了深远影响。孔子把"信"视为"仁"的主要德目,孟子则把"朋友有信"纳入"五伦"规范,汉代董仲舒把"信"列为"五常"之一,确立了"信"在儒家道德规范体系中的重要地位。"诚""信"就是"唯天下至诚,为能尽其性"的重承诺、守信义、以诚立业、以信取人的道德传统。在中华传统文化中,"礼""仁""诚"都已形成系统性的教化理论,以这些理论来教育当代学生,完全可以实现《中国学生发展核心素养》中对学生道德素养的引导和教育作用。

"孝亲敬长,有感恩之心",实际上就是中国传统文化中提倡的"孝悌"思想。

中国传统文化中蕴含着以尊老爱幼为核心的良好的民族礼仪，其中最为推崇"孝"。孔子说："孝悌也者，其为仁之本与，本立而道生"（《论语·学而》）。孔子强调，人首先要对自己父母和兄弟姐妹有"孝悌"之情，但是，他又没有将"孝"仅仅局限于小范围的亲近群体，所以，孔子还指出，人的"仁爱"之心要推己及人，要"泛爱众"，由此再推及至更广泛的人，建立一个同心有爱、和谐有序的社会群体。如何建立这样和谐有序的社会关系？孔子指出要"己欲立而立人，己欲达而达人"（《论语·雍也》），并且"己所不欲，勿施于人"（《论语·颜渊》）；这也就是孟子所说的："老吾老，以及人之老；幼吾幼，以及人之幼"（《孟子·梁惠王上》）。由儒家学者提出的这个观点，后来则成为中华民族尊老爱幼的核心价值体系。中华传统文化中尊老、敬长、爱幼的思想根源深远，对构建现今和谐的社会群体关系具有重要作用。当今社会，由于长期以来对"利"的推崇和追逐，导致人民的公民意识、群体意识、责任意识、友爱意识等严重崩塌，现在许多城市的路上、车上，扶老携幼、尊老爱幼、互相礼让的现象越来越少见，人们利己思想极为严重。在这种情况下，我们就不得不对我们的教育进行反思，而尊老爱幼的优良品质更要率先提上日程。对于国民素质的扶携，中华优秀传统文化教育则可以承担起这重要的职责。

有修身克己的道德规范，有自尊自爱的独立的人格精神，有推己及人的感恩之心，有文明礼貌、诚信友善的道德意识，才能承担起社会责任。《中国学生发展核心素养》指出，学生要承担的社会责任是：热心公益和志愿服务，敬业奉献，具有团队意识和互助精神；能主动作为，履职尽责，对自我和他人负责；能明辨是非，具有规则与法治意识，积极履行公民义务，理性行使公民权利；崇尚自由平等，能维护社会主义公平正义；热爱并尊重自然，具有绿色生活方式和可持续发展理念及行动等等。这些也恰恰是中华优秀传统文化中所提倡的。例如"敬业奉献、主动作为，履职尽责，对自我和他人负责"，实则就是中华优秀传统文化中的"敬业"传统。中华民族从来都是一个勤劳智慧的民族，素来以刻苦耐劳著称于世，在中华优秀传统文化中，始终传承着尽责敬业的职业操守，《尚书·周书》中就提出："功崇惟志，业广惟勤"，孔子在《论语》中也多次指出，人应该"执事敬，与人忠""敬其事而后其食"，朱熹也曾经说道："主一无适便是敬"……正是历代人民对"敬业"的恪守和提倡，才有了我们灿烂的中华科技和文化。

再如《中国学生发展核心素养》提出社会责任之一还有"能明辨是非，具有规则与法治意识，积极履行公民义务，理性行使公民权利"，这实际上就是中国儒家思想一再强调的"克己复礼"。"克己复礼"出自《论语·颜渊》："克己复礼为仁。一日克己复礼，天下归仁焉！""非礼勿视，非礼勿听，非礼勿言，非礼勿动。""克己复礼"就是要求人要战胜自己的私欲，做事恢复到合理化，即"具有规则和法治意识，理性行使公民权利"。在当下社会，随着市场经济的发展，以利益最大化为目的的经济活动很大地影响着人们的价值观念，使得当下学生出现了以自我为中心，人际交往矛盾突增；自我约束能力差，常常以个人利益冒犯社会规范、法制的现象。而"克己复礼"则强调通过自我道德的提升，在交往中做到坦诚、宽容、克制、体谅，从而实现人的自身和谐和人际和谐。现在看来，不论是其思想内涵，还是其实践要求，对构建人与人之间和谐的人际关系以及人与社会的和谐有序的秩序都有重要的现实意义。

再如"热爱并尊重自然，具有绿色生活方式和可持续发展理念及行动"，这实际上就是中华传统文化中所提倡的"天人合一"思想。"天人合一"思想是人类文明中最伟大的一个贡献，最早来源于中国先秦时期的儒道两家思想体系，历经西汉董仲舒的"天人感应"说，宋代程朱理学的"天理"之说等，形成了一套系统的哲学体系。其内涵一方面包括人在改造自然时要不违天时，对天、地、人三才合理利用，另外则强调人应当依法自然，不做违背自然规律的事情，"人法地，地法天，天法道，道法自然"，（《道德经·第二十五章》）其核心强调的就是人与自然相互依赖，相互联系，共消共亡的和谐共融的生存观念。近代以来，随着工业主义机械化的产生，战争工业化的泛滥，科学技术的飞跃进步，现代科技改变了自然界某些事物本来的属性，甚至超越了自然所能承受的阈限，人与自然的关系出现了完全的转变，人类"把自然当作可以任意摆布的机器，可以无穷索取的原料库和无限容纳工业废物的垃圾箱"，随之而来的是全球生态的失衡，人类生存环境日益恶化，各种生态危机、能源危机、粮食危机甚至是信息危机扑面而来。在这种形势下，作为逐渐步入世界强国的中国，源于中华传统文化的"天人合一"智慧，对未来的世界建设者——中国学生开展以尊重自然，绿色生活的教育就显得尤为迫切和重要，旨在引导学生正确处理人与自然的关系，保护环境，爱护自然，从而让未来中国的生态环境参与到全球生态圈的共生互利中来。

二、中华优秀传统文化教育以爱国思想为纲领，坚定学生国家认同的信念

社会参与意识不仅仅是承担社会责任，还应有更宏大的目标，那就是具有国家意识，即具有爱国情怀和国家认同感。《中国学生发展核心素养》指出："国家认同"的重要内容之一就是具有国家意识，了解国情历史，认同国民身份，能自觉捍卫国家主权、尊严和利益，具有文化自信，尊重中华民族的优秀文明成果，能传播弘扬中华优秀传统文化和社会主义先进文化……。由这个表述可见，"国家认同"实则就是在传承和弘扬中华优秀传统文化的基础上的国家认同。

中华优秀传统文化是中华民族的"根"和"魂"，我国学生的核心素养需要植根于中华优秀传统文化的土壤中，从而体现中华民族之"魂"。在中华文明5000

多年的发展史中，历代仁人志士们提出了博大精深的思想体系，而爱国主义思想恰恰就是这思想体系中最核心的精神纲领。它是中华民族最优良的民族精神，是全世界炎黄子孙的精神纽带。

"爱国主义就是千百年来巩固起来的对自己祖国的一种深厚情感。"这种情感始终贯穿于中华民族的传统文化之中，始终是历代仁人志士所维系的精神坐标。尧舜时代的禅让精神体现的是以国为重、先国后己的进步意识；大禹治水三过家门而不入形成的是以民为本、为民除害的大我精神；先秦诸子，从孔子的"仁"、与"礼"、孟子的以民为本、荀子的以"礼"治国，到庄子的"无为""坐忘"，墨子的"兼爱""非攻"，韩非子的"法制"思想等，其根本始终围绕的是国之利益。《诗经》中《黍离》"中心摇摇"的担忧，屈原的"长叹息以掩涕兮，哀民生之多艰"的忧患，贾谊的"国而忘记家，公而忘私"的忘我，曹植"捐躯赴国难，誓死忽如归"的勇于蹈死，诸葛亮的"鞠躬尽瘁，死而后已"的殚精竭虑，杜甫的"忧端齐终南，鸿洞不可缀"的厚重深情，范仲淹"先天下之忧而忧，后天下之乐而乐"的爱国呼唤，文天祥"唯有以死报国，我一无所求"的浩然正气，顾炎武的"天下兴亡，匹夫有责"的担当，等等。在中国历史上，这样的爱国人物举不胜举，他们都是由"人格"而上升至"国格"的一脉相承的国魂。这种爱国主义精神为核心的民族魂，形成了强大的凝聚力，使中国始终能以统一的多民族国家著称于世。

中华优秀传统文化中有贯穿几千年的爱国主义传统，有一脉相承的爱国主义思想，并且有丰富感人的爱国主义的范例，这对培育学生核心素养中的"国家认同"情怀具有其他学科不可替代的作用。学生们可以在学习中华优秀传统文化的爱国主义思想的同时了解中国的历史与国情发展，认同国民身份，尊重中华民族的优秀文明，从而产生文化自信，并能继续为国家创造灿烂的文明。

首先，中华优秀传统文化的爱国主义教育可以形成强大的凝聚力，使学生产生"天下兴亡，匹夫有责"的国格意识。中国人民自古就有很强的国格意识，从先秦时期蔺相如"完璧归赵"、晏子使楚"国不受辱"一直到近代中国虎门销烟、三元里人民抗英斗争等，中国人民在风雨飘摇的历史中始终捍卫着国家主权的完整与独立。融于血脉的爱国精神让中华人民愈是在国家遭遇危难之际，愈是能爆发出维护祖国利益的强大力量。正因如此，虽然在中国近代史上，中国遭受了史无前例的多国侵略，遭受了日本的侵华战争，但终究没有沦为殖民地，没有亡国，反而激发了中国人民的强烈反抗，最终自力更生，立于世界民族之林。现阶段，我们对内正在大力发展社会主义市场经济，努力建设富强、民主、文明的社会主义现代化国家；对外面临国际共运发展史上的低潮，国际形势风云变幻，在这样的国际形势下，时刻对不同阶段的学生进行爱国主义教育，继承和发扬中华民族爱国主义传统，让他们能够在关键时刻挺身而出，抗敌御侮，维护祖国的尊严，具有重大的现实意义。

其次，中华优秀传统文化的爱国主义教育可以形成强大的人格动力，使学生产生"天下为公，崇尚一统"的团结精神。中华民族由于家族本位的社会结构和礼教文化传统，熏陶出一种群体主义的精神。在此基础上，以个体服务于家族、群体从而达到和谐相处作为重要的价值取向，进而发展到个体、家庭、群体要兼顾整个国家的利益的价值观。孟子就说过"人有恒言，皆曰天下国家，天下之本在国，国之本在家，家之本在身"（《孟子·离娄上》），"大道之行也，天下为公"（《礼记·礼运》），中国传统文化的大同境界的基本精神，就是一个"公"字，由此产生了"老吾老以及人之老，幼吾幼以及人之幼，天下可运于掌""以天下为己任""先天下之忧而忧，后天下之乐而乐""国家兴亡，匹夫有责"等"无私""为公"的精神光芒。这种思想使得中华民族形成一种团结一统的精神力量，在国家危难、外敌入侵的紧要关头，往往能迅速形成解危抗敌的统一意志，正因如此，才使得我们这样一个人口众多的多民族国家一直繁荣到今天。所以爱国主义教育能让学生重视民族和国家的利益，追求群体和国家的统一，从而形成团结凝聚的力量，共同迎接未来未知的国际形势。

最后，中华优秀传统文化的爱国教育可以促进学生勤劳创新，继续创造灿烂的文明。中华民族的历史源远流长，自古以来，我们中华民族就世代繁衍、生息、劳作在这块广大的土地上。各族人民用自己的智慧共同创造了光辉灿烂的中华文明。水稻的种植，丝、茶、瓷器的创造，"四大发明"的名扬世界，乃至万里长城、大运河、张骞出使西域、玄奘天竺取经、鉴真东渡、郑和下西洋等，中华民族一直不乏影响世界的发明和人类历史上的壮举，这些发明和壮举都是中华民族用自己的勤劳和智慧创造出来的。爱国主义的凝聚力与感召力，不仅表现在抵御外侮、保卫祖国的斗争中，在建设祖国的奋斗中也同样可以显示出巨大的威力。中国历史上这些优秀的文明和仁人志士同样能激发当代学生继续创造灿烂文明的创造力和热情，也是中国能得以进一步发展的精神基础。

《中共中央关于构建社会主义和谐社会若干重大问题的决定》中明确指出："马克思主义指导思想，中国特色社会主义共同理想，以爱国主义为核心的民族精神和以改革创新为核心的时代精神，社会主义荣辱观，构成社会主义核心价值体系的基本内容。"用中华优秀传统文化的爱国思想来教育学生，可以让他们形成坚固的国家认同感，热爱社会主义制度，坚定走中国特色的社会主义道路；可以让他们热爱祖国的山河，捍卫国家领土完整和祖国统一；可以让他们热爱骨肉同胞，积极维护民族团结；可以让他们热爱民族优秀文化，推进中华文化的创新和发展；可以让他们发扬中华民族美德，维护国家形象和尊严，由此才能形成中华民族经久不衰的凝聚力和创造力，保障中华民族屹立于世界民族之林。

三、中华优秀传统文化教育以尊重劳动为基础，培养学生的实践创新精神

《中国学生发展核心素养》指出，学生进行社会参与的第三部分内容便是要实践创新，实践创新又包括三个要素，即劳动意识，解决问题的热情和能力以及学习掌握相应的技术并进行创新与优化。由此可见，《中国学生发展核心素养》认为，要想真正实现社会参与，就要从思想上尊重劳动，从行动上肯于践行，从而达到更高的社会参与能力——勇于创新。尊重劳动、肯于实践、发展创新都是中华传统文化中的优秀品质。

在中国传统道德中，勤劳勇敢是形成最早、普及最广、传播最久、最受欢迎的美德之一。翻开中华民族的文化史，走进中华民族的日常生活，勤劳勇敢都蕴含其中，数千年的历史已把勤劳勇敢沉淀为一种强大的民族精神。中华民族具有漫长的发展历史，其中自然条件的艰苦和社会斗争的严酷使其具有了吃苦耐劳、艰苦奋斗、不畏艰险、俭朴勤奋的不屈不挠的精神。勤劳指的是人们对待劳动的态度以及行为品质，它反映了人们为了自身的生存和发展与自然和社会顽强斗争的一种生活状态，要求人民热爱劳动，关心劳动人民，勤奋努力。在中华民族的意识中，勤劳是一切事业成功的保证，是兴家之宝，立国之本。习近平总书记指出："幸福不会从天降，梦想不会自动成真。实现我们的奋斗目标，开创我们的美好未来必须紧紧依靠人民，始终为了人民，必须依靠辛勤劳动，诚实劳动，创造性劳动"。在当今社会，随着经济持续快速发展和人民生活水平的日益提高，许多人抛弃了艰苦奋斗和勤俭节约的优良传统，尤其是当下的学生，这种倾向更是十分明显。学生核心素养的发展直接关系到国家的前途和社会主义建设事业的成败，所以让学生继承中华民族勤劳勇敢的优秀传统，尊重劳动、热爱劳动、艰苦奋斗、勤俭节约，在当代中国就具有极其重要的意义。"一个国家，一个民族，如果不提倡艰苦奋斗，勤俭建国，人们只想在前人创造的物质文明成果上坐享其成，贪图享乐，不图进取，那么，这样的国家，这样的民族，是毫无希望的，没有不走向衰落的。"

《中国学生发展核心素养》指出学生具有劳动意识，就是"让学生尊重劳动，具有积极的劳动态度和良好的劳动习惯……能主动参加家务、生产劳动和社会实践……具有通过诚实合法的劳动创造成功生活的意识和行动"——其核心即是实践和创新，而这些恰恰是中华传统文化一直重视和提倡的。

实践，在中华传统文化中称为"践行"，《中国学生发展核心素养》中提到的家务劳动、生产劳动和社会实践以及创造生活等都属于此列。践行是巩固与汲取知识，掌握技能，提高分析问题、解决问题能力的重要环节和手段。践行是理论的基础，一切理论知识发源于实践，所以践行也是我们中华传统文化的治学法则。

在中国传统文化中，早就提出了"学以致用"，从先秦到明清，历代中国圣贤

都推崇备至。如孔子就说："言必信，行必果"（《论语·子路》），"言忠信，行笃敬"（《论语·卫灵公》），"君子耻其言而过其行"（《论语·宪问》），讲的都是要看重实际行动。他最看不起那些言行不一的人，他认为："有其言，无其行，君子耻之。"（《礼记·杂记》）墨子也强调践行，他说"士虽有学，而行为本焉"，"志不强者智不达，言不信者行不果。"（《墨子·修身》）他把实践行动看作根本，如果只讲理论就等于是在纸上谈兵。在中国文化史上，荀子、韩非子都曾专门论述践行的可贵，而到宋代朱熹、明代王阳明、清代王夫之都就"知"与"行"的关系提出了系统的理论，如"论先后，知为先；论轻重，行为重"（《朱子语类辑略》）"知行合一，知是行的主意，行是知的功夫；知是行之始，行是始之成。"（《王阳明全集》），都指出了践行的重要性。

中国传统文化这种重实践的精神在历代人民的实际人生中都发挥了效用。如先秦儒道墨法等各流派的思想家，不只是流于学术思想的创造和阐释，都是在践行中总结、推行和实施自己的学说。而中国历史上那些可歌可泣的历史人物，如张骞、张衡、玄奘、岳飞、文天祥、戚继光、林则徐等，都是将自己的所思所想、所知所信付诸实践当中。现如今，我们的社会主义现代化之所以取得了辉煌的成就，与我们切实履行实践密切相关，毛泽东说："真理只有一个，而究竟谁发现了真理，不依靠主观的夸张，而依靠客观的实践，只有千百万人民的革命实践，才是检验真理的尺度。"（《新民主主义论》）"真理的标准只能是社会的实践。"（《实践论》）

长期以来，从国外来看，受经济全球化的影响，多元文化的冲击，以及奢靡之风，享乐之风的侵蚀诱惑；从国内来看，中国经济飞速发展，物质条件逐步改善，社会发生转型，这些都使当前学生的世界观、人生观、价值观发生急剧变化。这就使我们对学生素养的培育面临诸多挑战。有些青少年爱国主义思想缺失，理想信念淡泊，学习松懈、心态浮躁，精神空虚，虚度光阴，学无所成，玩物丧志，追求刺激享受，等等，更谈不上参与社会实践和创新。在这种局面下，对青少年尊重劳动、参与实践、勇于创新的引导和训教就尤为重要。除了其他培育因素外，中华优秀传统文化重践行、重知行合一的理论与人物范例则是非常好的途径和方法。习近平总书记2018年5月2日在北京大学师生座谈会上提出"知行合一，以指促行，以行求知"的指导思想就是立足于中国传统文化的"知行合一"理论提出的。

第四节　中华优秀传统文化教育是学生自主发展的文化力量

《中国学生发展核心素养》指出，"自主发展"是培养学生核心素养的基本要点之一。自主性是人作为主体的根本属性，自主发展，重在强调能有效管理自己的学习和生活，认识和发现自我价值，发掘自身潜力，有效应对复杂多变的环境，成就精彩人生，发展成为有明确人生方向，有生活品质的人。要达到这样的自主发展的程度，学生既要注重个人知识文化技能的培养，又要兼顾身体和心理的健康成长。因此，"自主发展"主要包括"学会学习"和"健康生活"。学会学习主要是学生在学习意识形成、学习方式方法选择、学习进程评估调控等方面的综合表现，包括乐学善学、勤于反思和信息意识。而"健康生活"是指学生在认识自我、发展身心和规划人生方面的综合表现，具体包括珍爱生命、健全人格和自我管理。

一、中国优秀传统文化教育与"学会学习"

正如林崇德先生所言，《中国学生发展核心素养》是在充分吸收中华优秀传统文化的营养下建构起来的，所以在学生"自主发展"的核心内容里，我们处处可以看到中华优秀传统文化的影响。

例如《中国学生发展核心素养》"学会学习"中的乐学善学、勤于反思，其思想根源就来自中国传统文化。众所周知之，中华民族向来有重视教育与学习的传统，所以涌现了众多的教育家，提出了丰富的教育思想和学习之道。如著名的教育家思想家孔子在《论语》中开宗明义就提出了"乐学"说："学而时习之，不亦说乎？有朋自远方来，不亦乐乎？"（《论语·学而》）他提出的是一种乐观积极的学习态度，并在此基础上进一步指出"乐学"是学习的最高境界，即"知之者不如好之者，好之者不如乐之者"，（《论语·雍也》）"乐学"思想是从学生的生理、心理、认知和情感的角度出发提出的学习之道，哪怕在今天也具有先进意义。但是，在当今应试教育甚嚣尘上的教育环境里，学生很难做到"乐学"。加之中国当代学校教育，学校往往推崇严肃、庄重的师生之礼、教学之道，使得学生每天正襟危坐、埋头苦读，这在一定程度上忽略了学生的生理和心理感受。从生理学和认知学角度来说，人只有在精神愉悦的时候，大脑皮层才会处于相对兴奋的状态，此时精神最集中，反应最机敏，思维最活跃，学习的效率才是最佳的。"乐学"可以激发学生的学习兴趣，可以养成学生良好的学习习惯，可以提高学习效率，其在教学过程中的优势是不言而喻的。《中国学生发展核心素养》的研究者认识到了中国教育过程中的这个弊端，吸取中国传统教育思想的"乐学"观念，指出"乐学"是达到最佳学习效果和学习境界的起点，将"乐学"作为学生"学会学习"的首要素养。

所谓"善学"，就是指学生能养成良好的学习习惯，找到适合自己的学习方法，从而进行自主学习、终身学习。中华传统教育思想同样对"善学"也有深入探讨。例如孔子提出的"温故知新"说，即"温故而知新，可以为师矣"（《论语·为政》）；孟子提出的"由博返约"，即"博学而详说之，将以反说约矣"（《孟子·离娄下》）；再如孔子、孟子都曾提到的"循序渐进"说，孔子的"循循然善诱人"（《论语·子罕》），孟子讲述的"揠苗助长"的故事以都是对"循序渐进"的强调和重视。再如儒家思想始终提倡的"知行合一"说，"知行合一"由孔子率先提出："力行近乎仁"（《论语·中庸》），其后朱熹、王守仁等都有具体论述，如"故圣贤教人，必以穷理为先，而以力行以终之"（《朱文公文集》卷五十四），"知行原是两个字说一个工夫"（《传习录》）。中国传统学习思想还倡导"终身学习"观，荀子说"学不可以已"（《荀子·劝学》）；汉代的王充则更加强调学习要力学不辍，"河冰结合，非一日之寒；积土成山，非斯须之作。干将之剑，久在炉炭，钴锋利刃，百熟炼厉"；北宋著名教育家张载也说"知学然后能勉，能勉然后日进不息"（《正蒙·中正篇》）。再如"学思并重"，也就是《中国发展学生核心素养》提出的"勤于反思"。孔子曾说"学而不思则罔，思而不学则殆"（《论语·为政》），他还现身说法："吾尝终日不复，终夜不寝，以思，无益，不如学也。"（《论语·卫灵公》）学习与思考是学习过程中的一对矛盾统一体，离开思考的学习只是知识的堆砌，离开学习的思考则无异于虚妄的空想。中国古代教育家早就注意到了学习与思考的并重性。孟子就说"尽信书不如无书"（《孟子·尽心下》）实则就是强调独立思考的重要性。《礼记·中庸》更是进一步将学与思发展为"博学之，审问之，慎思之，明辨之，笃行之"的过程。在此之后，中国的历代教育家如朱熹、黄宗羲等都对学与思进行过系统的阐述。

中国古代传统教育思想对于当下学生的学习仍然具有重要的启迪与方法意义。"乐学"可以激发学生的学习兴趣，可以让学生养成良好的学习习惯，可以提高学习效率；"知行合一"可以让学生真正参与到社会实践当中去，并进行创造性的学习和生产；学思并重可以让学生拥有独立思考的能力；终生学习可以让学生适应当今科学与技术急剧变革的社会，能在知识飞速更新，职业频繁变动的社会环境中得以生存和发展……关于如何学习，中国教育家的论述还有很多，这些对培养当代学生的学习素养都是具有现实意义的。

二、中国优秀传统文化教育与"健康生活"

随着中国经济的迅速发展和时代的变迁，更多的外来文化与中国本土文化频繁交流、碰撞，现代文化迅猛地冲击着当下青少年的生活观和价值观。如经济发展造成的贫富差距带来的心理影响；网络信息技术的发展带来生活方式的转变，科学技术的急剧变革带来生存方式的不稳定性，社会活动的日趋频繁带来的人际交往的焦虑感，家庭教育的开放性带来的崇尚个性……在纷繁复杂的现代社会中，学生的身心健康越来越成为中国教育重点关注的问题。如随意透支身体健康、漠视生命的价值和意义、拜金享乐主义盛行、对外界缺乏防范、自我意识过强、自卑心理严重、人际交往困难、理想与信仰缺失，等等。缺乏健康身心的学生在现代社会必然难有作为，更谈不上成为"中国梦"的建设者和接班人。在这种现状下，《中国学生发展核心素养》提出学生要懂得珍爱生命、养成健全人格、学会自我管理等具有重要的意义。

中华优秀传统文化中蕴含着健康教育的深厚的文化根基，针对当代学生出现的上述种种健康问题，其对学生身心健康的维护具有重要的积极作用。

（一）优秀的传统文化有助于学生珍视生命，树立有价值的生死观

中国儒家与道家思想都特别关注人的生命问题和生死问题。孔子《论语》中提到"仁者爱人"（《论语·颜渊》）其中首先就是要"爱自己"，爱自己的生命以及维护自己宝贵的精神品格，他又提出"未知生，焉知死"（《论语·先进》），同样表达了对生命的敬畏。而在此基础上，他进而提出"志士仁人，无求生以害仁，有杀身以成仁"（《论语·卫灵公》）则树立了一种健康的、积极的、辉煌的生死观。道家思想也指出"名与身孰亲？身与货孰多？得与亡孰病？甚爱必大费，多藏必厚亡。故知足不辱，知止不殆，可以长久。"（《道德经》第四十四章）认为人的生命是宝贵而不可替代的，人应当珍惜生命，不要让生命为外物所累。司马迁对生命和生死是这样看待的："人固有一死，或重于泰山，或轻于鸿毛"（《报任安书》），表现的是一种为有意义的死而奉献生命的舍生取义精神。这些都是在珍视生命的基础上对生命更高意义的理解。这种生死观贯穿着整个中国古代社会。所以有曹植的"捐躯赴国难，视死忽如归"，有文天祥的"人生自古谁无死，留取丹心照汗青"，等等。与古人对生命意义和人生价值的理解相反，由于物质的饱和和精神空虚的巨大反差，当今的大学生往往将自己的生存和生命的意义局限于一些狭隘、或暂时的事态上，如失恋、贫困、人际关系紧张、高考落榜，甚至哪怕是家长、老师的几句责骂，都能让他们轻易将宝贵的生命无意义的付出。在当下学生自杀危机越来越突出的现状下，优秀传统文化中的生命观就显得极为迫切和重要。

（二）优秀的传统文化有助于学生树立积极乐观、直面挫折的生活态度

中国传统文化一直蕴含着乐观向上、自强不息的优秀民族品质。先秦经典《周易》在《乾卦》中首先就明确提到"天行健，君子自强不息"（《周易·乾卦》），意即人们应该具备刚毅坚强、永远向上的优秀品质。在儒家思想中，特别提倡"知命"，"知命"就是能看到人生的真谛，也就是从别人和自己的人生中提炼出人生规律。只有对人生规律有所了解，遇事才不会慌乱，才不会在挫折和困境中意志消沉。中国传统文化推崇人应该适应环境，乐观向上，直面挫折的精神，这样的范例在中国历史上数不胜数：孔子一生行道，然而却处处不通，四处碰壁，但是他说："不怨天，不尤人"；司马迁遭受了常人所难承受的"宫刑"，但是依然用毕生精力创作《史记》；蒲松龄落第却不落志，创作自勉联来鼓励自己，最终创作了《聊斋志异》。再如，卧薪尝胆、苏秦刺骨、苏武牧羊、张骞出使西域、玄奘天竺取经、郑和下西洋等诸多历史故事，都是中国传统文化中自强不息、知难而进、乐观向上的范例。当代中国学生大多数家庭生活优裕，或者父母较为疼爱，所以尽管具有思想活跃、兴趣广泛、勇于探索、敢于创新等诸多优点，但是由于生理与心理的不成熟，加上成长经历的顺畅，常常会在挫折到来的时候无所适从。如面对人际关系不顺畅、学业不顺利、求职受挫等现实问题时，往往心理防御机制差，调试能力弱，从而产生诸多心理问题。在这种情形下，中国优秀传统文化能以中国古人的训教和事例来引导当代学生面对挫折，产生良好心态。

（三）优秀的传统文化有助于学生建立合理的自我管理方式，养成文明的行为习惯

在当代学生群体中，有一部分人心理健康认识能力低下，不管在学习还是生活中，都缺乏必备的素养、自我约束的能力以及应对突发事件的心理条件。中华优秀传统文化的重点就是"人学"，也就是重点培养人的修养和人伦关系，解决怎样修身，怎样与人、社会、自然相处的问题，其中有很多学说和理论都在探讨如何维护人自身的心理平衡问题。例如，儒家思想提倡的自律和自省。如孔子提出的中庸之道，就是面临外界的各种刺激如何保持心理平衡的阐释。再如，儒家强调心理和精神层面的快乐："一箪食，一瓢饮，在陋巷，人不堪其忧，回也不改其乐"是孔子在赞美颜回时表达出的面对物质引诱的自我控制。孔子还强调自省："吾日三省吾身，为人谋不忠乎？与朋友交不信乎？传不习乎？"（《论语·学而》）通过自省，来强化自我约束能力。再如，道家哲学中，老子的"无为"思想也是对当下心理健康的很好的引导。"无为"强调自然法则，不是不作为，而是不妄为，不违反自然规律，不凭主观意志为所欲为，也同样论及人的自我控制的论题。我们在学生心理健康教育的过程中，应当积极借鉴中华优秀传统文化的这些思想，让学生充分了解"仁爱""孝悌""忠恕""诚信"等一系列伦理道德规范，让学生学会站在他人的立场上尊重别人，提高自身修养，让学生真正做到"修之身，其德乃真；修之家，其德有余；修之乡，其德乃长；修之邦，其德乃丰；修之天下，其德乃博。"（《道德经·第五十四章》）

第六章　中小学生的道德发展与引导

第一节　中小学生的道德发展特点

一、中小学生道德发展理论基础

在西方，皮亚杰对儿童期道德观念形成和判断做出了大量的研究。皮亚杰认为，通常7～12岁儿童的自律性道德，即服从自己的规定的道德获得了发展，并且以人与人之间关系的水平表现出来。柯尔伯格研究指出，儿童从7岁起便倾向以常规道德评价道德行为，并维持习俗的秩序和符合他人的愿望。

中国内地的心理学界对中小学生道德发展的研究中，关于小学生道德特点的研究在数量上占很大的比例。总结我国在小学生道德特点方面的研究，并且结合我们自己的研究认为，从出生到成熟的整个时期，小学生的道德发展所显示出来的基本特点就是协调性。

道德认知即对客观存在的道德关系及如何处理这种关系的原则和规范的认识。道德认知包括道德印象的获得、道德概念及道德观的形成、道德信念的产生、道德评价和道德判断能力的发展等。

（一）皮亚杰的道德发展阶段理论

皮亚杰是第一个系统研究儿童道德认知发展的心理学家，他1932年出版的《儿童道德的判断》一书，是儿童道德发展心理学研究的里程碑。

1.皮亚杰的研究方法和内容

皮亚杰的研究方法是他独创的临床谈话法，通过向儿童讲述一些关于道德现象的故事，然后与儿童进行深入对话，根据儿童的回答确定其道德认知的发展水平。皮亚杰研究了儿童对游戏规则的理解、对谎言和过失的判断、对权威的认识等方面的发展特点，认为儿童道德发展的主要内容是对道德概念和社会规则的理解和认识，因为道德是由各种规则体系构成的。

2.道德认知发展的三阶段理论

皮亚杰提出了道德认知发展的三个阶段：

（1）前道德阶段（4、5岁之前）。这时儿童不能对行为的道德价值做出判断，是"前道德"的。例如，儿童玩弹子游戏时，总是根据自己想象的规则活动，而不能理解别人的或一般的规则，这时儿童的思维是自我为中心的。

（2）他律道德阶段（4、5岁～8、9岁）。这个阶段的儿童认为规则是万能的、不可改变的；在评价行为时，往往抱着极端的态度，认为要么是好的，要么是坏的；他们完全按照道德规范做判断，只重视行为导致的后果，从不考虑行为动机。这个阶段又称"道德现实主义阶段"。

（3）自律道德阶段（9、10岁以后）。这个阶段的个体不再盲目服从权威，认识到道德规范的相对性，权威人物的意见也不一定对。游戏规则可以根据需要通过协商加以修改，并非不可改动。判断一个人的行为对错，不仅要看结果，同时要考虑动机和意图。这个阶段又称"道德相对主义阶段"。皮亚杰认为，道德认知发展是由"前道德阶段"向"他律道德阶段"再向"自律道德阶段"发展的过程。道德认知发展受制于一般认知发展。

（二）科尔伯格的道德发展阶段理论

科尔伯格通过研究道德推理而建立了他的道德发展理论。道德推理指人们对在某种情形下什么行为是正确的、什么行为是错误的所做的判断，又称"道德判断"。科尔伯格提出两个重要观点：一是道德判断的发展是个体道德认知发展的最重要构成；二是道德发展表现出不同的水平和阶段。

1.道德判断的三个特征

道德判断具有社会性、原则性和规定性的特点。

（1）道德判断是社会判断，即对人的判断而不是对物的判断。

（2）道德判断是价值判断而不是事实判断。道德判断体现为个体对"应不应该做某事"的判断，而不是对"是不是这样"的判断。

（3）道德判断是对规定或规范的判断。道德判断不是对个人喜好等方面的判断。

2.道德判断发展的水平和阶段

在科尔伯格看来，个体道德发展在不同年龄会表现出不同的水平和阶段。他运用"两难故事"即存在冲突的故事，进行了大量的关于个体道德认知和道德判断发展阶段的实证研究。"海因茨偷药"的故事就是科尔伯格等人研究中使用过的众多"两难故事"之一：

海因茨妻子得重病快要死了，只有某医生那里有治疗这种病的药，但要1000美元，海因茨想了所有办法都没有凑够这笔钱，他向医生请求赊账或者分期付款，医生不答应，于是他决定去偷药。

你认为他应不应该偷药？

通过大量的此类"两难故事"，科尔伯格将个体的道德认知和道德判断发展划分为"三水平六阶段"。"三水平"分别为：前因循水平、因循水平和后因循水平；每种水平下又分别包含两个阶段，即所谓"六阶段"。

3.科尔伯格道德判断研究的启示

科尔伯格的研究提供了促进道德认知发展的具体方法和原理。科尔伯格认为，既然道德发展的主要任务是培养个体的道德判断，那么，提供给个体一些案例来训练他们这方面的能力，完全可以有效地促进他们的道德发展。因此，"两难故事"不仅是研究手段，更是道德教育的有效途径。如今，中西方道德教育中普遍采用"两难故事法"，增强了道德教育的实效。道德两难情境是一种使人感到左右为难、模棱两可的道德情境。个体无法对这种情境做出"是"或"非"的断然判断，也不能只靠回答"是"或"非"来做出结论，只能对这种进退两难的矛盾情境进行分析和思考，再做出谨慎的选择。

因为"两难故事"中往往存在两种准则之间的冲突，所以教师可以通过各种途径收集这方面的材料，也可以自己编撰，从而考察中学生的道德判断水平，有针对性地开展道德教育。在上述"海因茨偷药"的故事中，两种准则之间的冲突体现为"偷窃"与"救人"之间的冲突。课堂中，教师通过引导学生对两难故事的讨论，引发学生的道德认知冲突，激发学生进行积极的道德思考，从而促进学生道德判断水平的提高。

（三）领域理论与中小学生道德认知领域性

1.特里尔的社会认知领域理论

科尔伯格之后，特里尔的"领域理论"在道德认知发展研究中引起广泛关注。领域理论强调个体很小（最早的研究是3岁）就可以对不同事件产生不同的认知。例如：问一个3岁的儿童，打人可不可以？他们的回答是不可以，因为打人会让别人感到疼。老师让他们打人时，他们应不应该打人？回答还是不可以，原因同样是会让别人疼。但是当问他们在幼儿园赤膊行不行？他们回答不行，因为这违反了学校的规定。当老师允许他们这么做时，这样做可不可以？他们回答"可以"。

　　研究发现，儿童在3～4岁时还可以对那些属于自己的问题有自己的看法、自己作出决定。例如："今天我想穿那条红裤子""明天我想留长辫子"，等等，问他们"别人是否可以干涉"时，他们回答"不可以，因为这是自己的事情"。可见，针对不同事件的校规、家规等在个体看来并不是相同的，因所规定的事件不同而具有不同含义。

　　特里尔的研究认为，涉及让他人受到伤害、对他人不公正，以及侵害他人权利的事件就是"道德事件"，对这类问题以及相应的规定，个体的推理具有普适性、绝对性和不可改变性。而对于为了维护团体的统一而由权威制定的，并与伤害、公正和权利无涉的规定则属于"习俗事件"。例如，"男性不能穿裙子""在学校不能赤膊"以及"背起手坐直听课"等规定就是习俗规定，对这类问题及其相应的规则，个体的推理具有相对性、情景性。此外，还存在一类问题属于由自己决定的范围，例如穿什么衣服、理什么样的发型、在日记中记录什么内容，这类问题属于"个人事件"，对此类问题以及相应的规定，个体多认为自己有权利处理，不允许别人干涉，并且这种认知同道德认知类似，也具有普适性。由此可见，个体可以形成至少三种领域认知：道德认知、习俗认知和个体领域认知，三者具有不同的特点和认知过程。目前世界上20多个国家有大量的研究都验证了个体可以体现出这三种认知，这被称为"心理学中最有生命力的现象之一"。

　　2.中小学生的领域发展任务

　　中小学生处在人生发展中的青少年时期，从领域理论的视野看，个体这一阶段的发展任务主要表现在两个方面。

　　（1）每种领域认知都在不断深化。尽管个体在三四岁就可以区分不同领域认知，但是每个领域的认知发展在青少年时期都得到进一步深化。

　　对道德领域来说，年幼儿童只是对直接可见的伤害后果做出道德领域思维（例如偷东西、打人），但随着抽象思维和想象力的发展，对于那些引起心理伤害后果的事件，青春期儿童也可以进行此类认知。例如，青少年会认识到穿着红衣服参加葬礼会伤害死者家属的感情，包含有"伤害"的成分，所以也是一件不道德的事情。随着青少年越来越了解社会所赋予的意义，他们对于道德事件范围的界定不断扩大，道德认知也更加丰富。

　　对习俗领域来说，中小学生的发展会经历两个阶段：在第一阶段（12～14岁），个体认为一些习俗规定"不过是社会的规定""除了是权威命令外，什么都不是"，完全可以加以改变。所以此时他们在行为上有一些离经叛道的表现，认为习俗规则是学校和社会的武断产物，对其规定性减弱。但是在第二阶段（14～17岁），个体开始考虑习俗规定的作用，不再认为它完全是武断的，但是这种思考可能在19岁左右才能够真正成熟，认识到习俗规定具有可以协调人们交往的社会功能。

对个体领域来说，青少年自我意识的增强也导致他们对自己领域事件的认知逐渐深化。可以看到，儿童只是为了保持个体性而强调自己可以决定什么事情，但是青少年却可以上升到自主性、个人自由甚至是个人权利的高度。经常可以看到青少年同其父母之间在这方面的冲突，他们经常采用"这是我的权利"之类的说法来反驳父母。

（2）领域认知之间的相互作用逐渐复杂化。儿童期个体的发展任务在于领域认知的分化，到青少年期，领域认知之间的相互作用得到显著发展，主要存在三种表现形式：①"领域内混合"。例如，汽车走哪边是一种习俗规定，在该规定设立之初，可以任意规定走左边还是右边，但是获得大家认可后，违反交通规则就可能导致秩序混乱，甚至引起交通事故，这就是道德问题。青少年可以同时理解这种规定的道德成分和习俗成分；②"第二秩序现象"。主要指文化和社会给习俗行为以道德意义，从而成为在道德领域和习俗领域之间所发生的一种交互作用，它一般在违反严重的习俗规定、给习俗遵守者带来心理伤害（受到侮辱，感到难过）时发生。例如，在中国文化里，穿着红衣服出席葬礼不仅仅是不遵守习俗，而且一般认为这样的行为对逝者不敬，对伤心的家庭麻木不仁，具有不道德的成分。在越传统的社会文化中，第二秩序现象越普遍，因为传统国家更容易给属于习俗领域的规定加以道德意义，并进而促进该习俗规定的稳定性；③"冲突"。个体可以具备多个领域的思考，但不同领域的思考往往会有冲突。一般认为，个体发展水平决定他还没有能力进行这种跨领域的思考时，便会出现冲突。青少年处在大量认知冲突之中，特别是父母的习俗要求同个人权利的冲突是最突出的表现。需要指出的是，青少年一旦承认了某些事件的道德意义，他们就不会对此产生内在的冲突。但是对于那些不被青少年所认可的道德事件，他们会产生抵触，并与老师和父母产生冲突。例如，有的青少年认为叫老师外号是哥们的表现，如果教育者随意给他们扣上不道德的帽子，势必引起他们的对抗和不服。了解他们的认知并合理引导才是最合适的方式。

3.社会认知领域适应性对促进中小学生道德发展的启示

尽管个体在三四岁就可以区分道德认知和其他认知，但是在复杂的社会生活中，这些认知可能会被歪曲。例如，研究者对攻击性学生的道德认知研究发现，他们大多认为打人并不是道德问题。有的攻击性儿童把打人视为解决私人恩怨的手段，具有习俗的意义。对酗酒、抽烟的青少年的研究也发现，他们认为这只是个人事件，与道德无关。在女学生看来，穿着暴露、过透的时装也只是个人事件而非"水性杨花"式的不道德表现。中学生处在自我意识的高度发展中，自我领域、道德领域和习俗领域之间的冲突也具有不同表现。对中学生给以"不道德"

的评价时，应在了解其真实认知的基础上有针对性地加以引导。认知转变需要一定的过程和耐心，可结合道德情感体验一起进行。

认知转变过程中应该注意，在理解学生观点的基础上谆谆教导。如果教师表现出对他们的不屑和敌意，他们只会形成认知固化，不断寻求理由来支持自己的观点，强化自己的观点，对反面意见不加理睬。

二、中小学生的道德发展特点

掌握道德原则和信念是道德意识形成的主要标志。自觉地运用道德意识来评价和调节道德行为的能力，是从小学时期才开始形成的。

（一）小学生的道德发展特点

在小学儿童道德意识的形成和发展上，主要有以下三个特点。

第一，在道德知识的理解上，儿童从比较肤浅的、表面的理解逐步过渡到比较精确的、本质的理解。小学低年级儿童初步掌握了一些抽象的道德概念和道德判断，但是他们的理解常常是肤浅的、表面的，具体性很大，概括水平很差。有关的研究指出，小学儿童在四五年级期间对道德准则的理解才可能达到初步本质概括的水平。在教师的正确教育影响下，小学儿童关于道德知识的理解，逐步向比较精确、比较本质的水平发展。

第二，在道德品质的评价上，儿童从只注意行为的效果逐步过渡到比较全面地考虑动机和效果的统一关系。小学儿童由于道德知识的理解不精确、不全面，在道德评价上，常常有很大的片面性、主观性。

第三，在道德原则的掌握上，儿童的道德判断从受外部情境的制约逐步过渡到受内心的道德原则、道德信念的制约。

小学儿童在很多情况下，判断道德行为还不能以道德原则或道德信念为依据，而常常受外部的、具体的情境所制约。因此，他们可以在不同的地方对同一人物做出不同的评价，有时取决于他们的印象的强烈性，有时取决于某些品质是在什么情境中表现的。

道德信念是儿童在已有的道德知识的基础上产生的，它是和一个人的道德观念、道德原则、道德情感相联系的道德意识的高级形态。一种道德知识，可能成为形式主义的，也可能成为产生道德行为的推动力量，这在很大程度上，决定于这种道德知识是否发展成为道德信念。

对儿童亲社会道德推理的研究发现，儿童的亲社会道德推理的发展具有一定的阶段性，学前儿童处于享乐主义、自我关注的推理水平，小学低年级儿童基本上处于需要取向推理水平，即关心他人身体的、物质的和心理的需要，小学中高年级儿童基本上处于赞许和人际取向推理水平和移情推理与过渡推理水平，即使小学六年级儿童也还没有达到强有力的内化推理水平。这说明小学儿童的道德推理并不是基于内化了的价值、规范和信念等，而是处在向内化推理过渡的水平上。

儿童道德信念的产生以及它的深刻性和坚定性，在很大程度上取决于学校集体的教育、教师的影响、家庭教育和儿童道德经验发展的水平。教师从低年级起，就抓住机会，特别是在儿童由于认识和行为不一致而产生的思想斗争中，逐步使儿童学会独立地辨别是非，并能自觉地进行自我教育。这是培养儿童道德信念的重要条件。

小学儿童还缺乏稳定的道德信念，但这不等于说小学儿童就不能做出很好的道德行为来。事实上，小学儿童已经可以做出很使人感动的道德行为，不过这常常是由于道德情感或道德习惯，而不是由于高度的道德信念。

根据小学儿童的道德认识发展的研究，有研究者指出：小学儿童的道德认识有从具体形象性向逻辑抽象性发展的趋势，上述三个方面的特点，小学儿童思维发展的形象抽象性具有一致性。研究还指出，小学儿童已初步掌握了道德范畴，但对不同范畴的理解有不同的水平，显示出发展的不平衡性。比较而言，对己方面的道德概念发展水平较高；对社会方面的道德概念的发展水平次之；对人方面的道德概念的发展水平最低。总之，小学儿童的道德知识已初步系统化，即初步掌握了社会范畴的内容，开始向道德原则水平发展。

在20世纪50年代之前，心理学对道德心理的研究侧重两方面：一是来源于行为主义，认为儿童做出道德行为是因为受到父母或其他人的强化，渐成习惯而致，该观点强调对儿童的及时直接强化与间接强化；二是来自精神分析，认为儿童的道德行为是因为害怕与父母分离的焦虑所致，为了避免这种焦虑，儿童会选择按照成人世界的规则做出道德行为，并最终形成自己控制自己的"超我"机制，该观点倡导"爱的撤回"。这两种观点有其独特之处，但是它们都忽视了个体的认知是不断发展的事实。

在小学生道德发展中，自觉纪律的形成和发展占有很显著的地位，它是小学生的道德知识系统化及相应的行为习惯形成的表现形式，也是小学生表现出外部和内部动机相协调的标志。所谓自觉纪律，就是一种出自内心要求的纪律，而不是依靠外界强制的纪律，是在儿童对于纪律的认识和自觉要求的基础上形成起来的遵守纪律的行为习惯。

学前儿童在教师的要求下，也能遵守一定的纪律，但是主要不是出自内心的自觉，因而还谈不上自觉纪律。儿童进入小学以后，在教学条件的影响下，不但自觉纪律的形成是可能的，而且是必要的。

但是，初入学的儿童是否能形成自觉纪律？他们的自觉纪律的一般形成过程是怎样的？怎样形成和保持良好的课堂纪律？关于这些问题，心理学工作者曾进行了专门的研究。初入学的儿童虽然有遵守纪律的良好愿望，但是由于他们还不善于记住和运用规则，有好模仿的倾向，以及易疲劳的特点，以致常常容易产生违反纪律的行为。同时，在教师的细心指导下，一年级的儿童是完全有可能形成自觉纪律的。

关于儿童纪律行为的形成过程和条件的专门研究指出：儿童的纪律行为是从外部的教育要求转变成儿童的内心需要的过程。

这个形成过程，大体可以分为如下的三个阶段：

第一阶段——主要依靠外部措施（详细的规定、及时的检查等）。

第二阶段——教育要求可以具有比较精简概括的性质（只以提示的方式进行检查）。

第三阶段——教育要求具有一般的原则性（儿童开始以自我检查为主要形式）。

研究者还认为：上述阶段只是一般的发展过程，具体到每一个儿童，情况可能是各不相同的，教师要善于了解这些情况，及时采取不同的措施。

小学阶段是道德发展过程中出现"飞跃"或"质变"现象。小学阶段是儿童道德发展的关键年龄。这个关键年龄，具体在什么时候出现，尚有待深入探讨。据我国心理学专家林崇德研究得出这个关键期或转折期大致在三年级下学期前后，由于不同方式的学校教育的影响，出现的时间可能提前或延后。当然，这里所指的关键期是就小学生道德的整体发展而言的。至于具体的道德动机和道德的心理特征来说，其发展是不平衡的。例如，小学生的道德认识的关键期与道德行为发展的关键期并不一致。

（二）中学生的道德发展特点

在整个中学阶段，青少年的道德迅速发展，他们处于伦理道德形成的时期。在初中学生品德形成的过程中，伦理道德已开始出现，但在很大程度上表现出两极分化的特点。高中学生的伦理道德则带有很大程度的成熟性，他们可以比较自觉地运用一定的道德观念、原则信念来调节自己的行为，伴之而来的就是价值观、人生观的初步形成。

1.中学生伦理道德发展的特征

中学生个体的伦理道德是一种以自律为形式，以遵守道德准则并运用原则、信念来调节行为的品德。这种品德具有六方面的特征：

（1）能独立、自觉地按照道德准则来调节自己的行为。"伦理"是指人与人之间的关系以及必须遵守的道德行为准则。伦理是道德关系的概括，伦理道德是道德发展的最高阶段。从中学阶段开始，中学生个体逐渐掌握这种伦理道德，而且还能够独立、自信地遵守道德准则。

（2）道德信念和理想在中学生的道德动机中占据重要地位。中学阶段是道德信念和理想形成，并开始运用它们指导自己行动的时期。这一时期的道德信念和理想在中学生个体的道德动机中占有重要地位。中学生的道德行为更有原则性、自觉性，更符合伦理道德的要求。这是人的人格发展的新阶段。

（3）中学生道德心理中自我意识的明显化。"吾日三省吾身"，意思是任何人，每天都至少要自我反省三次。但从中学生道德发展的角度来看，是提倡自我道德修养的反省性和监控性。这一特点从青少年开始就越来越明显，它既是道德行为自我强化的基础也是提高道德修养的手段。所以，自我调节道德心理的过程，是自觉道德行为的前提。

（4）中学生道德行为习惯逐步巩固。在中学阶段的青少年道德发展中逐渐养成良好的道德习惯是进行道德行为训练的重要手段。因此，与道德伦理相适应的道德习惯的形成又是道德伦理培养的重要目的。

（5）中学生道德发展和人生观、价值观的形成是一致的。中学生人生观、价值观的形成与道德品质有着密切联系。一个人人生观、价值观的形成是其人格、道德发展成熟的重要标志。当青少年的人生观出现萌芽和形成的时候，它不仅受主体道德伦理价值观的制约，而且又赋予道德伦理以哲学基础，因此，两者是相辅相成的，是一致的。

（6）中学生道德结构的组织形式完善化。中学生一旦进入伦理道德阶段，他的道德动机和道德心理特征在其组织形式或进程中，就形成了一个较为完整的动态结构。其表现为：①中学生的道德行为不仅按照自己的准则规范定向，而且通过逐渐稳定的人格产生道德和不道德的行为方式；②中学生在具体的道德环境中，可以用原有的品德结构定向系统对这个环境做出不同程度的同化，随着年龄的增加，同化程度也增加；还能做出道德策略，决定出比较完整的道德策略是与中学生独立性的心理发展相联系的；同时能把道德计划转化为外观的行为特征，并通过行为所产生的效果达到自己的道德目的；③随着中学生反馈信息的扩大，他们能够根据反馈的信息来调节自己的行为，以满足道德的需要。

2.中学生道德从动荡迈入成熟

少年期的道德具备动荡性，到了青少年初期，才逐渐变为成熟。

（1）少年期道德发展的特点是动荡性。从总体上看，少年期的道德虽具备了伦理道德的特征，但仍旧是不成熟、不稳定的，还有较大的动荡性。

少年期中学生道德动荡性特点的具体表现是：道德动机逐渐理想化、信念化，但又有敏感性、易变性；他们道德观念的原则性和概括性不断增强，但还带有一定程度具体经验的特点：他们的道德情感表现得丰富、强烈，但又好冲动而不拘小节；他们的道德意志虽已形成，但又很脆弱；他们的道德行为有了一定的目的性，渴望独立自主的行动，但愿望与行动又有一定的距离。所以，这个时期，既是人生观开始形成的时期，又是容易发生两极分化的时期。品德不良、走歧路、违法犯罪多发生在这个时期。因此，这个阶段的中学生品德发展可逆性大，体现出他们那种半幼稚、半成熟、独立性和依赖性错综复杂而又充满矛盾动荡性的特点。

究其原因，有如下三点：第一，生理发展剧变，特别是外形、机能的变化和性发育成熟。然而，心理发育却跟不上生理发育，这种状况往往使初中生容易产生冲动性。第二，从思维发展方面分析，少年期的思维易产生片面性和表面性。因此，他们好怀疑、反抗、固执己见、走极端。第三，从情感发展上分析，少年期的情感时而振奋、奔放、激动，时而又动怒、怄火、争吵、打架，有时甚至会走向泄气、绝望。总之，他们的自制力还很薄弱，因此，易产生动摇。这就是上述的人生发展中的心理性断乳期，是站在人生的十字路口上，也是人生观、价值观开始形成的阶段。我们的初中教师，特别是初中二年级的教师，应从各个方面帮助他们树立正确的观点，特别是人生观、价值观和道德观，以便他们作出正确的抉择。

（2）青年初期是道德趋向成熟的开始。青年初期，这里主要约指初二后到高中毕业。这个时期结束，即年满18岁时正好取得公民资格，享有公民的权利和履行公民的义务。青年初期品德发展逐步具备上述伦理道德的六个特点，进入了以自律为形式、遵守道德准则、运用信念来调节行为的品德成熟阶段。所以，青年初期是走向独立生活的时期。成熟的指标有二：一是能较自觉地运用一定的道德观点、原则、信念来调节行为；二是人生观、价值观初步形成。这个阶段的任务是形成道德行为的观念体系和规则，并促使其具备进取和开拓精神。

然而，这个时期不是突然到来的。初中是中学阶段品德发展的关键时期，继而从初中升高中，开始向成熟转化。应该指出，在初二之后，一些少年在许多品德特征上可能逐步趋向成熟；而在高中初期，却仍然明显地保持许多少年期"动荡性"的年龄特征。

（3）青少年道德发展出现关键期和成熟期的时间。我们对在校中学生道德发展的研究中，以上述品德的六个特点作为中学生道德发展的指标，追踪调查了上千名中学生，看看什么时候是中学生道德发展最容易变化的阶段。结果发现初中二年级学生所占的百分数在上、下两个学期（54%和30%）都明显高于相邻的两个学期，即初中一年级下学期（10%）和初中三年级上学期（6%），这说明，初中二年级是中学阶段道德最容易变化的阶段，即中学生道德发展的关键期或转折期。

在同一个调查研究中，以"自觉运用道德观点、原则和信念来调节道德行为"，以及"人生观、价值观的初步确立"这两个项目作为道德发展成熟的指标，结果发现，从初中三年级下学期开始，百分数出现突增的趋势，并继而维持相对稳定的水平。因此，我们推测，从初中三年级下学期到高中一年级是青少年道德发展的初步成熟期。

由于道德成熟前后可塑性是不一样的，我们应该把握成熟前可塑性大，特别是少年期这一道德易两极分化的有利时机，加强青少年的德育工作。

鉴于上面的论述，可见青少年由自我意识的发展，价值观的确定，道德的稳定或成熟，集中地表现青少年阶段已经掌握和再现社会经验、社会联系和社会必需的自我监控、价值、信念以及社会所赞许的行为方式。青少年以新的角色进入社会，成为社会的真正一员，为发展到成年期作了准备。

第二节　中小学生道德调节与引导策略

一、引导中小学生保持言行一致

儿童有了道德意识，并不能保证一定会有良好的道德行为。从道德品质的发展和道德教育的要求看来，更重要的是怎样将道德意识转化为道德行为。

正如教师经验和观察研究所证明的，儿童在道德品质上，言与行、认识与行动脱节的情况是很普遍的。儿童的言与行、认识与行动脱节的情况，不只在道德现象领域中存在，在非道德现象领域（如知识与技能技巧）中也存在。同时，这种现象虽然具有一定的年龄阶段特点，但是，在正确的教育下，任何年龄阶段的儿童，认识与行动脱节的情况都是可以相对减少的。

某些研究者认为：儿童年龄越小，言行越一致；随着儿童年龄的增长，言行一致和不一致的分化越大。其实，在这里主要不是年龄特点问题，如果说有年龄特点问题的话，那只是由于年龄较小的儿童，行为比较简单，比较外露，他们还不善于掩饰自己的行为；而年龄较大的儿童，行为就比较复杂，也日益学会掩饰自己的行为。

在正确的教育下，小学儿童比学前儿童更能运用道德知识来指导自己的行为，但是言行脱节的现象仍然是存在的。根据一些观察和实验研究来看，小学儿童道德品质上言行脱节的现象，主要有以下的情况和原因：

第一，由于模仿的倾向。小学儿童还有强烈的模仿倾向，他们往往喜欢模仿同学或成年人的行为，模仿电影或戏剧的角色，模仿文学作品中的人物，等等。

他们感到这种模仿很有意思，以致明知被模仿的举动是不正确的、不好的，但仍然照样做了。因此，教师和家长应该注意教育儿童正确对待文学作品中人物的行为，并为儿童树立良好的行为榜样。事实也证明：教师或家长本身的言行脱节会对儿童产生很坏的影响。例如，教师要求儿童整洁，而自己却很不整洁，这样，教师的要求就不能对儿童起教育作用。

第二，由于无意。有些儿童明明知道道德规则，但是无意地做出了不好的行为来。他们常常在做错以后很惋惜地说："不知怎么就做出来了。"这在低年级儿童更是常有的事，主要原因是他们没有形成必要的道德习惯。因此，教师注意改造儿童的旧的不良习惯和建立新的合乎道德要求的习惯，是很必要的。

第三，在不同的人面前有不同的行为表现。有些儿童虽然知道什么是好的行为，什么是不好的行为，但是他们在某些人的面前表现得言行一致，而在另一些人的面前却言行不一致。例如，有些儿童在父亲面前听话，在母亲面前却不听话。有些儿童在某一教师上课时守纪律，在另一个教师上课时却不守纪律。之所以出现这种现象，常常是由于教师或成年人的教育不统一所造成的，当然，也有其他一些原因，如教师的教学法不良或成人本身有缺点，等等。

第四，只会说，不会做。有些儿童一般是理解道德原则的，他们能够正确地说出在什么样的场合应当怎样行动，但是他们的行为中却不力图按照这些道德知识去行事。道德知识是一回事，道德行为却是另一回事。例如，他们称赞一些英雄人物的道德品质，并给予很高的评价，但是在他们的实际行动中，常常不能努力学习，不能遵守集体纪律，而且并不感到什么惭愧和不安。

根据一些心理学的研究看来，要想比较有效地消除儿童在道德品质上言行脱节的情况，促使儿童的道德知识和道德行为保持一致、统一的关系，必须全面考虑和正确处理以下几个方面的问题。

（一）正确了解儿童的内心情况和内心体验

儿童心理学的理论和实践一致指出：环境和教育不能机械地决定儿童心理的发展，这在儿童个性的发展上也是一样。谁都知道，同一教育影响，对不同的儿童，具有不同的效果。正如维果茨基所指出：环境和教育的影响是通过儿童心理的"中介"或"折射"而发生作用的。他认为这个中介就是儿童当时的内心体验，这种内心的体验就像一个三棱镜，环境和教育的影响只有通过它的折射才能对儿童心理发展起作用。

对一些成绩落后和品行不好的儿童的研究证明：儿童成绩落后，常常不是由于智力落后，而是由于学习态度不好，例如，不愿意学习，对自己的学习成绩漠不关心，缺乏学习的自信心，等等。而儿童学习态度不好，常常是和儿童在一定的生活条件或教育下所形成的内心体验相联系的。一年级儿童虽然有了很好的入学条件，有了从事学习的准备和愿望，但是这并不等于他就可以毫无曲折地、顺利地学习下去。他能否顺利地进行学习，还要看他能不能克服困难，好好学习；看他在集体中所处的地位怎样，看他和周围的人的关系是否正常，等等。如果儿童在学习中遇到困难不能克服，而又得不到教师和同学的及时帮助，甚至相反，还受到教师和同学的斥责或讥讽，这时候，儿童往往会用不好的行为来"抗议"周围人对他的态度。他开始用捣乱、丑角表情等维护自己、肯定自己。这就形成了儿童的内心体验和周围人的要求的矛盾和冲突。

由此可见，教师必须正确了解儿童的内心情况或内心体验，了解儿童在集体中所处的地位，以及他和周围人的关系，才能适当地提出教育要求，并使这种教育要求成为促使儿童个性发展的有效因素。

（二）针对实际情况，采取有效的教育措施

在了解儿童的内心情况以后，教师必须针对这些情况，采取有效的道德教育措施来促使儿童具有积极履行道德要求的愿望，具有把道德知识付诸行动的愿望。也就是说，应当设法把对儿童的外部要求逐步变成儿童的内心要求，逐步成为儿童的动机和需要，使儿童能够主动地按照道德意识来调节自己的行动，从而自觉地完成道德行为。

首先，必须激发儿童的道德行为的动机。儿童道德品质的形成，首先要在积极的动机的基础上，才能顺利地实现，一切强迫、惩罚的方式都是无效的。所谓积极的动机，就是外部的要求变成了儿童的"内心的"需要，社会的动机变成个人的动机。有些研究者提出，唤起儿童的同情心，培养儿童的移情能力，是激发儿童的道德动机的一个重要手段。移情是儿童采取道德行为的一个基础。

其次，必须创造条件使儿童有坚持不懈的反复实践的机会。道德行为不是一两次尝试就可以形成的，因此必须创设条件，使儿童有反复练习的机会，必须使道德行为变成道德习惯。

二、对中小学生说谎问题的引导

（一）中小学生说谎的原因

1.父母言行不当

父母本身有不好的习惯，如喜欢背后议论人，尤其当着小孩的面讲一些不适宜在别人面前讲的话，并叮嘱孩子说"千万不能把这话告诉别人"，孩子很快就学会这种"当面一套，背后一套"的不诚实行为。还有的家长由于管教不得法，为了哄骗孩子好好吃饭、好好上学等行为，随便向孩子许诺如"你听话的话，给你

买新玩具""你表现好的话，周末带你上公园"，事后就忘到九霄云外去了。而孩子却对父母的许诺记得清清楚楚，一旦孩子发现家长不信守诺言，发现被自己最亲近和最敬重的人欺骗，内心会非常失望，并由此形成一种印象，认为家长在欺骗自己，在说谎，这会对孩子的行为产生负面影响，使其在不知不觉中学会说谎。

2. 为了逃避家长的惩罚

有的家长平时对孩子管教过严，甚至过于苛刻，孩子在家长面前总觉得处处受到约束和限制，不能自在轻松地表现自己，有话也不敢随便对家长说，生怕自己言行失当遭到家长的训斥和惩罚，尤其是做错了事的时候，为了逃避惩罚，会本能地编造谎话来掩盖事实的真相。

3. 为了引起别人的注意

当孩子在班集体或家庭中不受重视，被人冷落时，为引起他人的关注，便编造谎话，吹嘘自己如何能干，如何了不起，以补偿内心的失落。

（二）矫正中小学生说谎的办法

三种原因中有两种都与不适当的家庭教养方式有关。因此，当家长发现孩子说谎时，首先要寻找原因。父母应反躬自问：作为家长，自己是否起了不良表率，在孩子面前讲过不该讲的话？或者经常在孩子面前空许诺言？自己是否对孩子过分严厉缺乏宽容？如果发现自己的言行失当是导致孩子说谎的原因时，家长应首先优化自己的言行，做一个称职的家长，为孩子做好表率，逐渐影响和感化儿童改掉说谎的不良习惯。

若是第三种原因，成年人则要对孩子多加关心，若孩子感受到父母的挚爱和老师的关注时，就会不知不觉改掉说谎的毛病。

1. 让孩子知道诚实很重要

明确告诉孩子你希望看到的是事实。向他解释真实是让人们相互信任的前提，父母、教师和同学都希望能一直信任他；有时候，我们每个人都想走捷径，但是，说谎只能给人与人之间的关系以及个人的形象带来危害，等等。

2. 让孩子不喜欢再有下次说谎行为

需要记住的是：你的职责是教育，而不是惩罚。家长可以和孩子一起讨论处理说谎问题的方式和方法.这比仅仅让孩子说声"对不起"更有意义，它可以让孩子明白：不是别人要惩罚他，而是他自己必须对自己的谎言负责，如果孩子想不出什么好办法，家长可以提供几种方案，让孩子选择。

心理学研究表明，羞愧感远比身体的疼痛更能给人留下深刻印象。因此，让孩子对自己的行为感到羞愧和内疚是塑造孩子道德行为的有效途径。父母可以要求孩子采取自己可能尴尬的措施来弥补自己的谎话。例如要求孩子当众承认自己的错误和道歉。

3.避免给孩子贴"标签"

不要给孩子贴"谎话专家""吹牛大王"等标签。尽管有时候成年人喜欢用给孩子归类的方式来谴责孩子，但它造成的后果与我们的初衷背道而驰。孩子今后可能会更加"努力"，以符合自己的"名字"。

当孩子说谎时，家长的正确做法是说："我知道，你并不是一个喜欢说谎的人。是什么让你不敢把真相说出来？能告诉我吗？"这样做，一方面给孩子一个"我是个不喜欢撒谎的小孩"的自我暗示，另一方面也有利于和孩子沟通，了解孩子说谎背后的深层原因，同时，家长应该更经常地对好的行为和个性作出评价。

4.关注孩子的需要

补偿性说谎源于没有得到满足的需要。家长应该与孩子结成同盟，和孩子一起来关注、满足这些需要。如果家庭条件满足不了孩子的需要，应该向孩子说明，并对于孩子的物质需要表示理解，同时向孩子保证父母会考虑孩子的需要，愿意和孩子一起努力等。然后可以和孩子一起商量和讨论如何通过正确的途径满足自身的心理需要。

5.示范诚实

孩子是否在模仿成年人？有时候，孩子身上的缺点可能正是我们没有注意道德、自身存在的问题。比如，如果孩子发现自己的爸爸妈妈也常常以说谎来"争面子"，孩子可能会学习这种处理方式。因此，要克服孩子身上的毛病，父母首先要检查自己的行为方式。

6.利用每次机会，促进孩子道德发展

当家长发现孩子说谎时，可能感到生气、恼怒和害怕。但不要忘记，这也是一个教育孩子的好机会，它可以让孩子明白诚实的重要性。

当发现孩子在说谎的时候，不能只将它作为一次性事件处理就完了，而应该和孩子一起讨论道德问题。在讨论过程中，有一点需要注意：当孩子感到自己不是被讨论的对象时，他们会更加愿意接受讨论，也更能说出自己的想法。因此，家长可以通过虚拟的故事和人物来和他一起讨论。

三、对中小学生偷窃行为的辅导

【案例】

小丽，女，某小学二年级学生。父亲自己开了一家装潢公司，母亲是一家公司的管理人员，家里经济条件十分富足。可班主任李老师反映，小丽有小偷小摸的习惯。一年级时，她有几次把同学的笔、橡皮等带回了家。上二年级后，有几次拿走了同学文具盒里的钱。李老师曾多次对她进行教育，但效果不明显。这次她又拿了同学文具盒里的钱，李老师感到很失望，同时也觉得问题有点棘手，怀疑这个孩子在道德上出了问题？面对这样的孩子我们应该怎样教育呢？

对孩子的所谓"偷窃"行为家长和老师都相当敏感，认为是不能容忍的坏习惯。固然，对于小孩的小偷小摸行为要引起重视，及时疏导，以免其尝到甜头后演变为盗窃行为。但也要具体行为具体分析，因为即使孩子拿了别人的东西，其性质和成人拿了别人的东西也是不同，因为此时的儿童还缺乏区分对错的观念和判断力。

（一）中小学生发生"偷窃"行为的原因

"小偷小摸"现象在小学校园里比较常见，以下几个因素是导致这种现象产生的主要原因。

1.幼小的孩子没有"偷"的概念

一般来说，幼儿的思维水平处于"自我中心"阶段。这个阶段的儿童无论考虑什么事情都只从自己的想法和需要出发，很难从别人的角度来看问题，也很难去理解别人的感觉，只要认为是有趣的、喜欢的东西，他们都会据为己有。他们的想法是"我喜欢它，我要它"，在他们的头脑里是没有"偷"这个字眼的。

正因为如此，幼儿园和小学低年级的儿童经常会把同伴、邻居或学校的东西带回家，上述案例中的小丽把同学的笔、橡皮等带回家就属于这种情况。

2.不正确的金钱观

在调查中，我们发现小孩子每次拿了同学的钱后，绝大部分都舍不得花，而是把它们藏在家里的某个角落里。过一段时间就会把钱拿出来，数一数。看到自己的钱越来越多，她心里就感到特别开心，特别舒服。由此可见，小孩子并不是要享受"花钱"的感觉，而是喜欢"有钱"的感觉。那么，她们这种对钱的特别喜好是如何形成的呢？我们分析这与她所受的家庭教育有一定的联系。如果家长总是对孩子强调"钱是很重要的，如果没有钱，是什么事都做不成的"。在家长一次一次的这种教育下，孩子的头脑中就会树立起一个概念："钱是非常重要的，没有钱是不行的。"正是这种观念的指导和驱动下，孩子开始了"攒钱"——拿同学的钱。

3.外界的诱惑

面对异常丰富的物质世界，孩子想要的东西真是太多了：好吃的零食、花花绿绿的贴纸、小挂件等，简直让孩子眼花缭乱。

4.受到他人的欺凌，产生的报复心理

有些孩子之所以偷钱，是因为受到了其他人的欺凌，欺凌者可能并没有向被欺凌的孩子要钱，但受欺凌的孩子为了息事宁人或者为了笼络对方，就采取"金钱外交"的路线。也有的孩子是真的受到了他人的"勒索""敲诈"。我们一定见到过有些高年级的孩子，或者个头比较大的学生要求比自己小的同学向自己"进贡"。现在，社会青年向放学回家的学生索要钱财的事件也屡见报道。这些受欺凌、被敲诈的孩子往往同时受到威胁，不敢将真实情况告诉家长，因此，只能采取"偷"的手段来满足自己。

5.有些孩子的偷窃行为是社会学习的结果

若他们的父母爱占小便宜，不时从单位拿回一些公有财产，如毛巾、清洁用具、办公用品之类，而且有一种占了便宜的喜悦之情，儿童就会模仿家长，拿回别人的东西。当家长不予制止，就助长了儿童的偷窃行为，这是儿童由"偷窃"演变为盗窃犯罪的最主要原因。

6.有一种偷窃是由心理障碍所致，成为偷窃癖

当儿童缺乏父母疼爱和关怀，内心感到寂寞时，就以物质的占有作为内心的补偿，尤其是偷父母的钱财代表着一种爱的补偿。

（二）辅导措施

1.及早建立孩子的"所有权"观念

尽管我们说儿童的小偷小摸与他的"自我中心"的思维水平有关，但是，绝不能让"自我中心"成为孩子顺手牵羊的借口。

家长和教师完全可以通过有意识的教育和训练，帮助孩子早日跨越"自我中心"这个懵懂无知的阶段。帮助孩子及早建立"所有权"观念，就是一个好方法。

具体做法是在日常生活中，让孩子明白：每一件东西都是有"归属"的；家里有些东西是属于妈妈的，有些是属于爸爸的，有些是属于孩子的；要尊重别人的"所有权"；要使用属于别人的东西一定要经过别人的同意。

这种训练可以在孩子很小的时候就开始。父母一定要自己作出表率，当需要使用孩子的杯子、玩具等时，要先征求孩子的同意——"我能使用它吗？"

只有当孩子充分享受了自己的"所有权"时，他才能学会尊重他人的所有权。

2.顺手牵羊的东西必须归还

如果孩子将不属于自己的东西或钱带回家时，要监督孩子将东西归还，并作书面或口头道歉，一般说来，通过几次这种教育，孩子会改正自己的坏习惯。

3.弄清楚孩子行为背后的原因

引起儿童"偷盗"行为的原因有很多种，他怎样处理得来的东西是最关键的，可以通过它来分析孩子行为背后的原因。孩子可能是因为有不正确的金钱观；也可能是为了用一些漂亮东西来满足自己的虚荣心或者增加自己的自信；有的孩子则是因为别的孩子向他勒索钱财，因为害怕就偷自己父母的或他人的钱满足勒索

者；还有一些孩子是因为存在情绪困扰，感到缺乏关爱而偷窃。这类孩子不怕被抓住，他之所以偷窃就是为了引起别人的关注，或者通过这种行为故意让自己的父母蒙羞。

总之，在发现孩子有偷窃行为后，不能只当做"一次性事故"处理，应该找到孩子行为背后的真实原因，以便找到最有效的教育对策。

4.树立全面的金钱观

在我们的传统文化里，儿童应该是远离金钱的，应该让他们少过问"钱"方面的事情。现在看来，这种观点无疑是不正确的，有时甚至是有害的。实际上，由于每个家庭天天都要与金钱打交道，耳濡目染之下，儿童从2～3岁开始就会对钱感兴趣。如果家庭、学校都回避对孩子进行"金钱教育""消费教育"，孩子的金钱观、消费观就可能在没有正确引导的基础上畸形发展。

5.给孩子一定的零花钱

一般儿童在上小学后，会逐渐对金钱产生一定的好奇心和支配欲，这时家长可以考虑给孩子适量的零花钱。给孩子零花钱，实际上也是对孩子进行金钱教育和消费教育的非常有效的途径。

如果孩子在拿到钱后就马上把它花掉，剩下的日子就比较难熬了。因此，孩子必须学会如何能让自己的零花钱细水长流，慢慢地，孩子学会了计划用钱。

有时候，孩子为了得到自己非常喜爱的某件东西，只得在较长的时间里压制自己其他方面的购买欲望，将几次的零花钱积攒在一起才能得到。这实际上是一种孩子自发的"延迟满足"训练，它对儿童自控能力锻炼具有很大作用。

如果孩子感到家长给的零花钱不能满足自己的需要时，家长还可以鼓励孩子通过自己的"劳动"来挣钱，让孩子体验到"挣钱"的艰辛和喜悦。

6.让孩子了解商品广告的欺骗性

儿童最喜欢看广告，也最容易相信广告，他们大概是商品广告信息的最佳接受群体。对儿童来说，他们完全相信自己所看到的和所听到的。对于学龄儿童来说，他们对电视广告里某些特别夸张的成分开始有所识别，但是对于广告的"劝诱"性质和宣传性质的认识还是远远不够的。

因此，我们家长和教育工作者不应忽视对儿童进行有关广告、宣传方面的教育。

四、中学生移情训练

移情可以通过训练加以巩固与发展。很多研究者通过移情训练来对中学生进行道德教育。当然，针对中学生的移情训练有别于对幼儿园和小学生所实施的移情训练，可以使用抽象材料进行，也可以对所讨论的主题加以深化和提升。我国学者李辽对初二和高一学生进行过移情训练，程序如下：

第一步，情绪追忆。要求学生从生活中选取深刻的情感情绪体验，并如实表述引起这一体验的具体情景、原因和事件内容。

第二步，情感换位。从现实生活中具有代表性的问题出发，编制情景，并展开讨论，体验情景中他人的感受，并引导学生产生行为倾向。

第三步，深化理解。在第二步的基础上结合实际，写下对"做人应该设身处地为他人着想"的感想和深入理解。

第四步，指导反馈。教师通过评语、口头肯定等形式做出积极的反馈。训练结束后，实验组青少年在移情能力、亲社会行为等方面有了明显进步。

第七章　学生成长中的人际关系发展与引导

第一节　中小学生的师生关系发展与引导

教师和学生是学校中的两种基本角色，师生关系是学校中最重要的人际关系。

一、师生关系概述

师生关系是教师和学生在教育过程中结成的相互关系，包括彼此所处的地位、作用和相互对待的态度等。师生关系是一种特殊的社会关系和人际关系，是教师和学生为实现教育目标，以各自独特的身份和地位，通过教与学的直接交流活动而形成的多层次的关系体系。

从心理学的视角，师生关系是以维持和发展教育关系为目的的心理关系。师生关系是教师和学生为了维持和发展教育关系而构成的内在心理联系，包括人际关系、情感关系、个性关系等。

师生心理关系的实质是师生之间的情感是否融洽、个性是否冲突、人际关系是否和谐。理想的师生关系是一种使彼此感到愉悦、相互吸引的融洽、和睦关系。这种关系使师生双方缩短心理距离，获得心理安全感、自由感，从而尽快投入到教育教学活动之中，提高教育教学的效率和质量。

师生之间心理关系的好坏直接关系到教育关系的存在和发展，是师生教育关系的基础，师生之间的心理关系常常用内隐和感性的方式反映师生之间的社会关系，并直接影响师生之间的教育关系，具有情境性和弥散性特点。优秀教师不仅是会教知识的教师，而且是吸引学生的教师。

二、师生关系的特点

师生关系是教育过程中人与人之间关系中最基本、最重要的人际关系，是教师和学生在教育活动中通过交往互动而形成的，对教育效果具有重要影响的特殊人际关系。从宏观的角度来看，师生关系包含在整个社会关系中，它反映和包含了一定的社会、经济、政治、道德等关系。从微观的角度来看，师生之间的直接关系也是一种非常复杂的关系：从指向的目标来看，有为了完成教育任务而发生的工作关系，有为了满足交往需要而形成的人际关系；从发生的方式来看，有以组织结构形式表现的组织关系，也有以情感、认知等交往为表现形式的心理关系等。

小王是刚刚毕业的语文教师，他活泼开朗，教学认真负责，很快就跟学生打成一片，关系非常融洽。他教语文很有特点，喜欢带着学生到处参观观察，以便练习写作。班上的学生很喜欢他，也喜欢上他的课，学生的语文成绩也提高得很快。

在小学阶段，学生对教师经常是无条件服从、崇拜和敬畏的。教师话语的权威性有时会强于父母。小学生这种绝对的服从心理有助于他们很快学习、适应学校生活。然而随着学生年级的升高，小学生对教师开始做出评价，会有自己的喜好，这样的评价会影响小学生对教师产生不同的态度和反应。

在初中阶段后期，随着学生评判性和独立性思维的发展，个人知识和经验的丰富，师生关系出现了一些新的特点：

（一）学生在师生交往中要求有更多的独立和自尊，同时期望得到关心和抚慰

他们既反对刻板呆板和婆婆妈妈式的管教，力图提高自我管理的地位，又反对教师对自己冷漠放任、不管不问。

（二）教师在学生心目中的地位进一步降低

学生不再把教师看成绝对的权威，而是更理智地注重教师的作用，把教师看作获得知识和技能的辅助力量，教师对他们的奖惩和激励的作用逐渐降低。

（三）学生和教师在情感上的亲密联系开始具有选择性

学生对教师的情感依赖开始普遍降低。

（四）学生对教师的要求和期望更高、更全面、更深刻

许多研究表明，在中学生的心目中对教师已形成明确而苛刻的标准，一般包括智慧、人格、品德等因素。他们常常用这种理想的标准来比较和评价现实中所接触的教师，并产生积极或消极的态度体验。师生关系并不是一种平等关系。虽然从理论或期望上可以说，无论年龄和长幼，应该尊重每个人的人格和权利，建立民主、平等的关系。但是在实际的教育和生活中必然存在着教育与被教育、指导与被指导、领导与被领导的不平等关系。因此，教师在师生关系中处于主导地位，所以师生关系的促进和改善也应该以教师为主。

三、师生关系的增进策略

良好的师生关系是教师进行教育教学的前提条件，它决定了教师在教育中主导作用的有效发挥。为了建立和谐、亲切的师生关系，教师应注意从以下方面入手：

第一，客观、准确地了解学生是建立良好师生关系的开端，为此教师对学生做出正确客观的评价是非常重要的。教师与学生交往中自然要对其表现、行为进行归因，并形成一定的印象。在此过程中教师要尽量避免认知上的偏见。一般情况下教师往往从学生的学业成绩出发去认识学生，容易对学习好的学生有一种高估的倾向，在态度和行为上倾向对他们过分照顾和关心，在处理一些问题时对之过分袒护，常把他们取得的成绩归为能力、性格等内在因素，把他们的过失归结为外在偶然因素。而对学习差的学生有一种低估的倾向，教师对这部分学生取得的成绩容易归为运气、环境等外在因素，对其产生的错误归为能力、品质等内在因素，并有过分指责、嘲讽的倾向。由于教师的偏见带来的对学生不公平的评判常常会引起师生间的矛盾，甚至导致这两类学生之间的矛盾，因此，教师在解释学生行为时要做深入细致的调查和分析，注意避免形成印象和归因时容易出现的一些偏差，增强客观性，减少主观性。

第二，教师要充分地尊重和信任青少年。由于青少年期是自我意识发展的重要阶段，因而青少年对自尊、自爱等自我体验方面的感受十分强烈、敏感。他们力求维持这种体验，也希望别人的言行符合他们这种要求。如果教师满足了青少年的自尊需要，他们就较愿意接受教师提出的要求和期望，相反则会使学生产生抵触情绪。尊重青少年不但要把他们当作有价值的人看待，还要把这种尊重表达出来，让对方察觉到。这可以通过让学生显露自己的才能，获得成功经验；或通过专注地倾听对方的讲话并做出恰当的反应来实现。当学生的行为不符合教师对其的期待时，例如不认真听讲、不按时交作业、触犯纪律等，教师在全班面前批评或责罚某一个学生是难免的，但如果教师在责罚学生时，对自己的情绪不能较好地控制，言词过于偏激或进行不适当的批评和指责，如用施加压力、实施体罚、讽刺挖苦等损害人格的做法时，非但不能使犯错误的学生受到教育，反而会引起其他同学对这个同学的同情，甚至对教师产生反感。如果被责罚的学生在班上部分同学中有一定的影响力，则教师的这种做法就会引起严重的负面影响，导致师生的对立现象。

第三，教师对学生的积极期望是促进师生积极互动的有效手段。教师根据学生的行为表现、人格特点会对学生形成一定的评价，进而对学生产生相应的期望。教师的期望又在很大程度上影响着学生对自己的态度、评价及行为。教师对学生的积极期望，会促使学生增强自信心、努力提高学习成绩、密切与教师的关系。而对学生的消极期望，可能使学生产生能力低下的感觉，在学习上放弃努力，自暴自弃，与教师的关系逐渐疏远。

第四，教师要发挥期望的积极影响、避免消极影响。可以从以下几方面入手：一是广泛收集学生的有关信息，了解学生的特点，发现他们的长处。对每个学生都怀有积极的期望，并使他们了解到这一点。二是鼓励学生完成一些对他们来说有适当难度的任务，并从中发现积极的意义。三是用发展、公正的眼光评价学生，尤其要特别注意对后进生进步的表扬和鼓励。

第五，创设民主与和谐的班级气氛。良好的班级成员关系为学生愉快学习、身心健康发展提供了环境条件。在这样的班级中，成员之间相互信任、相互尊重，对关系到班级的事物都具有责任感，而当某一成员遇到困难和挫折时其他人会表现出强烈的同情心、伸出援助之手，并为青少年积累了建立和谐人际关系的成功经验。教师为创设良好的班级气氛可以通过以下方式进行：

1.确立班级发展目标

班级成员具有统一定向的目标是协调人际关系的心理和思想基础，对共同目标的追求能保持他们行为上的一致。教师在指导制定班级发展目标时要把社会要求、学校的教育目标和学生的个人需要协调起来。使学生的目标在集体得以实现，并能用集体目标调节自己的行为。

2.改善班级中的沟通渠道

班级中的沟通渠道很多，教师可通过加强课堂的双向和平行沟通方式、课后开展丰富多彩的班级活动、组织课外兴趣小组等方式发挥各种沟通形式的优势，加强同学之间、师生之间思想感情的交流，增进彼此的了解。

3.帮助学生树立正确的人际交往观

树立正确的人际交往观是提高人际交往水平的必要条件。有一些学生往往对人际交往的意义和作用认识不明确，认为独处挺好或人际交往就是拉关系。所以教师应向他们讲明对人的身心健康与发展有哪些作用，帮助他们提高认识，在思想观念上消除模糊和错误的看法，树立正确的人际交往观。

第六，努力提高自身修养，健全人格。教师的素养是影响师生关系的核心因素之一。教师的师德修养、知识能力、教育态度、个性心理品质等无不对学生发生深刻的影响。教师要使师生关系和谐,就必须通过自己崇高的理想、渊博的知识、严谨的治学态度、开朗乐观的性格、多彩的兴趣爱好等来吸引学生。因此,教师要从教育思想与专业品质、教育专业、教育实践能力、学科专业素养以及人文博雅素养等多方面来自觉、全面地提高自己的专业素养。

第二节　中小学生的同伴关系发展与引导

一、同伴关系概述

(一) 同伴关系的界定

同伴关系是学生人际关系中最基本的关系。良好的同伴关系使学生视对方为朋友,彼此喜欢对方,并互相帮助,相互信赖。

同伴关系是一种平等关系,彼此平等是同伴关系的主要特征。在同伴关系中,学生可以根据自己的态度和喜好进行自由选择。同伴之间有着更多共同的兴趣、爱好和心理发展水平,没有强迫性的指导和批评。在同伴关系中,学生可以自由尝试新的角色、新的想法和新的行为。学生还能够了解自己的内心想法和外部表现是否和同龄人一致,进而自觉地进行调整和改变。

(二) 同伴关系的特点

在学校里,一个学生被同学的接受情况,对他的心理发展及心理健康的影响非常大。小学生的同伴关系有一个发展的过程,小学生的同伴关系最初建立在外部条件或偶然兴趣一致的基础之上,如住处较近,父母熟悉等。他们会逐渐建立新的交往标准:他们会倾向于选择与自己的兴趣、习惯、性格和经历相近的人做朋友;他们还会倾向于选择和得到社会赞许的人做朋友,如挑选学习成绩比自己好或能力比自己强的人做朋友。

中学生普遍都有强烈的交往需要,中学生的生活环境和思想都相对单纯,在人际交往中没有重大利益的直接冲突。因此,中学生的人际关系也相对较简单。但是,中学生正处于身心迅速发展的时期,社会经验不足,本身充满着各种内部和外部的矛盾,使他们情绪不稳,冲动性强,因而经常为同学之间发生的事情苦恼。他们可能为了一点小事就和同学闹得不欢而散,也可能为了一句话相互猜忌,疑虑重重。

(三) 同伴关系的类型

心理学家舒茨认为人有三种基本的人际需求:爱、归属和控制。爱的需求反映一个人表达和接受爱的欲望,归属的需求是希望存在于别人团体中的欲望,而控制的需求是希望成功地影响周围的人与事的欲望。他认为，可以根据两个人互相满足对方心理需求的程度来区分点头之交、朋友和知己好友。这一分类也是目前影响较大的分类方法。

1.点头之交

点头之交是指那些我们知道其名字，有机会时会和他们谈话，但与他们的互动在质和量上都有限的人。在中小学生的同学中，许多人都是点头之交，学生与他们之间除了班里必要的接触外，从来都没有主动联络过，在其他场合的见面也纯属偶然。

2.普通朋友

相处久了之后，我们会和许多认识的人发展出较亲近的关系。朋友就是那些我们自愿和他们建立更多个人关系的人。好朋友具有以下的特点：第一是温暖、有感情。朋友之间能相互支持、相互鼓励，相互之间会有情感的交流。第二是值得信任。信任是相信朋友不会出卖自己、背叛自己和伤害自己。第三是能自我表露。由于感受到温暖并有彼此的信任，我们会向朋友做自我表露，与他分享个人的情感。自我表露的深度与关系的亲密程度密切相关，关系越亲密，自我表露就越深；反之亦然。第四是有所承诺。好朋友在对方需要时会想办法彼此协助，愿意为对方付出。第五是，朋友们期待关系的增进和持久。转学、换工作、搬家都不会破坏友谊，有些朋友一年只见一两次面，却仍然是朋友，因为他们在一起时，总能自在地分享想法和感情，并且能彼此给以忠告。

3.知己好友

知己好友是最亲密的朋友，是那些可以和我们分享内心深处的感受和秘密者。知己好友不同于一般的朋友，虽然普通朋友之间有某种程度的自我表露，但他们并没有分享生活的每一个层面，而亲密朋友则能了解同伴内心最深的感受。这种亲密度也表现在一个人愿意为了自己亲密朋友的利益、感受而放弃与其他人的关系，同时也会比其他人更多地涉入对方的生活，给对方更大的影响。

二、同伴关系的辅导

许多中小学生不知道怎样才能满足自己与同伴交往的心理需要，因而在实际交往中，常常事与愿违，感到十分苦恼。解决学生同伴关系中的冲突，对学生进行同伴关系的教育，可以从以下两个方面入手：

（一）教育方式

1.充分利用课堂教学，促进学生同伴互动

随着社会对人才需求的变化和教育的发展，培养学生的人际理解能力、合作能力、沟通能力已成为教育的重要任务之一。因此，教师必须学会在课堂上利用团体动力学的理论和技术，来安排课堂上教师和学生之间以及学生与学生之间互动的活动，使学生在互动和交往的过程中，不但能够更好地学习科学知识，而且还可以培养社会交往技能，促进同伴关系。

2.建立班级活动规则，重视学生非正式团体

班集体必须建立详细具体的规范，说明在班集体中同伴之间如何交往、如何互动等。这样学生就明确了同伴交往的规则。学生干部的选举要公正、民主，他们要在同学中有一定的威信。在学校里，除了班集体、少先队和团组织等正式团体外，还存在着各种非正式团体。教师要充分利用这些非正式团体，尤其是要重视争取非正式团体中的核心人物来促进良好的同伴关系。

（二）教育内容

1.交友原则

中小学生由于心理发展水平的制约，需要教师及时帮助他们认识人际关系的本质，同时了解人际交往的原则：

（1）善交益友。对自己的思想、工作、学习有帮助的朋友称为益友。益友能促使自己上进。这样的朋友是应该多交的。孔子认为益友分为三类：友直（品行正直的朋友）、友谅（诚实守信的朋友）、友多闻（知识丰富有学问的朋友）。在善交益友的同时，学生应给自己提出一个要求，那就是不断地完善自我。只有不断地完善自我，才能从品德、学识、技能等各方面提高自己，才能成为他人心中的益友。

（2）乐交净友。能够直言不讳地指出自己的错误、批评自己的朋友是净友。这种坦诚的批评可以使自己拥有更清醒的头脑，进步更快。朋友之间不能都是"老好人"，这样是不真实、不真诚的。缺少内心交流的友谊，自然就不会牢固。

（3）不交损友。对自己的道德品行产生不良影响的朋友称为损友。孔子发表过对损友的见解："损者三友：友便辟（心术不正的人）、友善柔（华而不实的人）、友便佞（阿谀奉承、花言巧语、谄媚的人）。"学生应学会分辨损友，远离损友。

2.交友技巧

（1）倾听。同伴交往过程中，学生应学会积极倾听。倾听是一个主动的过程，并不是仅仅坐在那里，听自己的同伴讲话。积极的倾听要求让同伴知道自己一直在倾听他们，能够理解他们的观点，而不是用自己的观点来曲解同伴的意思。通过积极的倾听技巧，可以让同伴觉得他们被理解，从而有利于良好关系的建立。

（2）换位思考。在人际交往的过程中，由于种种原因，难免会遇到冲突和矛

盾的情况。有些学生由于不知道如何处理冲突，而尽量避免出现冲突。其实，在人际交往的过程中，冲突是必然的，如果处理得当会促进人际关系的和谐。在学生遇到冲突情境时，教师可以帮助学生学会换位思考的方法。通过推己及人、设身处地的思考方式来尝试理解和体谅他人。从而达到处理和解决冲突与矛盾的目的，同时也培养学生解决人际冲突的能力。

第三节　中小学生的亲子关系发展与引导

一、亲子关系

亲子关系指父母与其子女（亲生子女、养子或继子女）之间形成的双向性人际关系，是家庭最基本也是最重要的关系之一。亲子关系具体又分为父亲与子女的关系和母亲与子女的关系，二者有很大不同。一般来说，父亲与子女的关系具有一种"社会联结"的性质。父亲在子女的心中是"外在世界"和"力量"的象征，所以父亲的权威使子女比较容易感到压力，倾向于服从。母亲与子女具有一种"生理联结"的性质。母亲在子女的心目中是"内在世界"和"温暖"的象征，所以孩子更能感受到母亲的和蔼与关爱，对母亲产生依恋的情感。

对父母来说，亲子关系具有血脉相连的特殊意义，是自己生理的延续和心理的归宿。"望子成龙"可以说是每个父母心中无法抹去的一份期盼，在对子女的关爱中表达亲情、倾注精力；在对子女的情感依赖中，满足个人生命的价值感。所以子女的成长和发展牵动着父母的心，做父母的往往以此感觉家庭教育的成功与失败。据调查显示，80%以上的父母把子女的成功当作自己和家庭的第一大事，"为了孩子，我愿意牺牲一切"，所以造成当今父母对孩子过分关注和溺爱的状况，使不少孩子在"爱中挣扎"和"被爱窒息"。

对子女来说，父母为其无条件提供的一切养育资源，是生存的保证。父母对其提供具有奠基性的教育和指导，是一生成长和发展的基础。由于父母对孩子无条件的支持和关爱，使孩子在情感上获得安全感，同时也造成孩子对父母经济上、心理上的极度依赖。这种依赖使得孩子在进入大学后会面临心理上的"断乳"，导致适应不良。

二、中小学生亲子关系的特点

有一位中学生曾这样评价他的父母："自从上了初中以后，我发现周围的一切都在发生变化，最令我感到痛苦的是我的父母。小时候，父母是我的偶像，是我向小伙伴夸耀的资本，父亲是劳模，母亲是优秀教师。可是，长大后我却发现他们原来很俗气，父亲除了工作什么都不懂，像个没有思想的机器；母亲像个小市民，不仅爱议论东家长西家短，还爱查看我的书包、审问来我家的女同学，我活得多累啊！生活在这样的家庭里，简直有度日如年的感觉……"

对子女来说，亲子关系是儿童最早建立、也是最亲密的人际关系，这种关系的好坏不仅影响子女身心的发展，而且也将影响子女以后形成的各层次的人际关系。具体来说具有以下几个方面的重要意义：第一，父母为子女提供的最早、最基本、最具有奠基性的教育、指导和训练是孩子成长的基础；第二，父母培养孩子规范的信念、态度和行为模式，这是子女成功走向外部世界的条件；第三，父母对子女无条件的接纳、支持和关爱可以为子女提供情绪上的安全感，可以舒缓和消除子女走向外部世界过程中遇到的紧张和压力；第四，父母根据社会文化的要求和准则对子女的行为进行约束和控制。对文化传统进行传承是子女早期社会化的主要渠道；第五，父母为子女无条件提供的一切养育事项和资源是子女生存的保证。

三、中小学生亲子关系的引导策略

亲子冲突的产生与青少年的成长以及父母作为成年人的毕生发展都有关联。比如，青少年的青春期生理变化、思维发展中的理想主义、逻辑推理、与独立和自我认同有关的社会性变化、对父母期望的违背等，以及与父母中年期发展联系在一起的生理、认知和社会性方面的变化。只要父母关注并重视这些因素，亲子关系的改善并不困难，亲子冲突也并不可怕。

（一）父母正视孩子的成长和变化，理解孩子心理成长

1.宽容子女的逆反心理

对处于中学阶段的青少年来说，与青春期发育相伴随的生理和心理变化十分明显，由此引起的行为方式、思想观念的变化常常导致他们与父母之间发生矛盾，形成"代沟"。虽然并不是每个家庭都会出现严重"代沟"，但研究表明，在青少年早期，父母与子女之间的争执确有增加。很多父母都表示难以适应子女个性化表现及谋求自主的努力，这些变化对父母的心理健康及子女的心理发展都有影响。

面对这一时期，父母应理解孩子的变化，满足孩子新的心理需求，倾听孩子的意见，尊重孩子的个性，以平等的姿态与孩子探讨问题，相信孩子有独立观察问题、分析问题和积极思考问题的能力，采纳孩子合理的要求，赞许和支持孩子建设性的行为。

2.对孩子提出合理的期望。针对孩子的个人需求和实际能力，提出切合实际的期望目标。对孩子精神上的关心多于生活和物质上关心，对孩子心理需求和情

绪变化的关注强于对学习成绩变化的关注。做孩子的顾问，而不是简单地替孩子做决定。

3.学习孩子的长处，不断完善自我。父母以自己良好行为品质影响和规范孩子的行为。树立"向孩子学习"的家教理念，诚恳地向孩子承认自己的失误和无知。发现孩子的优点及时给予肯定和鼓励，对孩子比自己强的地方虚心地学习，与孩子共同成长，既是孩子成长的参谋又是孩子的朋友。

4.注意正确的教养方式

父母教养方式对亲子关系影响非常大。心理学研究将家庭教养方式分为专断型（专制型）、随意型（忽视型）、溺爱型（娇宠型）、民主型及和谐型五种。专断型教养方式表现为严格控制，严厉惩罚，很少给孩子温暖。随意型是放任自流，不加控制，不提要求。溺爱型表现为对孩子过分迁就庇护和过分保护，无限制地满足孩子的要求和欲望，包办代替、处处照顾，却对孩子的学习、游戏、社会交往等方面设置过多的清规戒律。民主型表现为对孩子是高度关怀和中等程度的行为控制，既严格要求又尊重孩子，控制与鼓励相结合。和谐型主张平等，与孩子和谐交往，积极培养孩子诚实、公正、理性品质。可见，专断型、随意型和溺爱型教养方式容易导致亲子冲突，而民主型与和谐型教养方式容易带来亲切融洽的亲子关系。

父母教养方式对亲子关系产生影响的重要机制是亲子之间依恋情感的程度。依恋指个体对另一个特定个体产生持久的情感联系。亲子依恋指孩子和父母之间建立强烈而持久的情感联系。儿童早期（0～2岁）的亲子依恋是其情绪情感发展的重要基础，也是个人情感发展的关键期，对亲子关系的影响深远。一位15岁的中学男生，从出生到4岁，由于父母工作忙，无暇照顾，在外地祖父母家生活，与祖父母建立了很深的情感关系；4岁后被接回父母身边，但对父母很少有情感沟通，父母也未注意，逐渐与父母产生敌对情绪，亲子关系趋于紧张；后来父母想尽一切办法改善亲子关系。这一阶段对某些家庭而言特别具有挑战性。确实，父母在日常生活中往往过多地关注孩子的学习和生活，却很少关注自己人到中年的心理变化；对孩子在生活上照顾得无微不至，对其未来更是倾注了全部希望，却对孩子的心理世界了解很少，更是很少和孩子谈自己的工作压力、生活体验，造成心理隔阂。青春期孩子在心理上偏偏又具有闭锁性的特点，渴望有一个不受干扰的属于自己的生活空间，在其中充分体验自己成长中的苦恼与快乐，往往不愿意说出自己的真实想法，希望私下默默地收藏和品味自己的内心秘密。亲子冲突往往就源于有效沟通的缺位。只要家长有意识地加强亲子之间的交流、沟通，积极营造和谐温馨的家庭氛围，孩子其实很渴望父母能够倾听自己的心声。

（二）孩子珍惜父母的关怀，尊重家长的付出

1.正确地看待父母

父母与其他人一样，有优秀的一面，又有欠缺的一面。他们有自己独特的人生历程和追求生活的方式。作为子女要能从他们的角度去理解其思想和行为，并以感激的态度去看待父母，因为无论他们的做法是否得当，都是出自对子女的爱心。这样才会发自内心地尊重他们、爱他们，从而能较理智地对待他们某些不合理的态度和行为。

2.学会理智地对待父母的态度和行为

对父母欠理性的行为，青少年要学会用冷静、理智、面对现实的态度对待，避免感情用事，要心平气和地跟父母讲自己的观点，让他们理解自己的想法。

3.与父母的沟通

青少年要多与父母进行思想交流，谈一些学习生活中的事情，让父母了解自己的生活和想法，同时也了解到父母的思想及其起因，这样才能达到相互地深入理解。

第八章　学生成长中的生活适应与引导

第一节　中小学生的生命教育

一、生命教育概述

目前生命教育的概念并没有获得共识。学者肖川认为，"所谓生命教育就是为了生命主体的自由和幸福所进行的生命化的教育。它是教育的一种价值追求，也是教育的一种内在形态。生命教育的宗旨就在于捍卫生命的尊严，激发生命潜质，提升生命的品质，实现生命的价值"。

刘环从轻视生命的事实出发，强调生命的本体价值，教导学生珍爱与尊重生命，如认为"生命教育是通过认识生命的起源、发展和终结，从而认识生命、理解生命、欣赏生命、尊重生命，进而珍惜有限的生命，建立起乐观、积极的人生观，促进学生价值观、生理和心理、社会适应能力的全面均衡发展的教育"。生命教育研究者兼实践者石室中学校长王明宪等认为："生命教育是引导学生正确认识生命的价值、理解生活的意义、追求生活的信仰、提升生命的质量的一种教育活动，包括生命意识教育、生命质量教育和生命价值教育三个层次"，并提出生命教育的三维目标体系：第一层次，强化学生的生命意识感；第二层次，引导学生的生命幸福感；第三层次，提升学生的生命价值感。

综合以往学者对生命教育的认识，可以将中小学生生命教育的内容综合概括为以下三部分：认识生命：即了解生命的特点和发展规律。这是生命教育在认知层次上的内容。

保护及发展生命：学会基本的生存和求生技能，并提升生命的质量。这是生命教育在技能层次上的内容。

尊重及珍视生命：这要求个体对自我、对他人、对社会和自然抱以积极乐观的态度，接纳生命的每一个发展过程，体悟生命的价值和意义。在此基础上发展出自然的尊重和热爱的情感。这是生命教育在情感态度上的内容。

由此可见，生命教育与心理健康教育有不同之处也有重叠之处。在教育实施过程中应予以适当的处理。

二、生命教育的途径

（一）开设生命教育课程

这里的课程是指大课程，即包括外显形态的生命教育活动和课堂教学，也包括渗透在学科教学中的活动。独立设置的外显生命教育教学和活动是学校实施生命教育的有效途径，在独立的外显生命教育课程中可以使学生系统了解生命知识、习得生存技能和培育尊重生命的态度。这种外显课程可以是独立的心理健康教育课程的一部分，也可以是综合实践活动的主题。利用渗透的方式是生命教育内容的广泛性所决定的。语文、生物、思想政治等很多常规课程都是进行生命教育的良好契机。

（二）实施分享与体验教学

虽然生命教育课程包含认知和技能的内容，但这两部分内容终究是为了达到第三部分的情感态度的培养。因此，在活动中引发学生的体验是重要的教学途径。例如心理健康课程中常使用的角色扮演、角色互换等心理剧技巧，就是值得尝试的活动方式，通过心理剧，模拟他人的生活，体验他人的艰辛，进而学会体谅他人，尊重和关爱他人。

（三）启发教师的生命关怀

教师是学生成长过程中的重要他人，是学生模仿的榜样也是自我意识形成的重要来源之一。如果教师不以关怀生命的态度对待学生，给学生树立榜样，而是对学生进行言语攻击、身心惩罚，就会引发学生最真切的心理体验，使学校一切生命教育全都化为形式上的空无一物的外壳。按照罗杰斯（C.Rogers）的观点，以真诚、理解、接纳的态度面对学生，这本身就已经成为促进生命成长的因素。

第二节　中小学生的生活辅导

一、小学生生活辅导

生活对于学生来说也是一个学习的过程，是学生学习如何做人、如何做事，形成良好的价值观的过程。对学生进行生活辅导，其主要目的是培养学生健康的生活情趣、乐观的生活态度和良好的生活习惯。

（一）小学生独立性的辅导

国际21世纪教育委员会在谈及"学会做人"时指出："21世纪要求人人都有较强的自主能力和判断能力。"调查研究发现，中国城市儿童最突出的弱点是独立性差、依赖性强，这自然严重影响他们的人格发展。1995年中国青少年研究中心进行的"杰出青年的童年与教育"调查得出的结论之一就是"成才离不开独立自主"；当然人的独立性不是天生的，那么教师应如何对小学生进行独立性的辅导呢？

1.改革学校教育教学，更新教育观念

美国儿童的独立性强，源于美国的教育非常重视儿童个性的发展，注意培养青少年的独立精神和创造性。而我国的教育更注重教师的权威作用，人们普遍认为"听话"的孩子才是好孩子；"听话的孩子"墨守成规，没有主见，遇事总希望老师或家长告诉他们怎么做，因此，教师在教育和教学中应尊重学生的主体性、积极性和创造性，鼓励学生大胆怀疑、大胆创新。例如，教师在课堂上最好不给学生标准答案，而是让学生发表自己的见解。

2.建立儿童的自我感，让他们在情感上先自立起来

心理学家认为，缺乏自主性的人，通常在情感上、情绪上高度依赖别人，因为他们没有自我感，自己不能为自己创造心理上的满足。教师应注意帮助儿童形成自我感，在遇到一些问题时，让儿童自己做出选择。

3.帮助家长走出家庭教育的误区

儿童的独立性差与家庭教育不当有直接关系。许多家长对孩子过分保护，照料太多，管教过于严厉，直接影响儿童的独立性。教师和家长的责任是为孩子创造各种独立做事的条件，不当"拐杖"当"向导"，激发孩子的主观能动性。

4.教育学生学会自立

首先，自己的事情自己做，应教育儿童做自己力所能及的事情，在家可以从事一些简单的家务劳动和自我服务性劳动，在学校要做好值日生。

其次，自己的主意自己拿。应教育学生树立自我意识，学会自主决策，不盲从；不要遇事总是问别人，而应自己去发现问题、分析问题和解决问题。

最后，自己管理自己。要鼓励学生积极参与多种活动，在日常学习、体育运动、社会服务等活动中锻炼他们的自我管理能力。

（二）小学生休闲辅导

休闲是现代人生活的重要组成部分。健康而适宜的休闲活动对于小学生的心

理健康具有非常重要的意义，但是，受小学生的心理发展水平的制约，小学生的休闲活动会出现许多问题，如不能合理地安排休闲时间、对电视节目着迷、迷恋电子游戏等。因此，教师应对小学生进行休闲辅导，培养小学生科学的休闲观；形成积极的生活态度和主动的创造精神；培养享受丰富的精神生活和陶冶性情的能力。

1.通过教育使小学生形成正确的休闲观念和态度

要让学生正确认识休闲与生活的关系、休闲与学习的关系、休闲与健康的关系，学会辨别哪些是正确健康的休闲活动，哪些休闲活动有害于人的身心健康。选择休闲活动要与自己的年龄、角色相适宜，例如可开展"假期生活计划""双休日哪里去"等内容的设计与讨论。

2.教育学生学会安排和利用闲暇时间

闲暇时间利用得当会促进学生的学习，展示学生的个性，无论是教师还是家长都要让孩子有更多的闲暇时间供其自由支配，发展他们的个性和特长，因此不要把孩子的时间安排得满满的，以免让孩子喘不过气来；可以让孩子自己制订生活休闲计划，除认真完成作业和必要的学习活动外，要从事哪些休闲活动、时间如何安排等都由自己来决定。

3.发展小学生合理的休闲需要，抑制其不合理的需要

学校可组织学生成立休闲团体，定期活动，如书法协会、足球俱乐部等。还可以组织全校性的休闲活动，如春游等。这些活动都可以引导学生合理的休闲需要。对于学生休闲活动中出现的问题要及时给予指导。如有的学生沉湎于看电视、玩计算机游戏，教师及家长对此应积极引导，可以让孩子在完成学习任务后看电视或玩计算机游戏，但时间不宜过长，内容也要有所选择，姿势要正确。要坚决禁止小学生去游戏厅和网吧。

二、初中生生活辅导

初中学生已成为"小大人"，在思想上、言语上如同成年人，但其在能力上、行为上却远远落后，因此这一阶段学生的生活问题也十分关键，尽管它可能涉及的只是小事，却是学生走向成熟的重要因素。

（一）初中生生活习惯辅导

初中学生的很多习惯一般是由父母监护形成的，这时的父母既不可以过多责骂孩子，更不可以撒手不管。过多指责会导致学生形成很多坏习惯，尤其是依赖性较为严重；而撒手不管会导致其放任自流，甚至会产生疏远父母的想法。

1.不能忽视任何细小的习惯

穿衣、洗衣服、何时睡、何时起床、怎样复习、如何整理自己的学习用品等，都应让学生自己去做和安排。

2.不良习惯应及时纠正，不能拖

父母的细心可及时改变孩子的很多习惯。

3.批评应适可而止

对于孩子的不良习惯不应当众揭短，更不能不分场合、不分时间地批评，应当适可而止。

4.恰当地表扬

学生哪怕是取得一点点进步，教师与家长也要给予及时、恰当的表扬，不能过分表扬或夸大其词，以使其良好的习惯一直保持或树立更多的良好习惯。

（二）初中生独立性辅导

初中生很想独立，但独立的只是思想和言语，所以家长和教师不可以揭示其真面目，更不能刺激他。

1.给学生机会，让其独立

父母可以适当地抽出一天或几天的时间，让孩子独立地处理某些事务或解决某些问题，让其感受一下什么才是真正的独立。

2.学生自己独立做的事不要予以纠正

无论孩子独立做的某件事是好还是坏（当然不是过于违反原则的事），家长和老师都不要指责其不好，而应当让他自我总结、自我认识，这样再遇到类似的问题时不至于重犯错误。

3.要正视学生的意见

不能一味地去否定学生的意见，家长和教师应当认识到独立的行为源于独立的意见。当学生有独立的意见时，应给予其支持和帮助，表扬好的因素，鼓励其付诸行动，否则一味地否定学生的意见，学生会失去独立思考的能力，因此就更难以形成独立生活的能力。

（三）初中生娱乐方式辅导

初中生十分渴望娱乐，也希望能在娱乐方面获得放松和享受乐趣，缓解学习带来的压力。但初中生对娱乐方式的选择并没有正确的认识，因此教师应积极给予引领和指导。

1.学校应组织有意义的活动

学生由于没有时间娱乐才渴望娱乐，而如果他们能够体会娱乐或有很多机会娱乐，就不会对娱乐过分痴迷，因此，学校应组织各项活动，让学生有机会参与。

这样不仅可以促使学生降低对玩的渴望，同时也容易选择和适应良好的娱乐方式。

2.家长应带孩子适时娱乐

比如，一起看电视、一同去唱歌、一同逛公园或坐在一起聊天等活动，让学生在娱乐的过程当中获得放松。家长也可借机向孩子讲解良好的娱乐方式对于一个人的重要性。

3.对班级可分小组进行娱乐

娱乐的形式并不重要，关键是能让学生在学习之余，有自由的时间。小组的形式既可以训练孩子的交往能力、适应能力，也能让其在小组活动中获得放松。

三、高中生生活辅导

（一）高中学生的心理转变

初中老师天天叮嘱学生要努力、要读书、要做个好学生，他们也给予学生最大的关心和耐心；相对来说，高中老师在与学生的亲密性方面降低了很多，学生也比较自由，念书与否全在于学生个人的意愿。一般学生在初三时为准备联考，各种大小考试从未间断过；而上了高一，突然之间考试少了很多，所以学生刚一开始常会有些怪怪的感觉。

在初中时，因为没经过大的考试（中考），所以一个班级里各种程度的同学都有，但是上了高中以后就不同了，能进高中的每一个人，都是考试激烈竞争中的优胜者，大家的学习水平都相差不大，所以不像以前初中一样，只要稍加努力，很容易便可拿到好成绩；在高中大家成绩普遍都好的情况下，就会有更激烈的竞争。

一般同学在刚进高中的时候，成绩看起来常会比初中时候差了很多；此时，不要想太多有关名次的问题，唯有加强自己的实力，全力以赴，打起精神，才能取得最后的胜利。

此外，学生可以感受得到，在初中时每个班里学习成绩好的不过几个人，所以同学之间竞争得比较厉害的，也就是那么几个人。但是到了高中，多半是全班都在竞争，然而，同学之间相处也还算愉快，不会钩心斗角的情形出现。

（二）高中学生娱乐与学习的关系

高中生生活的接触面扩大了许多。高中生的娱乐圈扩大，娱乐类型随兴趣的增加而变得丰富。高中生的娱乐活动分为三类："看电视、听录音机"，这是清静式的活动方式；"参观、旅游"，这是交际手段的活动方式；"参加各种训练班、从事个人爱好的项目"等是个性化的活动方式。

高中生要拓展自己的视野，增长自己的知识，就必须丰富自己的娱乐生活，同时注意远离不良癖好和社会上的不健康娱乐场所。

但是必须注意的是，高中的功课比起初中要多些、繁重些，学生要累些、忙些；如果不专心在功课上，又花了太多时间在课外活动上，成绩很容易一落千丈。高中生应适当减少自己的课余活动时间，多花些时间在功课上。

（三）高中学生自主、自立精神的培养

进入高中以后，课业负担减轻了很多，所以在高中，学生必须培养自己一种自动、自发、自立、自学的精神。由于高中生都是经过考试录取的，所以学生与学生之间在学习上程度很接近，这也使得学生比较容易找到一些志同道合的朋友，能够很容易和同学之间建立感情。

在高中，不论是做什么事，先决条件是要自动自发地去做，所以，同学之间需要主动培养起更好的感情，大家才会相处得很愉快。

建议高中的新生，在进入学校之后，要多利用机会和别人接近，不要把自己关在象牙塔内，多接近别人，适应别人；同时要把握原则，不要参加过多的课外活动，因为那会耽误了正课，到时后悔就来不及了。

（四）高中学生自我意识的培养

高中三年的日子里，每一个学生都在为了未来美好的前程而努力；过后，将会有柳暗花明又一村的感觉。高中学习结果的差别不仅只是学历问题，在为人处世、思考判断、组织能力及是否能够稳定沉着、冷静分析问题上，都会有所不同；更重要的是在高中学习过程中的学习、成长和成熟。

自尊的需要：自尊包含自我尊重和别人对自己的尊重。前者体现的是每个人对胜任、自信、成就、独立、个人力量、称职等的需求。一个人需要知道自己是有价值的，正所谓"天生我材必有用"；别人对自己的尊重包括承认、接纳、注意、地位、名誉和欣赏。打架闹事、迟到早退、无故缺席、说谎、挑剔、责备、找借口、沉默退缩、以老大自居、替人辩护，或将失败和挫折归罪于别人、找替罪羊的现象，都是不尊重自己的表现，也无法赢得别人对自己的尊重。

自我实现的需要：一个人能成为什么，他就必得成为什么，也就是达到他（或她）的潜能巅峰。"整个人生的目的，就在求自我的实现，也就是在不排斥他人，不侵犯他人的原则下，充分地发挥自己、充实自己，以求达到尽善尽美、光明笃实的境地。"

第三节　中小学生的挫折引导

一、挫折心理

挫折，是指个体在从事有目的的活动时，由于内部、外部因素的干扰或阻碍，其需要得不到满足而产生的一种紧张状态和消极情绪反应。它包括挫折源和挫折感。挫折源是指个体活动受阻的对象或情境。挫折感是个体活动受阻时的心理反应。一般来说，挫折源的性质越严重，个体的挫折感就愈明显、愈强烈。但是，这二者之间并不是简单的刺激——反应的关系，中间还有一个主体状态的作用，故而面对同样的挫折源，不同个体的挫折感可能是不一样的。掌握有关挫折的心理规律有利于心理健康教育者设计更合理的活动与教学。

（一）中小学生常见的心理挫折

根据不同的分类标准，挫折可以分为多种。日本大桥正夫根据挫折源的来源，把挫折分为内部挫折和外部挫折。内部挫折包括缺陷、损伤和抑制，外部挫折包括缺乏、损失和障碍。美国学者索里和推尔福特根据引起挫折的原因将挫折分为由延迟引起的挫折、由阻挠引起的挫折和由冲突引起的挫折。根据挫折的程度可以分为轻微挫折和严重挫折。根据挫折源的性质可以分为自然性的挫折和社会性的挫折。

对于中小学生来说，主要的挫折有学习挫折（学习成绩不理想、对学习课程不感兴趣等）、人际关系挫折（师生关系、同学关系紧张或缺乏交往艺术）和情感挫折。其他的还有理想与现实差距造成的心理挫折、适应不良造成的挫折、优越感丧失造成的挫折、认识偏颇造成的挫折，等等。

1.成就挫折

发展各方面的能力是中小学生的生活主题，因此成就挫折就成了他们经常遇到的主要挫折。当预期的成就目标没有达到并引发负性情绪时，就带来了成就挫折。其中，来自学业成就的挫折最为普遍，例如课业负担和考试成绩不理想。其次是其他方面的成就挫折，如体育比赛的失败等。

2.人际挫折

每个人都想获得良好的人际关系，因为这是获得归属与尊重需要的基本条件，也是良好个性品质形成的重要途径。亲子关系、师生关系与同伴关系，是中小学生最主要的人际关系。当学生人际交往的目标未能得到实现时，对良好人际关系的需要就未能获得满足，从而造成了人际挫折。例如，经常被老师批评或忽视、受到同学的排斥与讽刺、与父母关系紧张等。

3.情感挫折

情绪与情感的表达是人的本能，爱与被爱是人类的基本需求。青少年在情绪上常常表现为两极性，因此情绪情感上的挫折对其影响也很深刻；当情感（或情绪）上的目标未能达成或需要不能被满足，就会产生情感挫折。例如文学作品中常常表达的"爱不能爱"或"恨不能恨"的冲突状态，就是一种情感挫折。由于挫折本来就包含负性的情感成分，因此情感挫折可以由其他挫折引起。成就挫折本身并不是情感挫折，如果成就挫折中的负性情绪已经不是针对于特定的成就目标，而是成为弥漫性的持久心境（以同样的负性态度对待一切事物），并且成为不能由自己控制和调节的情绪（如焦虑和抑郁），使得个体维持正常情绪状态的需要不能得到满足，这就引发了情感或情绪上的挫折。再如，具体的人际挫折本身也没有达到情感挫折的深度，但如果个体在与重要的他（她）交往的过程中体验到"自己是不被喜欢的"，此时则发展成了情感挫折。

（二）面对挫折的心理反应

面对挫折，个体往往会出现不同的应对方式。可概括为积极反应和消极反应。

1.积极反应

（1）改变行为：受挫后不改变目标和动机，而改变原有的行为强度或方式。

（2）调整动机：受到挫折后不改变目标，而改变动机水平。耶克斯——多德森定律表明，各种活动都存在最佳动机水平。动机不足或过分强烈都会使工作效率下降。这往往隐含了个体改变对目标的认知过程。例如，过于追求某一学业目标往往使学生因害怕失败而产生焦虑情绪，影响学生的学习过程和考试正常发挥。当学生调整了认知并意识到这不是人生唯一的目标时，就不会过分夸大某一目标的价值，反而能将精力集中于解决学习过程或考试中的问题。

（3）调整目标：调整原有的目标，继续努力去完成。较为有效的应对方式例如将较复杂的目标划分为多个子目标，逐个完成。调整目标有时也可能隐含改变认知的过程，进而在选择目标时调整目标的难度。

（4）补偿替代：原有的目标无法实现，用另外一个目标代替，从另一个方面补偿自己的需要。例如，在学业上受到挫折，而在运动方面取得成功，同样满足了对成就感的需要。

（5）升华目标：需要没有得到满足，转而追求更高一级的需要。诗人歌德失恋后（因爱与被爱的需要没有得到满足而受挫），在事业上发奋努力，从而写出世界文学名著《少年维特之烦恼》（自我实现的需要）。

2.消极反应

（1）攻击：美国心理学家多拉德（J.Dollard）在《挫折与攻击》一书中首次提出了"挫折——侵犯"假说。通过多种方式的实证研究后，该学说认为攻击在很大程度上是挫折的结果。攻击行为表现为多种形式。攻击的对象可能直接指向使自己受挫的个体，也可能以替代性的方式指向不相干的个体。这些都是指向外部的攻击行为，如身体的攻击和语言攻击，散布流言蜚语等。指向内部的攻击行为如受挫者的自我戕害或自杀。

（2）倒退：20世纪40年代，巴克（R.Barker）等人基于他们的试验研究，提出了"挫折——倒退"理论。他们认为，挫折会引起行为的倒退，出现与其年龄不相称的幼稚行为，以简单和幼稚的方式应付挫折，以求得别人的同情和照顾。如，容易受到暗示，盲目信任，逃避到安全的地方，孩子般无理取闹等。

（3）固执或"合理化"：固执表现为遭受挫折后，不能适应现实，仍然重复某种无效行为。"合理化"即找出种种理由为失败做出"合理"的解释，以掩饰自己的过错。这些解释常常是歪曲事实或牵强附会的理由。

（4）负性情绪反应：这是挫折的特点之一。负性情绪如消沉、抑郁、焦虑情绪不稳定，等等。有些受挫者出现了头晕、冒冷汗、心悸、脸色苍白等生理反应。冷漠是一种特殊的负性情绪反应，无动于衷或漠不关心的态度表面上显得毫无情绪，内心深处则往往隐藏着很深的痛苦，是压抑情绪的反应。当个体长期遭受挫折，或者感到无望时，就会出现这种复杂的反应。

（5）人际孤立：有的受挫者，变得孤僻离群、沉默寡言，不与他人交往，把自己封闭起来。

值得注意的是，应该辩证地看待面对挫折消极反应，这是普遍存在的心理现象，是人们在挫折情境中的自然反应。积极心理学认为，这些反应可以暂时缓和减轻内心的痛苦，以维护自己的自尊，保护自己免受更大的伤害。因此，面对消极行为反应持宽容态度，在理解的同时，尊重受挫者的选择——这本身就给受挫者很大的力量。之所以说这些反应是消极的，是因为这种消极心理或行为的作用往往是暂时的或自我欺骗的，不能从根本上解决问题。长期使用这些消极策略，就会形成不良适应，不利于个体长期的发展，甚至导致身心疾病。因此，虽然没必要完全阻止消极的挫折反应，但根本上还是要发展积极的行为反应，才能最终战胜挫折，增强抗挫折能力。

二、挫折教育的途径

（一）培养学生应对挫折的能力

挫折无处不在，挫折教育不是帮助其消除某一个挫折，更不是为学生创造挫折，而是通过在教育活动中唤醒己有的挫折体验，然后使用恰当的方法引导学生用积极的行为反应应对挫折，授之以"渔"，使其在任何情境下都具备应对挫折的稳定能力。挫折教育最根本的目的就是培养学生自身应对挫折的能力。以下是正确认识挫折、培养应对挫折能力的一些方法：

1.引导合理宣泄

挫折是令人讨厌的不愉快的体验，如果对挫折中的情绪不加以适当的处理，则会产生不良的后果。贝克威茨引入情绪唤醒变量，对"挫折—攻击"说进行了发展，认为挫折情境中产生的焦虑、愤怒等不愉快的情绪体验，能够引起最初的攻击倾向和准备性。这可能影响受挫者的人际关系，带来更多的挫折。情感表达是人的本能，而冷漠的情绪反应使人处于压抑的状态中，则可能暗含了更多危害心理健康的因素。因此，教育者首先应该尊重学生的情感发泄，在一定的强度范围内要予以接纳和尊重，强行制止反而会带来进一步的情感挫折；其次应该引导学生找到适合自己的情感发泄方式；必要时，学校应该为学生提供可控的、合乎规范的情感发泄空间，如在心理咨询室安放充气娃娃等。组织对抗性比赛也是一种发泄攻击性情绪的手段，被弗洛伊德誉为发泄攻击本能的升华方式。

2.进行归因训练

归因训练是指在帮助人们清楚自身所做归因的同时，帮助其形成更恰当的归因方式的过程。当代的许多心理学家接受了福斯特林从以往归因训练研究中总结的如下三种归因训练模式：成就归因模式，习得性无助模式，自我效能模式。这三种模型都把重点放在归因的稳定性和可控性两个维度上，认为将失败归因于稳定的、不可控的因素（如能力）是有害的；相反，将成功归因于稳定的、不可控的因素（如能力）则会增加对成功的期望值，增进自尊心、自豪感和自信心；而将失败归因于不稳定的、可控的因素（如努力）则会保持对成功的期望。因此，使中小学生学会合理的归因方式，是使其提高抗挫折能力的有效方法。

3.培养自我监控能力

自我监控就是为了达到预定的目标，将自身正在进行的实践活动过程作为对象，不断对其进行积极自觉的计划、监察、检查、评价、反馈、控制和调节的过程。它对于个体问题解决能力的发展与提高有着十分重要的意义（董奇，周勇，陈红兵）。有关青少年挫折应对自我监控的试验研究认为，挫折应对需要评价挫折源的意义，控制或改变挫折环境，缓解由挫折引起的情绪反应的认知活动和行为。实验研究表明，挫折应对的自我监控训练需要经历自我认知——动情晓理——策略导行——反思内化——形成品质等几个环节。当学生自我监控能力提高以后，就会在实践活动中客观认识、辩证地评价自己和目标，进而在挫折中或调整自己，或调整目标。

4.培养挫折容忍力

挫折容忍力亦称挫折耐受性，指个体遭遇挫折时免于心理和行为失常的能力。挫折容忍力可以说是个体适应环境的必不可少的能力，它与个人的习惯、态度等相似，都是经学习而来的。根据国外心理教育的实践，延迟满足的训练是锻炼青少年挫折容忍力的有效途径，延迟满足是指为了长远的利益而自愿延缓目前的享受。个体为了更好的结果或得到更大的满足，而去选择并忍受当前的挫折与不安。因此，家庭和学校，可以抓住这样的挫折情境，培养中小学生接受和容忍日常生活中的挫折，使挫折变为增强信心的机遇。

（二）优化整体性教育策略

1.实施赏识教育

赏识教育的特点在于立足青少年的优点和长处进行教育。以为教育的主要任务就是指出受教育者的不足，认为"优点不说跑不掉，缺点不说不得了"，是片面的认识和落后的教育观念，更是学生的主要挫折源。无论如何努力，也不可能使所有人的优点都集中到一个人身上。人们不会责怪牡丹为什么不香，梅花为什么不如牡丹花朵大……它们各尽天性，发展它们的长处。教育也应该使孩子按其所是的方向发展，以便在真实的成长中发现"我是谁"。赏识教育就是要赏识孩子的优点和长处以使其保持自信，保持愉悦的心境，同时，也使孩子学会建立在客观事实上的自我欣赏，以便调动学生自身的力量克服生活中无处不在的挫折。

2.实施多元教育

加德纳的智力理论认为，人类的智力并不是单一的一元结构，而是由多种智力构成的。这种多元智力框架中相对独立地存在着8种智力：言语/语言智力，音乐/节奏智力，逻辑/数理智力，视觉/空间智力，身体/动觉智力，自知/自省智力、交往/交流智力和自然认知智力。每个人都或多或少具有这8种智力，只是其组合和发挥程度不同，每个学生都有自己的优势智力领域。学校里不存在差生，只是说在哪些方面聪明而已。这对挫折教育的启示至少有两点：

首先，学校要设置多元化的课程和丰富的文体活动；

其次，对学生的评价方式要多元化。在多元化的活动中，每个学生可以发挥自己的长处，都能够有所成就。这不仅能够使学生通过代偿的方式降低挫折感，也能使学生产生自我效能感的迁移，增强克服挫折的信心。丰富的文体活动也为学生提供了合理发泄情绪的途径。但这些活动如果真正发挥作用，还要以学校、家庭、社会形成多元的评价方式为基础，多元评价也是赏识教育的要求。如果学生在学习上受挫而在运动中取胜，但周围的人并不认可运动能力的价值，不给予欣赏，那么学生就无法以代偿的方式对学习受挫形成弥补，也不能产生应对学习挫折的信心。

　　此外，实施挫折教育还要兼顾阶段性和长期性。由于学生相同的年龄或学段要面临类似的挑战，如升学后面临适应问题，毕业前面临升学压力。因而挫折教育具有阶段性的内容。然而既然抗挫折是一种能力，那么就需要练习，这是一个长期积累的过程，精神分析心理学家荣格认为：每个人的人格总是不断向前发展的，一个人为自我实现而不息奋斗，当自我实现不能满足时，就会产生挫折感。这决定了挫折教育不可能像某些课程的学习那样能够短期结业。因此，实施挫折教育要以发展的态度立足学生每个阶段的特点，逐步发展，并着眼于长远持续的效果。

第四节　中小学生的网络教育

一、中小学生网络成瘾

　　网络成瘾，又称网络心理障碍、互联网成瘾，是指无节制地花费大量时间和精力在网上冲浪，聊天或进行网络游戏，并且这种对网络的过度使用影响生活质量，降低学习和工作效率，损害身体健康，导致各种行为异常，心境障碍，人格障碍和神经系统功能紊乱等消极后果。美国精神疾病诊断标准从过度使用网络、一系列日常行为和人际关系的身心功能减弱两个方面指出：网瘾是一种应对机制的行为成瘾。其症状为：过度使用网络，造成学业、工作、社会、家庭等身心社会功能的减弱。

　　2005 年 11 月，中国青少年网络协会发布《中国青少年网瘾数据报告（2005）》，这是中国首次正式发布的有关青少年网瘾问题的调查报告。报告参照国际相关标准，结合中国国情，听取多方面意见制定如下网瘾评判标准：网瘾评判标准的前提（必要条件）为：上网给青少年的学习、工作或现实中的人际交往带来不良影响。在这一前提下，只要网民满足以下三个条件（补充条件）中的任何一个：

　　（1）总是想着去上网；

　　（2）每当因特网的线路被掐断或由于其他原因不能上网时会感到烦躁不安、

情绪低落或无所适从；

（3）觉得在网上比在现实生活中更快乐或更能实现自我。即可判定为"网瘾"。

青少年网瘾的发展可以分成三个阶段，每个阶段有不同的特点：

1.初起阶段

青少年被网络的内容所吸引，将注意力转向了上网这种行为，上网的目的为娱乐或放松心情，缓解现实生活压力；随着上网次数的增加，开始在网络上增加停留的时间，不能随时停止上网，心理出现依赖；为了摆脱现实压力，主动寻求放松机会，出现逃学等现象。

2.成瘾阶段

青少年的正常生活被打乱，上网的内容开始无意识地迸发出来，影响到正常的学习生活；行为不受大脑支配，有无意识行为的表现；网络生活占据了主要课余时间，沉迷网络现象明显。

3.严重网瘾阶段

青少年开始出现行为失控现象，因为上网与父母发生严重冲突，情绪激动；对现实生活没有信心，虚拟世界成为减压的唯一途径，为了上网开始厌学，甚至为了上网牺牲睡眠；为了满足上网的需要，或是受到网络毒害而走上犯罪道路。

这些特点同时可作为判断青少年网络成瘾的依据，但是必须在每个阶段满足2项以上才可以定性为相应的网络成瘾阶段。

二、中小学生网络成瘾的干预

对于已经网络成瘾的中小学生，可以采取心理咨询与治疗的手段给予干预，下面是经过研究进而应用于实践的几种方法。

（一）网络成瘾的药物治疗

目前用于治疗网络成瘾症的药物主要有抗抑郁药和心境稳定药。研究结果表明，虽然药物对网络成瘾的治疗起到了一定的作用，但是这一过程一般多与心理治疗结合起来实施。很多学者认为绝大多数孩子上网成瘾是一种由于兴趣强烈而形成的习惯，并不是心理疾病，反对用药物治疗。

（二）网络成瘾的心理干预

行为疗法是建立在斯金纳（B.Skinner）的操作性条件学习理论之上的行为干预。可以用来治疗网络成瘾的行为主义技术主要有强化法、替代法、行为契约法、厌恶疗法、想象法、放松训练等。行为疗法是较早应用于心理治疗与实践的方法，目前在我国的医疗系统中存在广泛应用。其前提是网络成瘾者与治疗者稳定信任的关系，否则有可能对接受治疗者产生身心伤害。行为主义最初以小白鼠、狗、猫、鸟类等动物为研究对象，相似的研究范式和基本思想也被应用于人类心理行为的研究，因此行为主义常因其忽略人的主观能动性和内在生成力量而广受诟病。

认知干预是美国心理学家贝克（A.Beck）创立的一种心理治疗方法。该疗法认为当事人的心理紊乱是由错误认知观念引起的，通过对其错误认知观念的矫正或改变，能促使其情绪和行为上的改善。如果说行为疗法是在网络成瘾者的行为层面进行干预，认知疗法则是在认知层面上进行。对于网络成瘾的心理干预，很多学者认为认知行为疗法是有效的。最常使用的治疗策略包括网络应用的认知重组、行为练习和增加离线时间的暴露治疗等。国内外很多学者对网络成瘾的心理干预是根据以往对冲动控制障碍类问题的治疗经验提出的，主要的心理干预方法有：杨（K.Young）在ACE理论模型基础上提出一系列干预技术。他认为，考虑到网络的社会功能，不能采用传统的节制方式对网络成瘾进行干预，而应从时间管理、认知重组、集体帮助几个方面提出治疗方法，帮助患者建立有效的应对策略，包括反向实践、借用外部制止、制定目标、戒绝、设立提醒卡、个人清单、建立支持小组、家庭治疗、解决现实问题与困难9个方面。戴维斯（R.Davis）根据其"病理性网络使用认知行为模型"提出了相应的认知行为疗法。他认为导致网络成瘾的中心因素是不良认知，这是导致网络成瘾的充分条件，而不良倾向和生活时间是引发网络成瘾的必要条件。他将治疗过程分为定位、制定规则、分级、认知重组、离线社会化、整合、通告7个阶段，历时11周，从第5周开始给患者布置家庭作业。这种疗法强调弄清楚患者上网的认知因素，让患者暴露在他们最敏感的刺激面前，挑战他们的不适应认知，逐步训练上网的正确思考方式和行为。

焦点解决短期疗法是20世纪70年代由沙泽和贝格首先提出的。SFBT以"求解"为中心，一改传统的以问题为中心的心理治疗模式，不过多地去追溯心理问题的起因，而是将治疗重点放在帮助患者或来访者寻求个人改变和未来发展的解决模式上，让他们成为自己行为改变的主导者与专家，充分发掘自己可利用的潜能和资源。由于其操作简单、起效快、疗程短、投入少，故这种简单务实的SFBT治疗模式近年来在西方心理治疗界得到迅速的发展。我国学者杨放如采用焦点解决短期疗法对网络成瘾青少年进行心理社会综合干预，疗程3个月，用网络成瘾诊断问卷（AD-DQ）、症状自评量表（SCL-90）评估其心理健康状况和临床疗效。在心理治疗开始阶段，与患者每周晤谈1次，每次时间不少于1小时，1个月后视患者改善情况改为每周或每2周晤谈1次。每次晤谈的治疗过程均书面记录，采取结构式治疗程序，主要包括：开场、陈述症状、讨论例外、使用奇迹提问、使用量表、中场休息、赞赏、布置家庭作业等SFBT常规技术。经治疗后，网络成瘾青少年的AD-DQ评分、上网时间较治疗前有明显下降，说明以焦点解决短期疗法为主的心理社会综合干预对网络成瘾青少年有效果。

从家庭学的观点看，青少年的网络成瘾问题是整个家庭功能不良的表现，因此，有必要进行家庭干预。系统家庭治疗日益受到广大研究者的重视。系统家庭治疗根据控制论、系统论和信息论的原理研究家庭内部的心理过程、行为沟通以及成员之间的互动关系，着重改变整个家庭的结构和家庭成员间的互动关系。系统家庭治疗自20世纪50年代兴起后，被许多治疗者接受，被称为继精神分析、行为主义及人本治疗后的"第四大势力"。系统家庭治疗的实施分为以下几个步骤：

1.预备性谈话

在建立良好医患关系的基础上着重了解网络成瘾青少年的家庭背景，家庭关系，绘制家庭图谱，签订辅导协议。

2.治疗性会谈

着重了解网络成瘾青少年形成网瘾的关键，明确家庭关系模式，寻找差异，探索解决途径，充分利用家庭自身资源，达到青少年自身的改变。

3.布置作业

根据每次治疗的目标布置作业。了解家庭改变的动力和治疗师扰动的效果，为下一步治疗提供依据。

4.后续访谈

检查上次作业，交流讨论各自的感受，发现家庭是否有新的变化，了解家庭进一步的希望，分析新的行为或问题，共同探讨，再布置作业。系统家庭治疗能够帮助网络成瘾青少年认识网络成瘾的危害性，通过治疗师的"扰动"改变他们的家庭模式，引导家长帮助网络成瘾青少年合理安排学习和上网时间，鼓励或陪伴他们进行适当的体育活动，多交往现实中的朋友，并给他们提供交友的便利和支持，促进网络成瘾青少年的心理成长与成熟。例如，杨放如、郝伟将焦点解决短期疗法与家庭治疗结合起来对网络成瘾青少年进行综合干预，经过3个月的治疗后，他们的上网时间显著减少，心理功能也得到了改善。

团体心理辅导是一种在团体情境下提供心理帮助与指导的咨询形式，对治疗青少年网络成瘾效果明显。有相似问题的求助者通过自省、谈论等方式共同商讨、训练，解决成员共有的心理障碍，找出其成瘾的具体原因。通过丰富多彩的集体活动，让成瘾者体会到现实中人际交往的乐趣与重要性。它以改善人际关系，增加社会适应性，促进人格成长为目标。在咨询过程中可以运用支持疗法、认知治疗松弛训练法、行为训练、心理剧与角色扮演、家产心理治疗、焦点解决治疗、沟通分析治疗和格式塔心理治疗等方法，是一种综合性很强的心理干预手段，可以帮助成员获得有效的控制上网时间，提高人际协作能力和自信心，提高自我效能感，从而摆脱网络成瘾的状态。

总的来说，使用多种心理干预相结合的手段比单纯使用一种手段效果更好。

（三）综合干预

社会支持干预。一些网络成瘾的青少年缺乏积极的社会支持，却能在网络中获得有类似经历的人的认可而沉溺于网络的特殊使用。对他们进行积极的社会支持干预，可以使他们在压力的主观体验和沮丧体验之间起缓冲作用，增强他们解决问题的勇气和信心，找到现实生活的意义，使其逐渐摆脱网络成瘾对他们的困扰。例如，石家庄市率先在全国发起了"帮助青少年摆脱网瘾"专项行动，并建立专业辅导员队伍，对网络成瘾青少年进行帮扶和教育。目前这支被称为"心灵志愿者"的辅导员队伍已有500多名成员，已成功地使上百名青少年摆脱网瘾，200名青少年远离网吧。

第五节　中小学生的消费引导

一、中小学生常见的消费误区

当前我国中小学生的消费观念和消费行为中，存在着以下几个误区：

（一）攀比消费

当前不少中小学生受到社会上享乐主义、拜金主义等不良风气的影响，认为在日常生活中的吃、穿、玩、用等消费的档次不能太低，否则会被同龄人看不起，于是，在中小学生的日常消费中呈现出比较明显的相互攀比倾向。

（二）盲目消费

随着社会就业压力的不断增大，不少家长对孩子成才成器的愿望越来越迫切，这些强烈的愿望有可能导致对孩子的消费不加辨别的支持和纵容。家长对孩子消费的盲目支持，加之学生之间的消费攀比，会在很大程度上加剧中小学生的消费脱离合理性，从而走向盲目消费。

（三）模仿消费

模仿能力强但自控能力弱，是中小学生突出的心理特征，在一定的条件下容易产生消费中的模仿现象，导致消极结果。如家长和老师的消费的示范影响、娱乐明星和广告的诱导等。

（四）唯我消费

现在的中小学生大部分是独生子女，在中华民族尊老爱幼的传统思想的影响下，家长尽可能地为孩子提供高质量的消费，如高标准的膳食、名牌服饰等，使他们成为家庭消费的中心。但过分的消费溺爱容易让孩子滋生唯我独尊的错误消费理念。

上述不良消费行为和倾向，不仅影响了中小学生的学业进步和人格完善，影响良好人际关系的建立，而且增加了家庭的经济负担，还有可能导致少数学生为追求不合理的消费需求而走入歧途，给社会带来不安定的因素。

二、中小学消费教育的实施

（一）培育中小学生合理的消费需要

消费需要是消费者为了实现自己生存、享受和发展的要求所产生的对各种消费资料、商品和劳务的欲望、意愿和渴求，反映了消费者的某种生理或心理体验的缺乏状态。

1.帮助中小学生了解自己的各种消费需要

中小学生处于快速成长时期，生存需要是基础，否则个体的生存与发展就难以保障，因此要对中小学生的身体发育格外重视，密切关注他们与此相关的物质消费，如吃、穿、住、用、行等。同时，中小学生又处于心理发展的特殊时期，精神文化需求和消费同样重要，如学习、艺术、体育、旅游、娱乐等。因此，消费教育与辅导者应在日常生活中深入了解中小学生的各类消费需要，帮助他们认清自己的消费需要。

2.因人而异，帮助不同中小学生选择适合自己的消费需要

每个中小学生都是一个独立的个体，生活的家庭背景不同，接受的教育层次不同，社会化进程中所处的环境不同。这些因素综合起来导致中小学生的消费需要因人而异，如家庭经济基础较好的学生，对享受性的需要可能要强于经济基础较差的学生；自我意识发展较好、独立性较强的学生，对社会性发展需要可能要强于自我意识发展较慢、独立性较差的学生。

因此，消费教育与辅导者在对中小学生消费需要进行引导时，应充分了解中小学生的个体独特性和家庭经济状况，从中小学生个体所处的消费环境出发，根据学生个人发展所需，做到因人而异，引导他们选择符合自身条件和实际情况的消费需要。

（二）端正中小学生的消费态度

消费态度是指消费者个体在购买过程中对商品或劳务等表现出来的心理反应倾向。消费态度是在长期的社会实践中形成的，一般会保持相对的稳定，使消费者的行为具有一定的规律性和习惯性。

消费教育与辅导者应该帮助和引导中小学生端正消费态度。总的来说，中小

学生的消费态度主要呈现兴趣性、从众性、易感性的特点，辅导者需要坚持"渗透原则"，将消费教育与辅导巧妙地渗透到各种教育因素及方式中，以循序渐进和潜移默化的形式进行。

1.理论教育和自我学习相结合

中小学生消费态度的引导，应以消费理论的教育和学习为前提，坚持消费理论的他人教育和自我学习相结合。一方面，应开设专门的消费课程，通过口头语言向中小学生传授正确的消费态度，激发他们自我思考的能力，切忌填鸭式的强行灌输；另一方面，要鼓励他们进行有计划的自觉学习，不断实现消费态度的合理化。

2.灵活地利用舆论引导

在现代社会中，每个人思想的形成和发展几乎都不能摆脱传媒和舆论的作用；中小学生的消费态度也深受媒体和舆论的影响。学校、家庭以及社区应该密切合作，将传播媒介和舆论工具运用在消费教育与辅导中，把理论教育与形象教育有效地结合起来，通过报纸、刊物、广播、电台等各种传播工具，灵活地对中小学生的消费态度进行引导。

另外，还可以组织中小学生收看相关的录像片、宣传片等。

3.榜样感染

榜样感染是通过树立典型的人或事，教育人们提高思想认识的方法，具有形象、具体、生动的特点，较之说理教育更富感染性和可接受性。榜样的力量是无穷的，无论是先进典型还是反面典型都具有强大的说服力，中小学生具有极强的模仿心理也使这种方法具有特殊的优越性。在家庭中，父母应以身作则，带头勤俭节约、勤劳持家，树立消费态度上的积极典型；在学校里，教师应以身作则、为人师表，以独特的人格魅力引导学生树立科学的消费态度，并在班级中树立典型，营造班级里良好的消费氛围。

4.通过实践锻炼端正消费态度

有目的、有计划地组织中小学生参与到消费实践活动中，去亲身体验消费的过程。如让他们参与家庭日常开支管理，从中理解家庭的收入和消费之间的相互关系、意义与价值；适当地让他们参与勤工俭学，从中体验工作的意义，理解父母工作的艰辛和经济收入的来之不易等，都有利于使学生自发地端正自己的消费态度。

（三）引导中小学生做出科学的消费决策

消费决策是消费者在消费购买行为过程中进行的评价、选择、判断、决定等活动的过程。消费决策有正确与错误之分。影响消费决策的因素复杂多样，既受到消费者的兴趣爱好、生活习惯、态度倾向、收入水平等个人因素的影响，又受到社会时尚、所属群体、社会阶层、家庭环境等外界环境因素的影响。

1.适度消费

适度消费是指中小学生的消费决策应符合家庭的经济条件和自身的正常需求。首先，应引导他们在做出消费决策时充分考虑到家庭的承受能力。其次，引导他们的消费决策符合成长发展的正当需求，如身体发育需要的营养膳食、培育智力需要的有益书刊、符合中小学生身份的衣物等。另外，应让他们不过分追求享乐方面的不必要消费。

2.防止盲目消费

盲目消费的表现是不管此类消费有无必要和是否适合自己，而一味地追求和购买。教育与辅导者应为中小学生提供科学的消费咨询和意见，帮助他们提高自己的审美水平，防止盲目地做出消费决策。

3.主动拒绝不健康的消费

着重培养中小学生树立正确的审美标准与良好的生活方式，在修身、励志、促学、健体等方面进行健康消费，而对不健康的消费要求、消费欲望主动加以拒绝。

（四）多途径地开展消费教育与辅导

中小学生的消费教育与辅导涉及学校、家庭和社会，是一项系统工程，要使这种教育取得成效，需要充分发动学校、家庭和社会等各方面的力量。

1.学校教育倡导消费教育与辅导

消费教育与辅导是学校实施素质教育的一个重要组成部分，既可以培养中小学生正确的消费观念，又可以引导其消费行为，增长消费智慧，不仅关系到学生的权益是否能够得到有效的保护，而且关系到学生的健康成长和全面发展。在中小学校推行消费教育与辅导，应当以心理健康教育为主要手段，在学科教育中进行渗透，开展消费知识讲座，注重消费实践教育，形成健康、和谐的校园消费文化和校园环境，使学生在轻松愉悦中陶冶情操、获得知识、接受教育。

2.家庭教育渗透消费教育与辅导

家长的消费观念对中小学生有着潜移默化的影响。因此，家长应从自身做起，有意识地提高自己的消费素质，对孩子进行正确的消费引导。在日常消费中，以身作则，为孩子树立一个良好的消费榜样。向孩子公开部分家庭收支状况，支持孩子自主管理自己的零用钱，从小养成良好的理财观念，具备一定的理财能力，避免乱消费。

3.社会舆论引导消费教育与辅导

　　勤俭、朴实是中华民族的传统美德。如今，随着经济的发展，人们的生活水平和消费水平不断提升，但消费教育与辅导在社会生活中还是一个薄弱环节。整个社会应该进一步认识到对中小学生进行消费教育与辅导的重要意义和必要性，认识到消费问题对中小学生的潜在影响。

　　社会上拜金主义、享乐主义、极端个人主义等不良消费思想的滋长，给未成年人的成长带来了不可忽视的负面影响。少数青少年身上表现出来的不健康消费、超前消费等行为，在很大程度上就是受到社会消费大环境中的拜金主义、享乐主义等的影响所致。其中，大众传媒中的消费主义与娱乐化倾向尤其具有不可推卸的责任。大众传媒中的消费主义与娱乐化倾向，在很大程度上是一种享乐主义、物质主义的价值观与生活方式，对中小学生的消费观念和消费行为具有很大的负面影响。因此，大众传媒在引领青少年的消费观念和消费教育时，应发挥更多的积极、正面的导向作用，而不是消极、负面的"示范"效应，以履行社会所赋予的责任感，进而引导整个社会形成一种积极健康的消费氛围，为中小学生的健康成长提供一个良好的消费大环境。

第九章 学生在体验中幸福成长保障——教师

第一节 教师义务

在一定的社会关系中，每个人都必然对社会、他人负有一定的使命和职责。在教育教学活动中，教师不仅承担着普通公民应尽的义务，还承担着教育者应尽的义务。

一、教师义务概述

（一）教师义务的含义

教师义务是指教师在自己的职业领域中应当承担的职责。它具有两个方面的含义：一是教师要对社会、他人承担一定的一般义务；二是教师要承担起其职业角色所应承担的职业义务。教师义务具有道德义务的典型特征，即教师履行义务并非出于功利的目的，而是基于其道德自觉性，因而教师承担了相比其他职业更多的义务。

（二）教师义务的内容

根据《教师法》第八条的规定，教师应当履行下列六项义务。

第一，教师应遵守宪法、法律和职业道德，为人师表。宪法和法律是国家、社会组织和公民活动的基本行为准则，任何组织和公民都必须遵守。教师不仅自己要遵守宪法和法律，还要在教育教学工作中自觉培养学生的法制观念和民主意识。同时，教师还应当自觉遵守职业道德，做到敬业爱岗、热爱学生、诲人不倦、博学多才、团结奋进。教师在传授科学文化知识过程中传达的思想和表现的言行，对学生的思想品德、个性形成有着重要影响，所以教师要注重言传身教，做到为人师表。

第二，教师要贯彻国家的教育方针，遵守规章制度，执行学校的教学计划，履行教师聘约，完成教育教学工作任务。教师在教育教学活动中，应当全面贯彻国家关于"教育必须为社会主义现代化建设服务、为人民服务，必须与生产劳动和社会实践相结合，培养德、智、体、美等方面全面发展的社会主义建设者和接班人"的方针；自觉遵守教育行政部门、学校及其他教育机构制定的教育教学管理的各项规章制度；认真执行学校依据国家规定的教学大纲、教学计划或教学基本要求制订的具体教学计划；严格履行教师聘任合同中约定的教育教学职责，完成规定的教育教学任务，保证教育教学质量。

第三，教师应对学生进行宪法所确定的基本原则的教育和爱国主义、民族团结的教育，法制教育及思想品德、文化、科学技术教育，组织、带领学生开展有益的社会活动。

教师应结合自身教育教学工作的特点，将政治思想品德教育贯穿于教育教学过程之中。具体而言，教师应当有意识地对学生进行爱国主义教育、民族团结教育、法制教育和文化科学技术教育，弘扬中华民族的优良传统，引导学生逐步树立科学的人生观和世界观，教育学生爱祖国、爱人民、爱劳动、爱科学、爱社会主义，把学生培养成为有理想、有道德、有文化、有纪律的社会主义新人。

第四，教师应关心、爱护全体学生，尊重学生的人格，促进学生在品德、智力、体质等方面全面发展。

教师要关心、爱护全体学生，对学生应一视同仁，不因民族、性别、学习成绩等因素歧视学生。对于那些暂时落后的学生，教师应给予特别关注，热心地教育指导，决不能采取简单粗暴的办法体罚或变相体罚学生，更不能泄露学生的隐私。教师因污辱学生造成恶劣影响或在体罚学生后经教育不改的，应依法承担相应的法律责任。

第五，教师应制止有害于学生的行为或者其他侵犯学生合法权益的行为，批评和抵制有害于学生健康成长的现象。

第六，教师应不断提高思想政治觉悟和教育教学业务水平。教师担负着提高民族素质的使命，且其所负责的教育教学工作是一项专业性较强的工作，所以教师必须具有较高的思想觉悟和业务水平。为此，教师应加强学习，完善知识结构，不断提高思想政治觉悟和教育教学水平，以适应教育教学的实际需要。这也是社会进步和科学技术的发展对教师提出的要求。

二、教师义务的作用

（一）有利于增强教师的教育信念

教师既然选择了从事这一行业，就必须承担起社会赋予这个神圣职业的责任和义务。在我国，教师的基本职责就是全面执行党的教育方针，为我国社会主义现代化建设和构建和谐社会培养大批合格的人才。为了圆满地完成教书育人的任务。教师在履行基本职责的过程中，以极端负责的态度不断地调整自己的言行，从而能够在岗位工作中坚定教育信念。

（二）有利于协调各种人际关系

师生之间、教师之间、教师与学校领导之间、教师与学生家长之间或多或少地存在着各种矛盾。这些矛盾若没有得到妥善的解决，不仅会影响教育工作任务的完成，还会使教师本人处于紧张的人际关系和压力之中。教师认真履行自身的义务，推进教育工作的顺利开展，能够有效地减少教育工作中的各种人际摩擦，从而有效地维系学校的各种人际关系。另外，教师在教育过程中还会遇到义务冲突的情况，如家庭义务与教师义务之间的冲突。此时，教师对职业使命和教师义务的深刻理解可以帮助教师做出正确的选择，从而有效地协调教师与学生家长之间的人际关系。

（三）有利于培养教师高尚的道德品质

教师职业义务观是教师职业活动的重要指导思想和巨大鞭策力量。教师在教师职业义务观的指导和鞭策下履行教师义务，日复一日、年复一年地进行大量平凡而烦琐的工作。教师在积极履行义务的过程中，其道德意识会得到深化，道德行为会得到巩固。尤其在遇到考验道德意志的情况时，每通过一次道德意志的考验，教师的道德水平都会得到提升。因此，教师义务的确立有利于教师形成高尚的道德人格，培养高尚的道德品质，提升道德境界。

（四）有利于培养学生的义务意识

教师是学生天然的榜样，其一言一行都对学生起着示范作用。教师严格履行自身的义务，能够对学生产生更多的积极影响，给学生以正面的引导，让学生确立道德信念，培养义务意识，并增强自觉履行道德义务的责任感。

三、教师义务感的培养

义务感是指个体对自身、社会、集体和他人所应承担责任的认识和体验。教师义务的履行应从培养教师的义务感开始，以使教师将义务认知内化为自我的责任意识。具体而言，教师要培养良好的义务感，应当做好以下两个方面的工作。

一方面，教师应努力提高义务认知水平。因为没有正确的认识，就很难有正确的行为。提高义务认知水平，尤其是结合了情感体验的义务认知的水平，能对教师义务感的增强和教师义务的践行发挥积极的作用。

另一方面，教师要努力增强自己对教育事业的责任意识。教师要想提高自己对教师义务的认知水平，一个重要的条件就是自己对教育事业有较强的责任意识。也就是说，教师只有对教育事业有较强的责任意识，才会很自然地将履行教师义务视为理所当然。相反，若教师对教育事业本身毫无热情，就不可能有较高的教师义务认识水平，更不可能有效地培养和增强义务感。

第二节　教师良心

良心能让人具有是非感与正义感。良心对社会的健康发展和个体道德素养的培养都具有重大意义。教师良心是教育工作的重要动力和调节机制，对教师专业发展的实现、职业成就的取得和道德境界的提升均具有重要的价值。

一、教师良心概述

良心是人类特有的一种道德心理现象，是和义务、责任密切联系的道德范畴。良心以公正与仁慈为基本准则，又对公正与仁慈有着支持作用。

（一）教师良心的含义

对于道德的实践来说最好的观众就是人们自己的良心。

——西塞罗

教师良心是指教师在教育实践中，对教师道德义务的自觉意识，对履行教育职责的道德责任感的价值认同和情感体认，以及对自我教育行为进行道德判断、道德调控和道德评价的能力。

教师良心既是教师职业道德的灵魂，又是教师道德自律的最高实现形式。它不仅是教育工作者应有的道德素养，而且是整个教育事业持续良性发展的潜在动力和内在机制。一名教师一旦缺失了教师良心，就会失去教育至善的道德信念和道德追求。

（二）教师良心的特征

教师良心主要有以下几个特征：

1.公正性

教师良心是教师职业道德的内化形式，它的形成标志着教师已经把社会的道德要求转化为自我道德意识，并建构起一种理性精神。教师良心能时时处处影响教师的言行，能防止教师言行出现不良倾向。教师良心的公正性主要体现在以下几个方面：引导教师正确认识教育事业；让教师在教学工作中坚持真理，秉公办事；让教师对所有学生一视同仁，赏罚分明；等等。

2.内在性

教师良心是隐藏在教师内心深处的一种真挚情感，是一种高度自觉的精神力量，虽然目不能及，却在教育活动中发挥着导向性作用。

3.稳定性

教师良心以道德信念为基础，一旦形成，就会成为一种稳定的品质，能够比较深入、持久地对人们的行为发挥积极作用。

4.综合性

教师良心的形成受教师的知识结构、生活经历、情感体验等多方面因素的影响。它包含着理性因素，是人的理性认识的一种积淀；也包含着非理性的因素，如直觉、本能、情感等。因而，它是综合因素的结合体。

5.广泛性

教师良心一旦形成，其作用范围十分广泛，可以渗透到教育活动的一切领域之中，影响教师的言谈举止、衣着形象、工作作风等方方面面。

6.自觉性

教师良心较一般良心具有更高程度的主体自觉性。主体自觉性体现在教师思想上的自我警觉、行为上的自我监控、道德上的自育自省等各个方面。

二、教师良心的意义

（一）规范与指导教师的职业道德行为

教师良心是教师选择道德行为的内在依据，对教师的外在行为起着约束作用。

在教师选择教育行为之前，教师良心是主体行为的"决策者"，对教师行为起到某种鼓励或抑制作用。它对基于教师良心的思想和行为给予鼓励和肯定，对违背教师良心的念头和行为则予以禁止和否定。这使得教师在进行行为抉择时，会倾向于一种善良的教育动机。

在实施教育行为的进程中，教师良心是主体行为的"监察员"，对教师行为起到监控作用。它随时督促教师按照教师良心的旨意行事，一旦发现教师的行为有偏离良心要求轨道的迹象，就会立即提醒教师，并迫使教师修正行为，使其按照教师良心设定的路线行进。

在教育行为结束后，教师良心又是教师内心法庭的"审判官"，对教师的行为进行道德鉴定。它对合乎教师良心的行为给予安慰或褒扬，使教师产生一种道德崇高感；它对背离良心的失范行为进行谴责或贬斥，从而使教师对自己的过失进行真诚的忏悔。

（二）增强教师对教育事业的使命感

教师良心作为一种道德范畴，对教育事业有着特殊的价值。众所周知，教师职业与其他职业的最大差异是劳动对象不同。教师劳动的对象是有思想、有感情的人。教师工作质量的优劣不仅对学生的一生有着深远的影响，而且对整个社会的发展也是具有决定性意义的。

教师良心的道德价值体现在教师对祖国未来前途和命运的深深关切上，也体现在教师对自己为现代化建设肩负巨大使命的自觉意识上，还体现在教师对学生一生负责的高度责任心之上。从这个意义上说，教师良心是教师确立人生追求的价值目标、提升道德素养的动力因素。

教师良心是教师忘我工作、献身教育事业的精神支柱和道德源泉。它能增强教师的教育使命感，促使教师实行一种蕴涵更多人文科学精神的教育。这种教育不仅追求知识价值的提升，而且注重学生内在品格的培养。

三、教师良心的形成

（一）对教育责任的透彻理解是前提

教师不仅要帮助学生增长知识，开启智慧，还要对学生心灵的健康成长负责。然而在教育实践中，很多教师只顾教授学生知识和提高学生的学业成绩，忽略了学生心理、道德等方面的教育；还有些教师为了提高班级的及格率和优秀率，给学生布置过重的课外作业，甚至为了提高升学率，不让学习成绩差的学生参加升学考试。这些做法违背了教师良心，对学生的身心造成了重大伤害。

这些违背教师良心的反教育现象的出现，揭示出某些教师对自身所承担的教育责任的无知和遗忘。因此，对于教师来讲，透彻地理解和深刻牢记自己所肩负的教育责任是形成教师良心的基本前提，也是圆满完成教育任务和提升师德修养的必要条件。

（二）对教育活动的深刻体验是基础

不断丰富教育活动的深刻体验是形成教师良心的基础。体验是个体对生活情景或对象产生的内在感受和体悟。教师对教育活动的体验主要包括作为受教育者的教育活动体验和作为教育者的教育活动体验两个部分。在教师自己的学生时代，教师以学生的角色从教育活动中获得了丰富而深刻的感受和体验，尤其会对不同教师对待学生的态度和方式产生深刻的印象。这些感受和体验可能会影响教师的一生。因此，教师在教育教学的过程中，要能够设身处地地站在学生的立场上，考虑自己的举动可能对学生产生的影响，从而避免不良后果的出现。

另外，由于现代社会生活中不确定性因素的逐渐增多，学生的生活往往处于不断变化之中，这就需要教师增强敏感性，用心体察学生的各种细微变化，进而以有利于学生健康成长和发展的方式做出反应，从而使自己获得更多积极的情感体验，为教师良心的形成打下良好基础。

（三）在教育活动中践行善良意志是关键

良心是一种内在的善良意志。只有个体将其付诸实践，其才具有现实意义。对于教师来讲，在教育活动中践行善良意志是教育良心形成的关键。也就是说，把善良意志转化为道德行动是教师良心形成的关键。

在影响教师把内在善良意志转化为外在道德行动的因素中，除了教师自身外，还包括外界的诱惑、舆论等。如果教师遇到诱惑或舆论评判时能够坚定自己的信念，始终按照自身内在的善良意志来行事，那么教师即使受到外界的批评和责备，也会获得良心上的安宁和慰藉。所以，教师只有始终以学生健康成长和发展为宗旨，在教育活动中不断践行善良意志，才能真正促进教育良心的形成和师德修养的提升。

第三节　教师公正

公正一直是人类社会普遍适用的道德法则，是人们孜孜以求的价值目标。在教育教学的过程中，教师公正既表现为公正地对待自己，也表现为公正地对待学生、同事、学生家长和学校领导。

一、教师公正概述

（一）教师公正的含义

公正即公平、正义，是指人们的思想意识和行为活动不偏不倚，没有偏私，符合一定的社会道德准则。教师公正是指教师在教育教学活动中，能够按照社会公认的道德准则，公平、合理地处理好领导、同事、学生及学生家长等利益相关者之间的关系。

（二）教师公正的特点

教师公正除了具有一般公正的普遍性特征外，还因其主体和内容的特殊性而具有以下特点。

1.教师公正的教育性

教师公正具有鲜明的教育性，主要体现在以下两个方面：一是公正行为具有教育示范性；二是公正所调整的人际关系主要是师生关系或以师生关系为基础，且公正主要体现在教育活动中。因此，教师在教育教学活动中做到公正处事，公正地处理人际关系，特别是师生关系，往往能够对学生起到示范性和教育性的作用。

2.教师公正的实质性

教师公正的实质性是指教师公正着眼于实质意义上的公正，而不完全拘泥于形式上的公正。这是教师公正相较于其他公正观念的特殊性所在。例如，对于同一种错误，有时教师对优等生的批评甚至比对后进生的批评还要严厉。这是因为，在一定的条件下，后进生需要鼓励，而优等生则更需要使之猛醒的棒喝。这种形式上的不公正实质上却是公正的。

3.教师公正的自觉性

教师公正意味着教师不仅要具备公正的意识，而且要具有自觉遵守公正规则的能力和品质。教师实施公正的行为，不是出于功利的考量，也不是出于社会的要求，更不是出于对不良后果的担心与恐惧，而是出于责任和良心的自觉意识，出于对公正意识和规则的高度认同。

二、教师公正的内容

（一）爱无差等，一视同仁

所谓"爱无差等，一视同仁"，是指教师不能以自己的私利和好恶作为标准来处理师生关系，而应当给学生提供平等的学习和发展机会。具体而言，教师不能以成绩的好坏定优劣，以智力的高低定亲疏，更不能以家庭出身分高下。此外，教师还应注意公正地对待男生与女生，警惕重男轻女的封建思想出现在教育活动中。

（二）实事求是，赏罚分明

实事求是、赏罚分明是教师在处理各种教育矛盾的过程中坚持教育公正原则的具体表现。首先，教师在处理一些与学生利益息息相关的事务时，应秉持公正，抑制偏私，办事公道。否则，不仅会直接损害学生的切身利益，而且还会玷污教师的职业形象。其次，教师在教育活动中应恰当地使用奖赏和处罚手段，即教师所采取褒贬和奖惩的手段应与学生取得的成绩或所犯的过错相匹配，否则评价结果将有失公平。

（三）长善救失，因材施教

教师在关爱、帮助、评价和奖惩学生时应该一视同仁。这种一视同仁并不是一种机械刻板的形式公正，而是"人尽其才，才尽其用"的实质公正。在教育教学过程中实现实质公正的关键在于因材施教，即根据每个学生的天赋、能力来进行教育，使其达到自己的最佳状态。教师、家长及社会在面对正常发育的孩子时，一方面应坚信天生其材必有用，另一方面要坚持发现长处，扬长避短，助其成才。

（四）面向全体，点面结合

所谓"面向全体，点面结合"，是指教师应在集体教育和个别教育中做到教育公正。教师可以为某些优等生创造进一步提高的条件，适度地"开小灶"；也可以为某些后进的学生提供个别关照。但那些超越限度、置大多数学生于不顾的"抓重点"的做法是有违教育公正的。因此，教师应以全体学生的发展为基础，因材施教，点面结合。

三、教师公正的意义

（一）有利于创造和谐的教育环境

教师在教育教学活动中始终做到公正，对创造和谐的教育环境至关重要。

教师公正地处理好学校与家长、社会相关方面的关系，有利于形成较好的外部教育环境。教师公正地对待同事、领导，有利于协调不同的教育职能，进而在教育集体中营造出良好的氛围，形成更大的合力，从而更好地建设教书育人的学校内部环境。教师公正地对待每一名学生，有利于自己更好地完成教育教学任务和目标，培育出更多的优秀学生。而在实际的教育教学活动中，由于一些教师对优秀学生的偏爱，以及对后进生的忽视或不公正的对待，后进生往往会产生一种反抗心理，进而不断强化自己的"捣乱"倾向。这会使得教育教学秩序产生混乱，最终是不利于教育活动顺利开展的。

（二）有利于提高教师的威信

有崇高威信的教师在学生中有很强的凝聚力和号召力，而教师公正是其威信的重要来源与依据。教师是教育活动的设计者和管理者，教师行为的公正与否会影响教师在学生心目中形象好坏。如果教师的行为是不公正的，那么教师除了会受到同行、领导和社会舆论的谴责或按照制度的规定受到惩罚之外，其威信也会被削弱。

（三）有利于提升学生学习的积极性

教师公正对学生学习积极性的发挥十分重要。例如，教师对优等生的偏爱和对后进生的忽视或不公正对待，就不利于两者学习积极性的发挥。对优等生的偏爱容易助长优等生的骄傲情绪和浮躁作风，令其丧失不断进步的动力；对后进生的忽视或不公正对待会伤害其自尊，打击其学习积极性。

对于学生集体来说，教师不公正的行为会使学生集体分裂。其结果就是集体生活和集体建设的动力减退，集体对学生个体在德育和智育等方面的教育效果减弱。因此，教师应当恪守公正的规则，公平合理地对待每个学生，使每个学生都能发挥更强的学习积极性，充分挖掘自己的学习潜力，从而得到良好的成绩与评价。

（四）有利于学生的道德成长

由于公正是道德教育的重要内涵，所以教师公正本身就直接构成了德育的内容。在学生的心目中，教师往往是公正、无私、善良、正义的代表。教师要想让学生践行公正的生活准则，其自身就必须在为人处世方面做到公正无私。当教师在与学生的交往中做到公正时，学生就会感受到公正的美好和必要。这能奠定他们在未来的社会生活中努力追求道德公正的心理基础。反之，则会使学生怀疑道德教育课程所教授的公正的合理性，从而妨碍他们的道德成长。

教师公正也是社会公正的重要组成部分。学生在学校接受的不公正教育会直接影响其将来立身行事的原则，甚至波及与学生产生联系的人群，在更为广泛的社会群体中产生不良影响。

家长与学生眼中的教师公正

1.家长眼中的教师公正

（1）能把学生当作自己的孩子一样看待。

（2）对学习好的学生和学习不好的学生一视同仁。

（3）对待每个学生的态度一致，不论其出身、家境、美丑等。

（4）不对任何学生抱有成见，不论是"好学生"还是"差学生"。

（5）不论教师与家长是否认识，都不影响教师与学生的关系。

（6）让学生轮流做班干部，培养他们的综合素质和能力。

2.学生眼中的教师公正

（1）不以学生的家境、着装为理由轻视学生，对所有的学生都一视同仁。

（2）没有特别偏爱的学生，也没有特别厌恶的学生。

（3）不对学习不好或纪律性差的同学怀有瞧不起的心理。

（4）对学生没有偏向心理，对每一个学生都给予一定的进步机会。

（5）对谁都一样，比如上课发言，应该让每个人都有发言机会，而不能只让一个人或几个人发言。

（6）一碗水端平，不在投票选举时说一些暗示的话。

四、教师不公正现象的成因

（一）教育资源紧张与教师职业道德缺失

我国现阶段的教育资源较为紧张，表现为优质学校有限、优质班额有限、班额扩充后教师的注意力有限等。一方面，教育资源供不应求。而另一方面，教育需求还在不断扩大。在这种情况下，少数注重功利的教师就会利用手中的权力因"财"施教，以给予"特殊学生"以特殊关照的方式，使部分学生获得不正当的精神利益和不正当的资格利益。例如，教师为学生提供有偿家教，收受学生贿赂并在评比活动中为学生"开绿灯"等。

从表面上看，师生之间的这种利益交换是双向互惠的，实际上这种利益交换掩盖了

绝大多数学生利益被侵害的事实。因为教师对待学生群体的权力偏移必将导致在部分学生受益的同时，更多学生丧失被平等对待的权利，甚至被剥夺宪法、教育法规所赋予的受教育权。

（二）师生缺乏必要的理解与沟通

教育是以爱为基础的互动过程，教师的教育行为要被学生真正理解才能发挥其功效，体现其价值。与此同时，教师与学生是两个存在较大差异的群体。例如，在智力发展上，教师是较发达者，学生是较不发达者；在社会经验上，教师是较丰富者，学生是欠丰富者；在思维方式上，教师倾向于理性思维，学生则更多倾向于感性思维；在生活观念和行为上，教师拥有着成年人的价值观念、思想情感和行为标准，而学生则有着未成年人的生活理念和行为方式。因此，当师生之间缺乏理解和沟通时，这些客观存在的差异可能导致师生之间不能相互认同，甚至产生隔阂和误解。这往往会使学生产生强烈的不公正感。

（三）教师存在认知偏差

认知偏差是指人们在知觉自身、他人或外部环境时，根据一定的现象或虚假信息做出判断，从而导致知觉结果失真、判断不准确、解释不合理等这类现象的统称。认知偏差会妨碍教师正确地认识和评价学生，从而导致不公现象产生。较为突出的认知偏差有以下几种。

1.期待效应

对优秀的学生，教师往往会给予正向期待，一般不做消极分析；而对那些"差学生"则给予反向期待，一般不做积极分析。教师的这种认知偏差会产生"归因偏见"：将高期望学生的成功归因为内在的稳定因素，而将其失败归因为外在的

不稳定因素。相反，低期望学生的成功会被归因为外在的不稳定因素，这会导致成功不能激起他们的自我效能感，无法产生激励作用；而他们的失败又会被归因为内在的稳定因素，这会进一步挫伤其自尊心。

2.首因效应

首因效应是指在人际交往中，首先呈现的信息对个体今后的认知有着重大的影响，即有"先入为主"的效果。"首因"即通常所说的第一印象。第一印象是深刻的，但有时候是不准确的或者与现实不相符的，因而容易使人产生认知偏差。例如，如果一名学生给教师留下了良好的第一印象，那么教师可能会在今后的教学中对这名学生倍加关心和注意，并给予特别的帮助。

3.近因效应

与首因效应相对，近因效应是指最新呈现的信息促使印象形成的心理效果。例如，人们获取了关于某人的第一条信息，间隔较长时间后又获取了第二条信息，这第二条信息便是最新的。最新的信息往往给人留下了较为深刻的印象，这就是近因效应在发挥作用。通常情况下，在认知者与陌生人交往时，首因效应会发挥较大的作用；而与熟人交往时，近因效应会发挥较大的作用。

4.晕轮效应

晕轮效应是指人们将所知觉的某个特征泛化至其他未知觉的特征，进而形成以点概面或以偏概全主观印象的心理效应。"一好百好""一俊遮百丑""爱屋及乌"等都是晕轮效应的结果。如果教师不消除晕轮效应带来的认知偏见，他们就会认为那些有明显优点的学生不存在其他方面的不足；而认为那些有明显缺点的学生一无是处，从而挫伤学生的自尊心，甚至使其失去前进的动力。

5.投射效应

投射效应是指将自己的特点归因到其他人身上的倾向，即个体在认知他人时，把自己的感情、意志、特性投射到他人身上并强加于人，认为他人也具备与自己相似的特性。例如，一个经常算计别人的人，会认为别人也时常算计他。投射效应使教师倾向于按照自己的性格来评价学生，而不是按照学生的真实情况进行评价。当学生与教师十分相似时，教师的评价会较为准确，否则可能会出现严重的偏差。这会直接导致教师在教育教学中的不公正。

五、教师公正的践行

（一）自觉加强人生修养

教师公正是一个看起来很容易实现的道德范畴，但实际上，教师如果没有对教育意义的深刻领悟，没有对教育的奉献情怀，不具有较高的人生境界，就很难完全实现教师公正。自觉加强道德修养是达成教师公正的基础，而提高自我修养的前提是形成一种正确的价值观。因此，教师要想实现教师公正，首先要培养神圣的教育使命感和责任感，将热爱教育、教书育人、以身作则、热爱学生、严谨治学、关心集体等师德规范转化为稳定的内心信念和道德品质。如果教师没有这种价值自觉，就不可能做到教师公正。

教师公正素养的养成，还要求教师有主见、坚定的信念和坚持真理的勇气。一个软弱或没有主见的教师很难做到教育公正。一个明哲保身、不能坚持真理的教师也难做到真正的教育公正。教师自觉加强人生修养的重要核心是在教育活动中培养正义感。这种正义感是教师攻坚克难、抵御欲望的侵袭、战胜不公正行为的动力源泉。

（二）努力提高教育素养

教师公正是教师教育素养的要求。与此同时，教师教育素养的提高也有利于教师公正的顺利实现。因此，教师应努力提高自己的教育素养，使自己既有足够的精神力量去关心每一名学生，也有较高水平的教学技能帮助每一名学生成长，进而有效地践行和实现教育公正。

此外，教师公正的实现还要求教师具备一些教育管理技能，既要做榜样示范的人师，又要做知识传授的能师，还要做协调管理的大师，从而更好地形成公正教育所需要的合力，营造教师公正得以顺利实现的良好氛围。

（三）正确对待惩戒中的公正

教师公正的一个重要方面就是在惩戒中实现公正。随着现代社会以人为本价值理念的不断强化，教师的惩戒权受到越来越严格的限制。但在教育教学实践中，教师仍然需要一定的惩戒手段。在使用惩戒手段的过程中，教师不仅要严格控制惩戒的方式，而且要努力做到公正惩戒，切忌滥用惩戒手段，并杜绝惩戒时机、方法、范围、力度不当的现象出现。其实，学生犯错大多不是有意识的，所以，教师在对同一种错误言行实施惩戒时，对无心之过应宽容以待，对有心之失应加大惩戒力度。这样做，才能有效地实现惩戒过程中的教师公正。

（四）公正与慈爱、宽容相结合

公正作为一个社会性和历史性的范畴，并不能解决教育中的全部问题，还必须与其他品德结合起来。缺乏慈爱与宽容的公正只是一种形式上的公正，可能导致比不公正惩戒所致伤害还要大得多的伤害。对于犯错的学生，若一味地按照规则予以处罚或批评，而没有予以关爱、宽容或进行劝慰，则教育效果肯定会大打折扣。例如，学生的学习和生活中始终存在竞争，若教师只以成败的规则对待竞争者，既不给成功者以激励，也不给予在竞争中落败的学生以安抚，那么势必导致教师公正缺乏，教育效果不理想。总之，慈爱与宽容是促使公正发挥最大效能的力量，能够确保教师公正的有效实现。

第四节 教师幸福

幸福是个体在心理预期与客观现实大致匹配时的心理状态，是个体在需要得到满足、潜能得到发挥、力量得到增长、和谐发展得以实现时的持续快乐体验。

一、教师幸福概述

（一）教师幸福的含义

教师幸福也称教育幸福，是教师在教育工作中自由实现自己的职业理想的一种生存状态。教师职业道德修养是与教师幸福密切相关的。教师幸福是教师职业道德的出发点和归宿。

（二）教师幸福的特征

教师幸福主要有以下几个特点。

1.教师幸福的精神性

教师幸福的精神性首先表现为教师对劳动及其报酬的深刻认知和淡泊态度。也就是说，在物质待遇既定的情况下，教师生活应有恬淡、超脱、潇洒的一面。教师的报酬不止于物质，学生的道德成长、学业进步，以及其对社会做出的贡献，都是教师报酬的体现。此外，教师与学生在课业授受和人生道德上的精神交流、情感融通是其他职业难以得到的。教师只有充分认识到这一精神性质，才能发现教师职业所特有的价值。

2.教师幸福的关系性

教师幸福的关系性表现在两个方面。一方面，教师的使命是给予而非索取。作为人梯，所有的教师都希望自己的学生有卓越的表现。另一方面，教育劳动成果的实现必须建立在交流的基础之上，教师必须逼过学生的成长来肯定自身。教师只有全身心地将自己对教育的热爱给予学生，才能进行有效的工作。教师也只有实施了富于热情和智慧的给予，才能从教育对象身上看到自己的劳动成果，进而体会到幸福。也就是说，教师的幸福是被给予的。当然，被给予的幸福也包括直接来自学生的积极反馈，以及来自学生对于教师的爱与付出的回馈。

3.教师幸福的集体性

一般来说，教育工作中至少存在四种合作关系，即教师个体与学生个体之间的关系、教师个体与教师集体之间的关系、教师个体与学生集体之间的关系，以及教师集体与学生集体之间的关系。任何一名学生的成长都是教师集体劳动的结果，任何一位教师的成果也都是学生集体劳动的结果。因此，教师的幸福是集体幸福与个人幸福相统一的幸福，具有集体性。

4.教师幸福的无限性

教师幸福的无限性表现在时间和空间两个维度上。从时间上看，教师对学生在人格和学业上的影响是具有终生性的。因此，教师所收获的幸福是超越时间限制的。从空间上看，教师的劳动产品与社会紧密相联，一代一代的劳动者都是经过教师的教育而走向社会，进而对社会的进步做出伟大贡献的。也就是说，教师劳动的影响不会局限在校园之内。因此，教师的幸福具有空间上的无限性。

二、教师幸福的意义

（一）能够促进教师的专业成长和成熟

带着幸福感做教师，正如揣着理想上路，不仅能够让教师在实践的过程中激发自我斗志与前进的动力，而且能使教育教学活动变得精彩。孔子说："知之者不如好之者，好之者不如乐之者。"如果教师不仅"知"教育，"好"教育，而且能"乐"教育，那么教师将工作效率高、效果好，而且心情愉悦。这种状态能让教师获得更强的幸福感。当然，教师幸福的获取并不容易，是需要教师主动寻找，甚至是学习的。学习怎样做一个幸福的人，是教育乃至人生的大问题，也是广大教师的职业发展大课题。教师主动寻找或学习幸福的过程，有利于教师实现专业成长和成熟。

（二）能够培养学生的幸福感和健全人格

教育的真正目的在于促使个体获得幸福体验，提升幸福意识，发展幸福能力。一名不具备良好素质的教师是不能有效地进行素质教育的，一名不具备创新精神的教师也不能真正地进行教育创新，同样，一名不能体悟到教育幸福的教师，是不能带给学生幸福感的。如果一名拥有幸福感的教师把教育当作理想来追求，并用人生的激情来驱动，那么其教育教学工作不仅能实现知识的施与，而且能实现价值与爱的传递。这能够有效地培养学生的幸福感，也有利于学生健全人格的形成。

（三）能够向社会传递正能量

教师幸福的意义不仅在于教师自己获得幸福感，还在于教师可以通过自己的工作共享、传递和提升幸福感。这对社会文化的贡献并不亚于知识的传授、能力的培养和文明的创造。教师幸福对学生的人格与课业具有终生的影响。上至政治领袖，下至普通劳动者，都是经过教师的教育而走向社会，进而对社会的进步做出贡献的。与此同时，一名教师即使退休了，或者中断了作为教师的职业生涯，也丝毫不妨碍学生对他的尊敬，不影响他本人对所从事过的事业及所取得过的劳动成果的美好回忆。总之，拥有幸福感的教师可以通过自己的劳动对社会施加积极影响，传递出幸福的正能量。

三、教师幸福的实现

（一）保持乐观心态，善待生活

"世界上并不缺少美，而是缺少善于发现美的眼睛。"教师只有保持积极乐观的心态，顺其自然，为所当为，才能感受到职业的幸福。教师不是苦行僧，要学会休闲与放松，善于通过读书、听音乐、运动、旅游等活动来减轻压力、消除疲劳，用心感受生活的乐趣。当然，在日常的工作和学习中，教师可能会在尊重、成就、交往、公平、生存等多个方面遭遇挫折，这是在所难免的。教师只有保持豁达的心态，才能正确应对挫折，不断提高感知幸福的能力。

（二）保持宽容心态，善待学生

对教师来说，爱是教育的灵魂，没有爱就没有教育，没有爱就不能为师。失去爱的教师往往只会盯着学生的缺点，而看不到学生在不断发展。"尺有所短，寸有所长"，教师要用全面的、发展的眼光看待学生，同时，应用宽容的心态面对学生在成长过程中所犯的错误。教师若对学生没有宽容之心，其对幸福的追求就只能南辕北辙。教师幸福感最重要的来源是学生的成功和他们对教师的回报，因许多外部因素而缺失的幸福感都可以从学生对教师的尊重、理解和感激中得到弥补。教师要想让学生感恩自己，就必须先学会感恩学生、呵护学生和尊重学生。

（三）保持知足心态，管理欲求

人的很多困惑来源于欲望太多。教师要耐得住寂寞，守得住清贫，并懂得知足，才能常乐。教师可以适当降低物质需求，调整心态，多看看自己已经拥有的，要为已经拥有的而高兴，少去想自己尚未拥有的，不要为失去而悲伤，更不要攀比。在知足心态下，幸福是可以被感知的，也是可以积累。幸福的积累与情绪有关。心情好的时候，人们会觉得什么都顺心，并能感知幸福；心情不好的时候，人们总觉得事事烦心，并难以感知幸福，此时若能摆正自己的心态，管理自我欲求，就能有效地感知幸福。总之，人的欲望是无止境的，但人又是有理性的，教师应懂得用理性的知足来节制欲望，以便更好地实现教师幸福。

（四）保持进取心态，提升自我

教育教学工作既是科学又是艺术。因此，一方面，教师应不断学习新的教育理念，刻苦钻研专业技能，积极参与各种教育教学研究活动，不断提高教育教学技能的科学运用水平，不断强化教师职业幸福感。另一方面，教师应不断提高教育教学技能的艺术运用水平，使教育教学过程充满灵动的气息和丰富的智力挑战，让学生对学习充满兴趣，对挑战充满向往，从而提升教育教学工作的效果，获得丰富的成就感。成就感的形成能强化教师的职业幸福感，从而使教师更加热爱本职工作，为学生的发展和祖国的未来而忘我地工作。

第五节　良好的师生关系

一、师生关系中的道德问题

开篇故事

四颗糖的故事

有这样一则著名教育家陶行知教育学生的故事：有一名男生用泥块砸自己班上的另一名男生，被校长陶行知发现后制止，并命令他放学后到校长室去。放学后，陶行知来到校长室，男生早已等着挨训了。可是陶行知却笑着掏出一颗糖递给他，说："这是奖给你的，因为你按时来到这里，而我却迟到了。"男生接过糖。随后，陶行知又掏出第二颗糖放到他的手里，说："这也是奖励你的，因为我不让你打人时，你立即住手了，这说明你很尊重我，我应该奖励你。"男生惊讶地看着陶行知。这时陶行知又掏出第三颗糖塞到男生手里，说："我调查过了，你用泥块砸那个男生，是因为他欺负女生；你砸他，说明你正直、善良，且有跟坏人做斗争的勇气，应该奖励你啊！"男生感动极了，他流着眼泪后悔地喊道："陶校长，我错了，我砸的不是坏人，而是同学......"陶行知满意地笑了，他随即掏出第四颗糖递过来，说："为你能够正确地认识自己的错误，我再奖给你一颗糖。我没有更多的糖果了，我们的谈话也可以结束了。"

（一）师生关系的概述

师生关系是教师和学生为实现教育目标，通过教与学的直接交流活动而形成的关系。理解师生关系的重要意义，掌握构建良好师生关系的原则，对于塑造和谐的师生关系起着重要的作用。

（1）教师角色。在师生关系中，教师扮演了以下几种角色：①知识的传授者；教师以传授知识、培养人才为己任。教师的基本职责是"授业""解惑"，把人类积累的知识和技能高效率地传授给学生。在向学生传授知识和技能的过程中，教师不仅要把知识呈现给学生，还要教会学生获得知识的方法，即不仅给学生现成的"金子",还要令其掌握"点金术"。②父母的代理人,在学生的心目中,教师是父母的化身,学生像对待自己的父母一样对待教师,并且期望教师也像父母那样爱护和理解自己。在学校教育中,但凡工作有成效的教师,一般都能自觉或不自觉地扮演学生父母代理人的角色。③社会道德的实践者,教书育人是教师的天职。教师在育人的过程中,不仅要帮助学生掌握一定的知识、技能,也要帮助学生养成良好的道德品质。教师的教育对于学生道德品质的形成和发展起主导作用。学生掌握社会道德规范不仅有赖于教师的"传道",更取决于教师的"践行"。

（2）师生关系。师生关系是指教师与学生在教育教学过程中结成的相互关系,包括彼此所处的地位、相互作用和相互对待的态度等。它是一种特殊的社会关系和人际关系,是教师和学生为实现教育目标,以各自独特的身份和地位,通过教与学的直接交流活动而形成的多性质、多层次的关系体系。

在学校中开展的教育教学活动是师生双方共同的活动,是在一定的师生关系下进行的。良好的师生关系应当是教师和学生在人格上是平等的、在交互活动中是民主的、在相处中是和谐的。良好的师生关系是提高学校教育质量的保证,也是社会精神文明的重要方面。

（二）师生关系的重要意义

良好的师生关系是教育教学活动顺利进行的助推器,是师生身心愉悦的供氧机,是学校和谐氛围的润滑剂。良好的师生关系对于学校的思想道德教育、教学活动及管理活动的开展具有重要的意义。

1.师生关系在思想道德教育中的意义

良好的师生关系是思想道德教育获得成效的保证。思想道德教育的过程是师生之间伴随着主体思想、理论、观念的灌输和不断交流的过程,其中既有各种信息的发出和反馈,又有情感的相互交流。

教师作为教育者,在师生交往中应随时注意和调节双方的心理距离,既要保持教师的尊严,又要努力形成自身的凝聚力和向心力。这就要求教师必须对学生有至诚至爱的真挚情感和态度,以引起学生的理性认同和情感共鸣,从而水到渠成地获得思想教育的理想效果。

在师生关系中,教师的一言一行都会被学生关注,是最为直观的道德教科书。在良好的师生关系中,学生们接受的道德示范是尊重、平等、负责、诚信、友好等;在不良的师生关系中,学生所接受的道德示范是冷漠、仇视、势利、懒散、欺骗等。这种道德示范是客观存在的,而且这种道德示范对学生的影响往往大于教师的说教和社会的倡导。

2.师生关系在教学活动中的意义

良好的师生关系是教学活动得以正常进行和教学效率得以提高的保证。和谐的师生关系是教学中一种无形的推动力，它不仅能给学生创设愉悦的学习氛围，充分调动学生学习的热情，还能在教师与学生之间形成友好的互动，从而使教学活动能够高效率地开展。和谐的师生关系不仅有助于学生产生自信心和责任感，从而自觉地严格要求自己，也有助于教师在课堂上更多地关注学生，根据学生的反应及时调整自己的教学策略和教学进程，这对教师的专业成长是非常有帮助的。

3.师生关系在管理活动中的意义

良好的师生关系是学校的管理活动能够取得成效的保障。学校的各项管理都会涉及教师和学生，且在大部分管理活动中，教师是管理者，学生是被管理者。因此，若没有学生的积极配合，管理活动是无法取得理想的效果的。在各级各类学校的管理中，大多实施的是民主型管理模式。民主型管理模式就是教师在实施教育、教学的过程中，将受教育的对象——学生视为一个平等的教育主体，不仅要发挥作为教师的主导作用，而且要发掘学生的主观能动性和潜力，以达到管理者与被管理者相互协调、配合，共同实现教育目的的管理方式。

（三）建立和谐师生关系应遵循的原则

和谐的师生关系是平等民主、相互尊重、共同发展的关系。要在教育教学活动中建立和谐的师生关系，教师需要遵循一定的原则。

1.关爱学生

爱是人的一种基本需要，是师生间心灵沟通的纽带。关爱学生是教师职业道德的核心和精髓，是学生接受教育的第一动力，是构建和谐师生关系的源泉。苏霍姆林斯基曾经说过："没有爱，就没有教育。"教师应从情感上热爱学生，从生活和学习中的细微之处关爱学生，处处想学生之所想，帮学生之所需。尤其对那些身处逆境的孩子，教师更要用自己的关爱去温暖他们。

2.尊重学生

尊重学生是教师建立师生间平等关系的表现。尊重学生首先是尊重学生的人格。虽然教师对学生有管理、教育的权利，但教师与学生在人格上是平等的，教师所有的教育行为都应以尊重学生的人格为前提。教师要尊重学生，还要承认学生的个性差异。每个学生都有自己的个性和特长，教师要根据每个学生的实际情况，有针对性地引导其扬长避短，以促进良好个性的形成与发展。最后，教师还应尊重学生的合法权益，如享受教育的权利、人身安全不受侵犯的权利。

3.信任学生

渴望得到别人的信任，是人类重要的精神需要。教师要用发展的眼光对待学生，只有充分地相信自己的学生，才能更好地激发学生积极向上、克服困难的勇气。当学生犯错误时，不要轻易否定他，而要给他改正错误的机会；当学生有了进步，要表扬他，使其感受到被肯定、被重视的喜悦。此外，教师要相信暂时落后的学生也能最终取得优异的成绩，而不要无端地怀疑学生的能力。

4.了解学生

了解学生是教育的起点。只有学生愿意向教师敞开心扉，教师才能真正了解学生。要让学生敞开心扉，教师首先要努力成为学生的朋友。为此，教师应积极参加学生的各项活动，增加与学生的接触，让学生能够感受到教师愿意了解自己，愿意成为自己的朋友，这样学生才会把成长中的困惑、苦恼等告诉教师。同时，教师还应成为一个热爱生活、兴趣广泛、才华横溢、乐于并善于和学生打交道的人。这样，教师不仅能成为一名知识的传播者，还能成为与学生有共同爱好和共同语言的朋友。

5.严格地要求学生

严格要求学生是学生成长的需要及教师爱的体现。为了使学生成长为有理想、有道德、有文化、守纪律的德、智、体全面发展的社会主义建设者与接班人，教师必须对学生提出较高的但经过努力可以达到的要求，以调动其不断进取的积极性，使其将内在的潜力都充分发挥出来。值得注意的是，教师对学生提出的要求，要从关心、爱护学生的角度出发，而且应对学生的实际水平、理解与接受能力有一个准确的估量，这样才能为学生所接受。

6.公平地对待学生

教师公平地对待学生，有利于教师威信的提高，也有利于学生学习积极性的发挥，更有利于良好教育环境的形成。一方面，教师要根据学生的实际情况因材施教；另一方面，教师不能允许有特殊学生存在，即"对事不对人"。若学生犯了错误，无论他的学习成绩如何，该批评的都要批评；若学生做了好事，无论其平时的言行如何，该表扬的就要表扬，做到一视同仁。公平地对待学生，还表现为给每一名学生提供同样的发展机会。例如，有些学生不善言辞，教师应多鼓励他们发言并耐心地加以指导，锻炼其表达能力，而不是少让或不让其发言。

二、师生间的教学关系

教学是在教育目标的指引下，由教师的"教"与学生的"学"共同组成的一种教育活动，具有促进学生德、智、体全面发展和展现学生人生价值的意义。在教学过程中，教师和学生都以各自的经验、情感、个性投入教学活动中，相互影响、相互促进。

（一）教师在教学中要"以学生为本"

毫无疑问，教育教学的出发点和归宿是学生，着眼点与立脚点归根结底也离不开学生。培养和造就高素质、高质量、全面发展的优秀人才，是以"教书育人"为己任的人民教师的根本职责与终极价值取向。因此，教师只有对学生做出客观、全面、正确的估量，才能真正有利于教学育人目的的最终实现。

1.正确认识教学中的"以学生为本"

（1）以"育人"为教学宗旨和目的。教师在教学过程中应恪守和遵循"以学生为本"的原则，将学生作为一个完整、独立、发展的个体加以尊重和关爱，不能仅注重知识的传授，更不能仅看重考试分数。

在教学中，教师应关注学生的情感状态是否良好，学生的身心是否健康，学生的整体素质是否有所提高。也就是说，教学应始终将出发点与落脚点牢固地置于学生的身心健康与全面发展的需求上。

（2）以"学情分析"为教学前提和基础。"学情"即"学生的基本情况"，通常是指学生已经具备的认知水平、能力、兴趣与习惯，以及当前遇到的困难或存在的薄弱环节等。就教学过程而言，教师自始至终都应认真把握学生的学情，从学生的实际情况出发，推动教学过程的不断完善，从而有效地达成教学目标。

（3）以教学双方的有机统一为教学指针和方向。"教学"是由教师的"教"和学生的"学"两个方面共同组成的，二者缺一不可。学生借助教师主导的教学活动获取知识和提高能力。教师教学功力的深浅或教学水平的高低植根于能否高效调动学生学习的自觉性、主动性、积极性和创造性上。教师只有了解学生、关爱学生、尊重与信任学生，切实使教学双方在教学过程中实现良性互动，才能够做到教与学二者的有机统一，真正体现学生的主体地位。

2.教学中"以学生为本"的具体要求

（1）备课中做到"以学生为本"。教师备好课是上好课的基本前提和重要保障。在备课的过程中，教师只有将教材与学生的实际情况紧密结合，才能使备课工作更具针对性，从而更有利于教师充分发挥教学主导作用。因此，教师在备课时应做到以下几点：

首先，教师应了解学生现有的知识水平。教师可通过课前调查、知识测验等方法，了解学生对相关知识的掌握程度。

其次，教师应关注学生的学习动机。学习动机是指引发与维持学生的学习行为，并使之指向一定学业目标的动力倾向。它包含学习需要和学习期待两个部分的内容。所谓学习需要，是指学生在学习活动中感到有某种欠缺而力求获得满足的心理状态。所谓学习期待，是指学生对学习活动所要达到的目标的主观估计。教师可通过与学生交流、日常教学活动观察、与其他科任教师沟通等方式了解学生的学习动机，从而在课堂教学中更加有的放矢地激发和调动学生学习的积极性。

（2）教学过程中做到"以学生为本"。要在教学过程中做到"以学生为本"，教师应具体做到以下几点：①营造尊重学生的课堂氛围。在课堂教学过程中，教师要给予学生自由思考的空间，搭建师生平等交流的平台，让学生乐于说出自己的想法和观点，敢于提出自己的问题和设想，甚至勇于质疑教师及教科书的观点和内容。教师只有深入了解学生对教学的真实感受与认识，才能够因材施教，从而获得良好的教学实效；②面向全体学生，尊重个体差异。教师应正视学生的差异，认识到差异的客观性，在教学过程中针对不同的学生选用不同的教学方法或举措，制订与之相适应的教学要求，并给予恰当的教学评价。在教学过程中，教师不应只看到学习成绩优秀的学生，而忽视了那些在学习上存在问题的学生；也不应忽略学生之间的差异，片面地按照自认为的"统一标准"要求所有的学生。教师应该面向全体学生，给每一名学生都创造成长的机会，搭建发展的平台。只有这样，教学的育人目的才能最大化实现；③突显"以学生为本"的教学方式。"以学生为本"的教学方式应该具有以下基本特征：第一，学生拥有独立思考与探索的时间和空间；第二，学生有能够表达自己思考与探索成果的平台和机会；第三，学生遇到困惑和难题时能够得到教师及时的指导与帮助；第四，学生在学习过程中的各种表现能够得到教师客观、公正、恰当的激励性评价。

（3）教学评价中做到"以学生为本"。教师评价的根本目的是使学生在原有基础上有所进步。在教学过程中，学生对教师的评价是高度关注的，无论是对学生的学习来说，还是对学生的品行来说，教师的评价都具有非常重要的引导作用。因此，教师在教学评价中应做到"以学生为本"，具体做法为：①不吝夸赞学生。在教学过程中，教师真诚地夸赞学生，表明教师对学生的学习状况、思考过程、思考结果在某种程度上给予了肯定。这种肯定能够使学生在心理上获得成功的快感与喜悦，从而在学习活动中不断保持学习热情；②不随意夸赞学生。教师要根据学生的实际表现做出合情合理的评价，切忌没有清晰内涵与明确指向的笼统、宽泛的评价或"应付性评价"，这类评价会使学生陷入一种茫然的状态，从而使评价丧失了激励和导向作用；③一视同仁地评价学生。教师在评价学生时，要公平、公正地对待每一位学生，不偏爱成绩优秀的学生及亲近自己的学生，也不冷落后进生及与自己疏远的学生。尤其是对于那些后进生，教师应善于发现并赞赏他们的闪光点，充分肯定他们所取得的点滴进步，以使之获得愉悦的情感体验，从而激发他们树立自尊心、自信心和自豪感，促使他们能够尽快地在学习上取得进步。

（二）教师如何对待自身的错误

1.教师错误的具体表现

在日常的教育教学过程中，某些教师对学生常常表现出某种不当甚至过激的言行，这些言行无疑会不同程度地伤害学生的心灵，其所造成的创伤往往会伴随学生的整个成长过程，成为他们挥之不去的心理阴霾。

（1）片面地注重学生的学习成绩。某些教师在日常的教育教学过程中，只看重学生的学习成绩，常常忽略学生在学习过程中的感受和表现。这些教师往往只为"成绩"而教书，压制学生除学习之外的任何爱好和能力的培养，学生也只能为了"成绩"而学习，结果导致本该充满无穷魅力和无限乐趣的学习过程却在事实上成为索然寡味地应付差事的行为。

（2）回避或掩盖自己在教学中的错误。有些教师由于对课程标准（教学大纲）和教材的理解不到位，或出现理解上的偏差等，造成课堂教学出现常识性或科学性的错误，而当学生产生质疑时，他们却对所犯的错误轻描淡写、避重就轻或文过饰非，甚至激愤地反过来训斥学生。这不仅导致学生不会原谅教师的错误，甚至会让学生失去对教师的尊重和信任。

（3）对学生做出不公正的评价。对于学生的所作所为，一些教师不愿或未能做深入的调查分析，仅凭过往的经验或个人的主观想象和推论去做判断或下结论，从而错误地对学生开展表扬或批评。对于那些不应受到批评的学生来说，不公正的待遇会挫伤他们的自尊心，并造成师生间的情绪对立，严重时，还会造成学生人格的扭曲，进而形成师生间难以消除的隔阂。

2.教师纠正自身错误的具体途径

要纠正自身的错误，教师必须下决心转变和更新教育教学观念，着眼于"一切为了学生"，真正理解"以学生为本"的重要理念，并在教育教学实践中加以贯彻实施，使学生真正成为教育教学的主体。具体来说，教师可通过以下途径来纠正自身错误。

（1）反思自身的教育教学行为。教师要时常对教育教学实践，即教育教学的理念、内容、过程等进行再认识、再思考，并在此基础上对教育教学经验进行总结归纳，借此达到提高自身教育教学水平和专业发展的目的；①反思自身的教育教学理念。每位教师的教育教学行为都是在一定的教育教学理念的指导下实施的。也就是说，教育教学行为是外在表现形式，教育教学理念是内核。而教育教学理念却又是最容易被教师忽视的。有些教师对教育教学行为的反思仅停留在行为表面，而没有反思更深的理念层次，如教育观教学观、学生观等教育教学理念。教师在反思教育教学行为时，只有深入反思指导行为的理念，才能使反思深刻而有效②反思教育教学行为的相关问题。当教育教学出现问题时，教师除了反思自己的教育教学理念外，还要反思教育教学行为是否出现了问题。教育教学行为包括对教学方法的运用、对教学重点与难点的把握、对教学资源的使用、师生互动、对学生的激励与评价等。

（2）敢于在学生面前承认自身的错误。教育教学水平的衡量标准不断提升，来自社会各方的种种压力不断增多，教师在教育教学工作中难免会出现一些错误。敢于承认错误，是教师职业道德的基本规范。真诚的认错态度是一种无声的人格魅力，能够让教师更多地赢得学生的信任，受到学生的尊敬和爱戴。同时，在一定意义上，这种人格魅力具有非凡的感染力与感召力，能够深入、持续地渗透学生的心灵，潜移默化地对学生的为人处世态度产生积极的影响。

（3）善于利用错误。教师应善于利用改正错误的机会，让"错误"更好地为教学服务。对于指出教师错误的学生，教师应给予表扬，以此向学生传递一种理念：做学问要有严谨求实的态度。

与此同时，教师可"将错就错"，调整教学设计，引导学生展开讨论，分析错误的缘由，寻找改正错误的方法。

（三）教师如何对待学生的错误

1.了解学生出现错误的原因

学生的错误一般是指学生在日常生活和学习中所表现出来的在某种程度上偏离其健康成长的正确轨道，或违背其须遵循的正确原则的思想与行为。学生出现错误的主要原因如下。

（1）学生自身的因素。作为未成年人，学生的身心正处于发育时期。他们好奇心重、模仿能力强、社会阅历少、是非辨别力弱，难以独立抵御外界的各种不良诱惑和影响，因此，社会上的某些错误观念、负面现象及不法行为会诱导他们产生错误的思想或行为。

与此同时，一些学生由于缺乏正面思想的引导，是非不明，缺失应有的自尊、自爱、自立、自强的坚定信念，盲目追求感官刺激，无心学习，贪恋玩乐，结果不仅导致学业因虚度宝贵时光而荒废，使自身精神状态也受到影响。有的学生还会因此逐步误入歧途，甚至堕落到因触犯法律而被开除学籍的境地。

（2）家庭因素。家庭环境的好坏直接关系着学生的价值取向及其道德品质的优劣。一些学生因父母离异或外出打工，得不到家庭应有的教育、亲情和关爱。这助长了他们不良心理及习性的养成，如产生自卑心理、打架斗殴、偷盗财产、伤害他人、扰乱学校及社会秩序等。

家长的教育思想出现偏差或教育方式不当，也是学生产生错误思想或行为的不可忽略的重要因素。例如，有的家长抱着只要孩子不出什么大问题便听之任之的心态，从而使孩子形成放任自流的状态。

（3）社会环境因素。随着年龄的增长，学生接触社会的机会逐渐增多，诸多不良的社会风气乘虚而入。一些不健康的书刊、游戏、网站，以及具有各种恶习的人员等，都会对学生产生恶劣的影响。

另外，由于学生处于世界观、人生观与价值观的形成时期，还不能对各类社会现象进行准确的辨别，所以对各式各样的拜金主义、享乐主义和极端的个人主义等错误思想和腐朽观念缺失由坚定的立场和坚强的意志所支撑的抵御能力。这使得学生的价值取向与行为方式脱离正轨，出现严重的偏差。

2.采取正确对待学生错误的态度和方法

为了引导和帮助学生纠正错误，社会、家长、学校、教师乃至学生要齐心协力、相互配合，形成和衷共济、齐抓共管的大好局面。其中，教师应采取以下正确的态度与方法对待学生的错误。

（1）树立"尊重学生"的观念。自尊是人们普遍具有的一种心理需要，学生也不例外。教师在对犯错误的学生进行教育时，若不尊重学生（如使用过激语言等），则会严重伤害学生的自尊心，且会使学生因恐惧和愤怒而产生强烈的抵触情绪乃至抗拒心理，从而对教育效果带来不利影响。因此，教师在教育犯错误的学生时，应牢固树立"尊重学生"的观念，切实呵护学生的自尊心，坚决摒弃一切有损于学生自尊心的不当或过激言行。

（2）把握好教育的时机和分寸。教育学生不是任何时候、任何场所都会有效的。如果教师不注意时机的选择，随心所欲、随时随地地教育学生，容易适得其反，事与愿违。例如，学生上课时、活动中、情绪不稳定时、积极做某事或参与某项活动时、教师心情不佳时、未了解清楚事实真相时，均不适合教育学生；有些教师习惯在教室或办公室当众教育学生，认为这样具有威慑力，其实这会引起学生的反感和抵触。教师应尽量在了解清楚事实真相后，利用课间休息时间，选择如校园小道、花圃旁等适合的场所，对学生进行教育。

此外，教师还应善于在教育时拿捏好分寸。对于学生的错误，教师既不可夸大其词，也不可轻描淡写，而应做到指出错误并帮助学生找到改正错误的方法，同时应留给学生自我反思、自我批评的余地。

（3）注重因人而异。教师在教育犯错的学生时应做到因人而异，即注重区分学生的性别、年龄、性格、知识水平、心理状态等，从而有针对性地实施教育。这样，教育才能取得良好的效果。

（4）保持宽广的胸怀和包容的心态。爱因斯坦说过："谅解也是教育。"对学生一时、一事的某些过错，尤其是其在非主观故意的情况下出现的过错，或其自己已经意识到的错误，教师应用宽广的胸怀和包容的心态去对待。这样更能激励学生树立起信心、焕发出勇气与力量去直面并改正错误。

值得注意的是，包容绝不是纵容。对学生包容的目的是给他们留出一定的时间和空间，让他们主动去感悟和思考，自觉地矫正自己的错误行为。

（5）给予必要且适度的惩罚。对于屡次犯错且屡教不改的学生，教师有必要给予适度的惩罚。必要且适度的惩罚会引发学生内心的不安与愧疚，强化学生对是非标准的认知，从而对学生起到教育和引导作用。

教师应认识到惩罚学生的目的是促使学生认识到自身的错误，进而能够及时改正错误并保证以后不犯类似的错误，因此，惩罚是教育的手段而非目的。同时还应注意，适度的惩罚应包含着对学生的尊重与关爱，应给予学生改正的时间与机会，并对学生的未来寄予希望。

此外，在适度惩罚之后，教师还要对犯错学生的日常表现、思想波动、精神状态等进行跟踪观察，以检验效果，并及时对学生的进步给予鼓励性的评价。

（四）教师如何面对学生的质疑

1.正确认识学生质疑的意义

（1）有利于培养学生的创新意识。学生对教科书中所谓"标准答案"的质疑以及对教师"权威"的质疑，不仅彰显出他们人格精神的独立性，更体现出他们勤于动脑、独立思考。而人格独立、勤于动脑、独立思考是创新意识形成的必要条件，因此，教师在教学中应鼓励学生大胆质疑，激励学生敢于提出与教师或教材不同或相反的观点。

（2）有利于推动教师专业素养的提升。传统的教学形式是教师按照课前准备的教案进行讲授，学生理解、接受教师讲授的内容并回答由教师预先设计的问题。而当学生能够主动提出问题并敢于质疑教师时，传统的课前准备难免会让教师有无能为力或捉襟见肘之感。教师若想随机应变地生成有价值的教学内容，就必须不断提升自身的专业素养。这种教学形式无疑会极大地促进师生的共同发展，从而形成教学相长的良好局面。

2.掌握正确面对学生质疑的方法

（1）善待质疑的学生。对敢于质疑的学生，无论其质疑的时间、场合是否适当，无论其质疑的内容是否合理，无论其质疑的态度是否恭敬，教师都应该无条件地善待质疑的学生。

为此，教师应做到以下几点：①充分、恰当地肯定敢于质疑的学生，表扬学生凭借自己的独立思考提出与教师、书本以及与人们惯常的认识不同的观点，以激励学生勇于、善于质疑，进而提出自己独到的见解；②力求呵护好学生的好奇心和求知欲，进而以学生的疑问为突破口和切入点，推动学生不断发现新问题；③面对学生的质疑，既不能不懂装懂，也不可敷衍塞责，应本着"实事求是"的科学态度，向学生传播踏实、认真的学习精神。

（2）放下教师的架子。学生应当尊重教师，但教师也不能抱有自以为是或好为人师的心态，更不能威逼、压迫学生顺服自己。

在当今社会，科学技术的突飞猛进使得学生获取知识的途径不断增多。面对新时代、新现象，教师应通过信息共享，与学生共同学习、互相交流，构筑师生"学习共同体"，从而实现教学相长。

（3）引导学生自我解疑释惑。对学生提出的某些问题，教师应有效地启发学生，引导学生自己去解决问题。例如，对于学生的质疑，教师可鼓励学生充分利用图书馆及网络资源，通过资料的收集、整理与分析，自己独立解决问题；可让学生组成学习小组，集体探究解决问题；等等。

（4）与学生共同探讨正确答案。对于学生的质疑，教师在当时可能无法完全进行清晰的解释。此时，教师不妨将该问题作为师生课外共同探讨的重要课题，与学生一起通过查阅资料、认真分析来寻找答案。在学生与教师意见不同时，教师还可鼓励学生进行更为深入的思考来挑战并超越自己。

三、师生间的情感关系

师生间良好的情感关系是联结师生的纽带和桥梁，也是教师做好教育教学工作的必要条件。

（一）教师如何面对学生的孤僻与冷漠

1.认识学生孤僻与冷漠心态的成因

（1）社会因素。社会主义市场经济的全面发展促进了社会的全面进步，同时也使社会上出现了一些拜金主义、享乐主义、腐朽生活方式的偏激倾向。于是，见利忘义、唯利是图、坑蒙拐骗、权钱交易、贪污受贿等社会不良现象时有发生，对社会风气造成了较大的不良影响。

学生通过媒体报道或观察身边的人和事，得知有些人对帮助自己的人不是感恩图报，而是诬陷栽赃；有些人对急需帮助的人不是尽己所能地奉献爱心、施以援手，而是不为所动、袖手旁观。这些反面事例所释放的负能量，客观上强化了学生自身存在的种种消极观念，促进了学生孤僻与冷漠心态的形成。

（2）家庭因素。由于家长的过度宠爱，某些学生渐渐具有了"以自我为中心"的思想特征；离异家庭的增加使得越来越多的学生遭遇亲情的缺失，感受不到家庭的温暖；一些家长只顾忙于工作，无暇顾及孩子，也不了解教育孩子的正确理念及方式。种种因素使很多家庭陷入了家庭教育的误区：家长或者仅仅注重孩子的学习成绩，忽视了孩子其他方面的发展；或者试图用金钱或其他物质方式弥补无法关注孩子的缺憾；或者听之任之、顺其自然地对孩子放任自流。这些错误的教育方式使得学生逐渐形成了孤僻、冷漠的心态。

（3）学校因素。在一些学校，学生的考试成绩成为评价学校、教师和学生的基本标准，甚至唯一标准。教师在学生考试成绩评比的重压下，被迫将更多的精力用于关注学生的成绩。一些教师甚至为了实现提高学生成绩这一短期目标，而采用一些严重违背教育教学规律与规范、严重践踏教师职业道德和良知以及严重挫伤学生心灵的错误方法，例如，挖苦、讽刺、孤立学习成绩差的学生，当面训斥学生家长，等等。教师的上述行为，使得学生很难从教师那里感受到心灵上的关爱、抚慰和支撑，从而逐渐形成了孤僻、冷漠的心态。

（4）学生自身因素。随着年龄的增长，学生的独立意识显著增强，他们开始反感听命于人，甚至在特定条件下产生强烈的叛逆意识，因而不能顺利地适应现实环境，也不能较好地处理与家长、老师和同学的关系，一些偏激的学生还会选择对周围的人和事冷眼旁观、漠不关心。

此外，有的学生的心理承受能力较弱，当理想与现实相距甚远或者发生冲突时，他们渐渐会滋生出不满、低落和失望的情绪；还有的学生性格内向，平日郁郁寡欢、沉默少言，总是回避与老师、同学的沟通和交流。上述这些情况既可能是导致学生对周围人际关系产生孤僻、冷漠心态的重要因素，也是其孤僻、冷漠心态的表现。

2.掌握对待孤僻、冷漠学生的有效措施

（1）分析学生孤僻、冷漠心态形成的具体原因。全面且深入的原因分析是解决问题的前提和基础。因此，对待孤僻、冷漠的学生，教师首先要做全面的归因分析：①统计具有孤僻、冷漠心态学生的数量。教师应较为准确地掌握班级中具有孤僻、冷漠心态学生的数量。如果班级中具有这种心态的学生的数量较少，那么造成学生这种心态的原因通常来自学生自身或其家庭；如果班级中具有这种心态的学生的数量较多，那么造成学生这种心态的原因通常与班级风气或社会事件有关；②与相关人员交流沟通。学生孤僻、冷漠的态度使得教师一般很难与其直接沟通交流，此时，教师可选择与学生的家长、其他科任教师，以及与其交往较多的同学沟通，从侧面了解这名学生的性格特征、思想状态、家庭状况等；③认真观察具有孤僻、冷漠心态学生的言谈举止。教师可在课堂教学和集体活动中观察具有孤僻、冷漠心态学生的表现，掌握第一手材料，尽可能全面地寻找与其孤僻、冷漠心态形成有关的原因。

（2）团结多方力量共同帮扶。教师要团结多方力量来共同帮扶孤僻、冷漠的学生，使他们感受到人与人之间的美好情谊，挖掘被掩埋在他们心灵深处的真挚情感，催生他们对未来学习、生活的美好愿景。①与家长配合，营造温暖的亲情。温暖的亲情是打开学生孤僻、冷漠心灵的钥匙。为此，教师可为缺乏与孩子沟通的家长提供指导，为他们提出一些行之有效的建议。例如，摒弃不必要的说教、指责甚至训斥，就孩子感兴趣的话题多交流，在孩子健康的兴趣爱好上给予更多的物质和精神鼓励，等等。②与其他教师合作，给予学生更多关爱。在日常的教学过程中，教师除常用亲切、温馨的话语多与学生进行交流外，还可与其他科任教师合作，多发现学生的学科特长，多给予其表现机会。③与学生联合，加强与学生的沟通。教师可选择心态好、人际交往能力强、有责任心的学生在集体活动中主动与孤僻、冷漠的学生交往，并可联合学生逐步参与到他们的沟通交流中。由于学生之间的交往具有伙伴性和非强制性，因而能够让孤僻、冷漠的学生更乐于接受。

（3）注重自身的引领性和教育性。教师的言谈举止能够对学生起到示范和指导作用。因此，教师可通过以下途径引导和教育学生：①信任学生。信任学生是教师改变学生孤僻、冷漠心态的基本准则之一。教师不仅要在主观上信任学生，而且要在客观上让学生切实感受到教师对他们的信任；从教师的角度而言，信任体现在三个方面，即融合、支持和共处。融合是指教师完全设身处地地替学生想，清楚学生的真实感受。支持意味着教师能从学生的立场出发来扶持和帮助学生。共处是指教师能和学生打成一片；②认真倾听学生倾诉。教师认真倾听学生的倾诉，能促使学生敞开心扉、直抒胸臆，表达自己真实的思想情感，从而改变自己孤僻、冷漠的心态。在认真倾听学生的倾诉时，教师能够转述所听到的内容，并以包容的心态尊重学生所表达的情感尤为重要。通过这种方式回应学生的表达，证明教师理解了学生的话语和感情，此时，倾听才具有良好的效用与价值；③给学生以积极的暗示。心理学研究表明，人们通常会受到心理暗示的直接影响。人的心态是否处于良好的状态通常是决定其做事成败的关键要素。积极的心理暗示有助于人们勇敢地面对暂时的挫折或一时的失利，牢固树立必胜的信念，相信前景光明，从而保持不断开拓进取的旺盛斗志，积极设法摆脱困境。

因此，教师在教育教学活动中可以使用某些有特定意味的手势、表情、眼神等辅助语言表达，借以暗示对学生的充分信任与诚恳鼓励，以使之逐渐形成良好的心境。

（4）营造良好的班级氛围。①采用小组合作的学习方式。在课堂教学中，教师可尝试根据学生的性格、成绩、交际能力等建立若干个学习小组，让学生在小组内合作学习，并引导学生学会与不同类型的同学相处，引导组内同学互帮互助、携手并进、共同提高。与此同时，教师可为小组布置一些需要合作才能完成的实践活动，让学生享受分工合作、彼此配合取得工作成果的乐趣；②营造积极健康、昂扬向上的氛围。良好的班级氛围可促进学生彼此激励、竞相奋进，进而促使那些孤僻、冷漠的学生告别原有的心态，转向心理平衡。

　　积极健康、昂扬向上的氛围的形成需要科任教师、班主任和学生的齐心协力。在学科教学过程中，教师所具有的一丝不苟、精益求精的敬业精神，和蔼可亲、广博包容的人格魅力，专心致志、求实严谨的治学品质，循循善诱、引人入胜的教学方法，乃至炉火纯青、高超卓越的教学艺术，对于营造积极健康的班级氛围具有举足轻重的作用。

（二）教师如何解决学生对自己的过度依恋

　　1.了解学生过度依恋心态的成因

　　（1）学生心理的影响。①自卑。自卑的学生通常对事物带来的消极后果有放大取向，并极易产生悲观的不良情绪，而且不容易将自身的某些消极体验及时设法宣泄和化解。在此情况下，一旦某位教师表现出对其人格的充分尊重和爱护，以及对其能力的充分肯定和信任，这些学生就会对该教师形成某种良好甚至极佳的印象。随着与该教师交往的日益频繁和加深，学生往往就会产生对这位教师的过度依恋问题；②渴望受到关注。学生大多都希望得到教师的关注，渴望教师能够用实际行动去关心自己、爱护自己。如果某位教师主动接近学生，做学生的知心朋友，发现学生身上的可爱之处和闪光点，并充分尊重、积极鼓励和热切期待学生的进步与成绩，那么学生就会将这位教师视为其情感支柱，并极易对这位教师形成过度依恋的心态。

　　（2）人际关系的影响。①家庭关系的和谐程度。家庭的和谐程度会对学生的身心发育产生重要的影响。若家庭成员之间的交流缺乏基本的尊重与信任，当学生遇到困难和问题时，就很难从父母那里得到具体的、有指导意义的帮助或启发，久而久之，学生与父母之间就形成了一道"屏障"，阻碍了双方正常的情感交流通道。在这种情况下，若教师表现出对学生的关切，学生就非常容易对教师产生过度的依恋；②学校的教育氛围。当学生所在的学校、班级或科任教师给予学生的负面评价过多，或者某些教师的教育方式过于简单粗暴，就会影响甚至挫伤学生在校园内的正常人际交往，导致一些性格内向、人际交往能力较弱的学生对多数教师关闭情感交流的大门，并对那些对自己没有成见的教师产生依恋心理；③与同伴交往的能力。同伴交往对学生的身心发展有着非常重要的作用。在与同伴的友好交往中，学生能够学会在彼此平等的基础上协调好各种关系，充分发挥个体活动的积极性、主动性及创造性，从而为将来更好地适应社会打下坚实的基础。但有些学生在社会交往方面存在较为突出的同伴交往障碍，表现为在与同伴交往时胆怯、自卑。此时，若有教师能够耐心地帮助这些学生营造适宜交流和沟通的环境与氛围，想方设法疏导与排解他们的胆怯、自卑心态，学生就可能会对教师产生过度的依恋。

2.掌握纠正学生过度依恋教师心态的方法

学生过度依恋教师的现象虽不能说是现实教育工作中的普遍现象，但也不可轻易认为是"可以忽视的个别事例"。因为是否有效纠正学生的过度依恋心态，关系到学生今后的心理及与人交往的问题，关系到学生今后能否健康地成长，因而教师必须认真对待，切不可掉以轻心。教师可通过以下几种方法来纠正学生的过度依恋心态。

（1）注重自身的言行。面对过度依恋自己的学生，教师的态度要端正，既不能独自"享受"这份依恋，更不能刻意回避。教师应该正确引导学生，既要让学生感受到自己会一如既往地关注他，又要引导学生适当转移人际交往的注意力和着重点，让学生感受到来自其他教师及同伴的关注。

教师也应该多与其他科任教师交流，让其他教师了解学生的具体情况，并共同关注学生的发展，帮助学生尽快走出过度依恋某位教师的误区。

教师还应在学生不易察觉的情况下，适当减少与学生谈话的次数和时间，尽量淡化谈话内容中教师个人的色彩，多给学生一些与其他教师和同学交流的机会。

（2）引导学生形成角色认同。教师要引导学生形成角色认同，引导学生逐步形成兼具"个性"和"个体社会化"的自我意识，帮助其在认知自我的基础上，进一步调整自身的行为，主动、自觉地协调好自己的人际关系。

（3）引导学生多与他人交往。教师应该鼓励学生大胆地与他人交往，当学生获得点滴的进步时，教师要给予及时的肯定与充分的鼓励，从而帮助学生树立正确的交往观。

首先，教师应当引导学生学会欣赏不同的教师。教师要让学生知道世界是多样性的，人也具有多样性，引导学生用欣赏的眼光去发现不同教师的可敬之处和优秀之处。

其次，教师应当引导学生积极地与同学交往。教师要为同学之间的交往创设机会，教会学生拥有正确的交往心态，如真诚、尊重、礼貌、宽容等，让学生感受并拥有同伴间的真情与友谊，从而愿意并乐意与同学交往。

最后，教师应当引导学生学会与父母相处。教师可以给学生提供一些与父母相处的具体做法，并要求学生落实，把结果反馈给自己。同时，教师也要相应地做好家长的工作，与家长积极配合，对学生的做法进行以鼓励为主的点评，并鼓励学生和家长不断改进。

（三）教师如何提高自己的情商

1.为何要提高情商

提高教师的情商是促进学生健康成长的重要因素。教师对学生有示范、引领作用，教师的自知、自控、自励、共情能力会直接影响到学生的自我认知与自信心、自我情绪控制、抗挫折能力、人际交往能力及合作能力。

提高教师的情商还是教师调控学生心理问题的基本要求。我国小学生存在的种种心理问题已经成为摆在教育行政管理部门及广大教师面前亟待解决的重大课题，这对教师提出了严肃的挑战与更高的要求。只有高情商的教师才具有更好的心理诊断能力、心理把握能力以及心理调适能力等，能够更好地帮助学生调控心理问题。

2.提高情商的有效途径

（1）做情绪的主人。情绪管理是一门学问，也是一门艺术。教师要通过不断的学习和历练，并善于总结、改进，才能恰到好处地掌控情绪。首先，教师要准确认知自我情绪，然后合理、有效地调整和管控自我情绪，进而成为情绪的主人；①准确认知自我情绪。当今社会，教师会受到来自各方面的压力，如生活压力、经济压力、工作压力、竞争压力等。这些压力可能会使教师深感负担沉重，从而产生较为严重的负面情绪。此时，教师需要清晰地认识到产生这些负面情绪的原因，准确地识别自己在产生负面情绪的环境中所处的地位，以便有针对性地调控自己的情绪；②有效调控自我情绪。教师可通过以下三种做法控制和调节自我情绪：首先，教师要主动选择积极情绪。一方面，教师要正确评价自己，多发现自身的优势，从而更多地体验积极情绪；另一方面，教师应多用愉快的情绪来取代不愉快的情绪，以降低负面情绪给自身带来的不良影响。

其次，教师要适时、适度地表达情绪。例如，教师在工作中难免会出现愤怒的情绪，如果压抑情绪，可能会导致过度焦虑，久而久之，甚至可能发展为严重的心理疾病；但若随即发泄，愤怒的情绪可能会造成严重的后果。此时，教师应该适当地控制自己的情绪，适度表达内心的气愤，或找知心好友倾诉内心的不满，或通过暂时回避的方式进行冷处理，待情绪平稳后，再适时、适度地表达自己的想法。

最后，教师要学会抛弃不必要的压力，转向培养自己良好的心态和提高自己的专业素养，从而增强自信心，从容应对来自各个方面的压力。

（2）培养自励精神。所谓自励，就是自我鼓励以增强自信心。在面对挫折与失败时，具有自励精神的教师会以一种豁然达观的态度去面对，表现出一种无所畏惧和不屈不挠的精神品质。他们会正视挫折与失败，客观分析其中的原因，总结其中的经验和教训，再次踏上征程，最终获得成功。

（3）学会换位感受与思考。所谓换位感受与思考是指感同身受，设身处地为他人着想，即感人所感、想人所想、理解至上的一种处理人际关系的方式。

教师要达到对学生感同身受，需要做到以下两点：

　　首先，教师要了解学生的所思所想。教师要利用各种机会与学生进行沟通交流，了解学生的兴趣爱好、学生关心的热门话题等，进而在教育教学中更好地做到"以学生为本"，从而收到良好的教育教学效果。

　　其次，教师应当包容学生的缺点和错误。"人非圣贤，孰能无过。""过而能改，善莫大焉。"学生作为未成年人，难免会出现这样或那样的错误。教师要有包容之心，遇到学生犯错时，应先弄清楚事情的来龙去脉，批评学生时要就事论事、有理有据、以理服人，此外还要给予学生认识错误的时间和改正错误的机会。

参考文献

[1] 徐凯文，段旭，贾丽宇.育心树人 中小学心理健康教育理论与实践 [M].北京：中国人民大学出版社，2022.05.

[2] 周晓芳，李晶鑫.学生健康自我成长课程 我在长大 [M].北京：教育科学出版社，2022.02.

[3] 何万国.现代班主任工作研究 第2版 [M].成都：西南交通大学出版社，2022.01.

[4] 孙建华.家校共育与爱同行 [M].长春：吉林文史出版社，2022.04.

[5] 刘美玲.美好教育 幸福远航 [M].北京：华文出版社，2022.04.

[6] 杨森林，龙北渠.中小学教育智慧文库 幸福教育 品牌学校的探索与实践 [M].广州：暨南大学出版社，2022.11.

[7] 吴盈盈.家校共育 班主任家校共育经典工作法 [M].北京：知识出版社，2021.02.

[8] 周雪燕.走在德育探索的路上 家校共育模式下的德育研究 [M].2021.11.

[9] 刘福艳.发现教育之美 [M].吉林人民出版社，2021.07.

[10] 傅京.追寻教育的梦想 [M].安徽师范大学出版社，2021.01.

[11] 梁巧华，罗志敏，沈文莉.有戏的教育：中小学课堂戏剧教学法成果集 [M].广州：华南理工大学出版社，2020.01.

[12] 肖彬，黄云芳，黄姝琴.教育的艺术 [M].长春：吉林人民出版社，2020.10.

[13] 张国强.教育，可以做出幸福的味道来 [M].北京：现代出版社，2020.09.

[14] 闫联合.让"和润教育"滋养生命成长 [M].上海：华东师范大学出版

社，2020.

[15] 沈德明.生长教育的理念与实践［M］.哈尔滨：黑龙江教育出版社，2020.04.

[16] 李玉玺，王海荣.班级推开教育的一扇窗［M］.安徽师范大学出版社，2020.09.

[17] 苏育仁.教育激励的智慧［M］.上海：上海科学技术出版社，2020.08.

[18] 陶红亮.中小学生核心素养系列丛书 中小学生法治教育知识读本［M］.北京：煤炭工业出版社，2019.09.

[19] 刘金霞.守望幸福［M］.长春：吉林大学出版社，2019.03.

[20] 陈爱录.践行生长教育 奠基幸福人生［M］.石家庄：河北人民出版社，2019.10.

[21] 王燕.情智教育［M］.重庆：重庆大学出版社，2020.05.

[22] 童喜喜.当教师相信幸福［M］.福州：福建教育出版社，2019.01.

[23] 华德博才国学院.仁爱教育［M］.长沙：湖南师范大学出版社，2019.06.

[24] 鱼晓贤.做幸福树上最美的叶子 我的校长生涯［M］.长春：东北师范大学出版社，2019.04.

[25] 孙健通，董高峰.享受教育 蒲公英书系 新教育文库［M］.太原：山西教育出版社，2018.01.

[26] 欧阳明.探寻教育的本真［M］.成都：四川大学出版社，2018.08.

[27] 蒋建敏，陈世兰.初中生心理发展与家庭教育［M］.东营：中国石油大学出版社，2018.09.

[28] 卫洪光.中小学体育德育一体化的实践研究［M］.上海：华东师范大学出版社，2018.04.

[29] 罗丞主.通向教育的幸福王国 中学教育理论与实践［M］.重庆：西南师范大学出版社，2016.05.

[30] 武际金.校园，幸福教育的栖居［M］.重庆：西南师范大学出版社，2014.08.

[31] 叶建云.追寻幸福的教育［M］.北京：中国戏剧出版社，2009.07.